本书由教育部人文社会科学重点研究基地"山西大学科学技术哲学研究中心"、山西省"1331工程"重点学科建设计划资助出版

科学技术哲学文库 ｜ 丛书主编·郭贵春 殷 杰

自我、心灵与世界
当代心灵哲学的自我理论研究

◎ 刘高岑 著

科学出版社

北 京

图书在版编目（CIP）数据

自我、心灵与世界：当代心灵哲学的自我理论研究 / 刘高岑著.
—北京：科学出版社，2018.12
（科学技术哲学文库）
ISBN 978-7-03-060198-8

I. ①自… II. ①刘… III. ①心灵学-研究 IV. ①B846

中国版本图书馆 CIP 数据核字（2018）第 291470 号

丛书策划：侯俊琳　邹　聪
责任编辑：邹　聪　张春贺 / 责任校对：邹慧卿
责任印制：吴兆东 / 封面设计：有道文化
编辑部电话：010-64035853
E-mail：houjunlin@mail.sciencep.com

科学出版社 出版
北京东黄城根北街 16 号
邮政编码：100717
http://www.sciencep.com
涿州市殿润文化传播有限公司印刷
科学出版社发行　各地新华书店经销
*
2018 年 12 月第 一 版　开本：720×1000　1/16
2025 年 3 月第三次印刷　印张：24
字数：346 000
定价：128.00 元
（如有印装质量问题，我社负责调换）

总　序

认识、理解和分析当代科学哲学的现状，是我们抓住当代科学哲学面临的主要矛盾和关键问题、推进它在可能发展趋势上取得进步的重大课题，有必要对其进行深入研究并澄清。

对当代科学哲学的现状的理解，仁者见仁，智者见智。明尼苏达科学哲学研究中心在 2000 年出版的 *Minnesota Studies in the Philosophy of Science* 中明确指出："科学哲学不是当代学术界的领导领域，甚至不是一个在成长的领域。在整体的文化范围内，科学哲学现时甚至不是最宽广地反映科学的令人尊敬的领域。其他科学研究的分支，诸如科学社会学、科学社会史及科学文化的研究等，成了作为人类实践的科学研究中更为有意义的问题、更为广泛地被人们阅读和争论的对象。那么，也许这导源于那种不景气的前景，即某些科学哲学家正在向外探求新的论题、方法、工具和技巧，并且探求那些在哲学中关爱科学的历史人物。"[①] 从这里，我们可以感觉到科学哲学在某种程度上或某种视角上地位的衰落。而且关键的是，科学哲学家们无论是研究历史人物，还是探求现实的科学哲学的出路，都被看作一种不景气的、无奈的表现。尽管这是一种极端的看法。

那么，为什么会造成这种现象呢？主要的原因就在于，科

---

① Hardcastle G L，Richardson A W. Logical empiricism in North America//Minnesota Studies in the Philosophy of Science. Vol XVIII. Minneapolis：University of Minnesota Press，2000：6.

学哲学在近 30 年的发展中，失去了能够影响自己同时也能够影响相关研究领域发展的研究范式。因为，一个学科一旦缺少了范式，就缺少了纲领，而没有了范式和纲领，当然也就失去了凝聚自身学科，同时能够带动相关学科发展的能力，所以它的示范作用和地位就必然要降低。因而，努力地构建一种新的范式去发展科学哲学，在这个范式的基底上去重建科学哲学的大厦，去总结历史和重塑它的未来，就是相当重要的了。

换句话说，当今科学哲学在总体上处于一种"非突破"的时期，即没有重大的突破性的理论出现。目前，我们看到最多的是，欧洲大陆哲学与大西洋哲学之间的渗透与融合，自然科学哲学与社会科学哲学之间的借鉴与交融，常规科学的进展与一般哲学解释之间的碰撞与分析。这是科学哲学发展过程中历史地、必然地要出现的一种现象，其原因在于五个方面。第一，自 20 世纪的后历史主义出现以来，科学哲学在元理论的研究方面没有重大的突破，缺乏创造性的新视角和新方法。第二，对自然科学哲学问题的研究越来越困难，无论是拥有什么样知识背景的科学哲学家，对新的科学发现和科学理论的解释都存在着把握本质的困难，它所要求的背景训练和知识储备都愈加严苛。第三，纯分析哲学的研究方法确实有它局限的一面，需要从不同的研究领域中汲取和借鉴更多的方法论的经验，但同时也存在着对分析哲学研究方法忽略的一面，轻视了它所具有的本质的内在功能，需要在新的层面上将分析哲学研究方法发扬光大。第四，试图从知识论的角度综合各种流派、各种传统去进行科学哲学的研究，或许是一个有意义的发展趋势，在某种程度上可以避免任何一种单纯思维趋势的片面性，但是这确是一条极易走向"泛文化主义"的路子，从而易于将科学哲学引向歧途。第五，科学哲学研究范式的淡化及研究纲领的游移，导致了科学哲学主题的边缘化倾向，更为重要的是，人们试图用从各种视角对科学哲学的解读来取代科学哲学自身的研究，或者说把这种解读误认为是对科学哲学的主题研究，从而造成了对科学哲学主题的消解。

然而，无论科学哲学如何发展，它的科学方法论的内核不能变。这就是：第一，科学理性不能被消解，科学哲学应永远高举科学理性的旗帜；

第二，自然科学的哲学问题不能被消解，它从来就是科学哲学赖以存在的基础；第三，语言哲学的分析方法及其语境论的基础不能被消解，因为它是统一科学哲学各种流派及其传统方法论的基底；第四，科学的主题不能被消解，不能用社会的、知识论的、心理的东西取代科学的提问方式，否则科学哲学就失去了它自身存在的前提。

在这里，我们必须强调指出的是，不弘扬科学理性就不叫"科学哲学"，既然是"科学哲学"就必须弘扬科学理性。当然，这并不排斥理性与非理性、形式与非形式、规范与非规范研究方法之间的相互渗透、融合和统一。我们所要避免的只是"泛文化主义"的暗流，而且无论是相对的还是绝对的"泛文化主义"，都不可能指向科学哲学的"正途"。这就是说，科学哲学的发展不是要不要科学理性的问题，而是如何弘扬科学理性的问题，以什么样的方式加以弘扬的问题。中国当下人文主义的盛行与泛扬，并不是证明科学理性不重要，而是在科学发展的水平上，社会发展的现实矛盾激发了人们更期望从现实的矛盾中，通过对人文主义的解读，去探求新的解释。但反过来讲，越是如此，科学理性的核心价值地位就越显得重要。人文主义的发展，如果没有科学理性作为基础，就会走向它关怀的反面。这种教训在中国社会发展中是很多的，比如有人在批评马寅初的人口论时，曾以"人是第一可宝贵的"为理由。在这个问题上，人本主义肯定是没错的，但缺乏科学理性的人本主义，就必然走向它的反面。在这里，我们需要明确的是，科学理性与人文理性是统一的、一致的，是人类认识世界的两个不同的视角，并不存在矛盾。从某种意义上讲，正是人文理性拓展和延伸了科学理性的边界。但是人文理性不等同于人文主义，正像科学理性不等同于科学主义一样。坚持科学理性反对科学主义，坚持人文理性反对人文主义，应当是当代科学哲学所要坚守的目标。

我们还需要特别注意的是，当前存在的某种科学哲学研究的多元论与20世纪后半叶历史主义的多元论有着根本的区别。历史主义是站在科学理性的立场上，去诉求科学理论进步纲领的多元性，而现今的多元论，是站在文化分析的立场上，去诉求对科学发展的文化解释。这种解释虽然在一定层面上扩张了科学哲学研究的视角和范围，但它却存在着文化主义的倾向，存在着消解科学理性的倾向。在这里，我们千万不要把科学哲学与技术哲学混为一谈。这二者之间有重要的区别。因为技术哲学自身本质地赋有更多的文化特质，这些文化特质决定了它不是以单纯科学理性的要求为基底的。

在世纪之交的后历史主义的环境中，人们在不断地反思 20 世纪科学哲学的历史和历程。一方面，人们重新解读过去的各种流派和观点，以适应现实的要求；另一方面，试图通过这种重新解读，找出今后科学哲学发展的新的进路，尤其是科学哲学研究的方法论的走向。有的科学哲学家在反思 20 世纪的逻辑哲学、数学哲学及科学哲学的发展，即"广义科学哲学"的发展中提出了五个"引导性难题"（leading problems）。

第一，什么是逻辑的本质和逻辑真理的本质？

第二，什么是数学的本质？这包括：什么是数学命题的本质、数学猜想的本质和数学证明的本质？

第三，什么是形式体系的本质？什么是形式体系与希尔伯特称之为"理解活动"（the activity of understanding）的东西之间的关联？

第四，什么是语言的本质？这包括：什么是意义、指称和真理的本质？

第五，什么是理解的本质？这包括：什么是感觉、心理状态及心理过程的本质？[①]

这五个"引导性难题"概括了整个 20 世纪科学哲学探索所要求解的对象及 21 世纪自然要面对的问题，有着十分重要的意义。从另一个更具体的角度来讲，在 20 世纪科学哲学的发展中，理论模型与实验测量、模型解释与案例说明、科学证明与语言分析等，它们结合在一起作为科学方法论的整体，或者说整体性的科学方法论，整体地推动了科学哲学的发展。所以，从广义的科学哲学来讲，在 20 世纪的科学哲学发展中，逻辑哲学、数学哲

---

① Shauker S G. Philosophy of Science, Logic and Mathematics in 20th Century. London: Routledge, 1996: 7.

学、语言哲学与科学哲学是联结在一起的。同样，在 21 世纪的科学哲学进程中，这几个方面也必然会内在地联结在一起，只是各自的研究层面和角度会不同而已。所以，逻辑的方法、数学的方法、语言学的方法都是整个科学哲学研究方法中不可或缺的部分，它们在求解科学哲学的难题中是统一的和一致的。这种统一和一致恰恰是科学理性的统一和一致。必须看到，认知科学的发展正是对这种科学理性的一致性的捍卫，而不是相反。我们可以这样讲，20 世纪对这些问题的认识、理解和探索，是一个从自然到必然的过程；它们之间的融合与相互渗透是一个从不自觉到自觉的过程。而 21 世纪，则是一个"自主"的过程，一个统一的动力学的发展过程。

那么，通过对 20 世纪科学哲学的发展历程的反思，当代科学哲学面向 21 世纪的发展，近期的主要目标是什么？最大的"引导性难题"又是什么？

第一，重铸科学哲学发展的新的逻辑起点。这个起点要超越逻辑经验主义、历史主义、后历史主义的范式。我们可以肯定地说，一个没有明确逻辑起点的学科肯定是不完备的。

第二，构建科学实在论与反实在论各个流派之间相互对话、交流、渗透与融合的新平台。在这个平台上，彼此可以真正地相互交流和共同促进，从而使它成为科学哲学生长的舞台。

第三，探索各种科学方法论相互借鉴、相互补充、相互交叉的新基底。在这个基底上，获得科学哲学方法论的有效统一，从而锻造出富有生命力的创新理论与发展方向。

第四，坚持科学理性的本质，面对前所未有的消解科学理性的围剿，要持续地弘扬科学理性的精神。这应当是当代科学哲学发展的一个极关键的方面。只有在这个基础上，才能去谈科学理性与非理性的统一，去谈科学哲学与科学社会学、科学知识论、科学史学及科学文化哲学等流派或学科之间的关联。否则，一个被消解了科学理性的科学哲学还有什么资格去谈论与其他学派或学科之间的关联？

总之，这四个从宏观上提出的"引导性难题"既包容了 20 世纪的五个"引导性难题"，也表明了当代科学哲学的发展特征：一是科学哲学的进步越来越多元化。现在的科学哲学比过去任何时候，都有着更多的立场、观点和方法；二是这些多元的立场、观点和方法又在一个新的层面上展开，愈加本质地相互渗透、吸收与融合。所以，多元化和整体性是当代科学哲学发展中一个问题的两个方面。它将在这两个方面的交错和叠加中寻找自己全新的出路。这就是当代科学哲学拥有强大生命力的根源。正是在这个意义上，经历了语言学转向、解释学转向和修辞学转向这"三大转向"的科学哲学，而今转向语境论的研究就是一种逻辑的必然，是科学哲学研究的必然取向之一。

这些年来，山西大学的科学哲学学科，就是围绕着这四个面向 21 世纪的"引导性难题"，试图在语境的基底上从科学哲学的元理论、数学哲学、物理哲学、社会科学哲学等各个方面，探索科学哲学发展的路径。我希望我们的研究能对中国科学哲学事业的发展有所贡献！

郭贵春

2007 年 6 月 1 日

前　言

　　自我、心灵与世界的本质及其关系问题，是拥有反思能力的人类自然而又必然地要提出和回答的最为重要的问题。尤其是自我的本质问题，更是其中处于枢纽地位的根本性问题，因为人类存在的意义就根源于对自我的认识，自我正是一切人类思维、一切人类知识得以具有意义的终极根据之所在。正因如此，在哲学发端之际，苏格拉底（公元前 469—公元前 399）就把"认识你自己"确立为人类必须首先反思的问题。在笛卡儿（1596—1650）以"我思-我在""主-客二分"开创的近代哲学范式中，"自我（或主体）的本质"既是近现代哲学发展演变的深层动因，也是各派哲学家激烈争论、莫衷一是的著名哲学难题。休谟和康德对该问题的截然相反的回答正是这种激烈争论的典型写照。以探讨人类知识之基础为己任的休谟（1711—1776）在深入到自我问题时，以不可直接经验为依据，把"自我"贬斥为幻想；而同样基于感觉、知觉研究人类知识之本质问题的康德（1724—1804）则认为，在感觉、知觉之上还必须有一个"统觉"（apperception），而且统觉是自我意识的最高的统一功能，凡不能统摄于自我意识之下的东西都不可能成为我们知识的对象。那么，休谟和康德究竟谁是对的？能不能因为不可直接经验而把自我处理为幻觉？康德所说的那个"统觉"到底是什么？

　　20 世纪 70 年代后，随着心灵哲学的迅速崛起和发展，自我的本质及其与心灵和世界的关系问题，又成为当代心灵哲学着力探讨和驳难争执的核心领域。那么，当代心灵哲学对自我的本质问题究竟提出了哪些解决方案？各种不同解决方案的理据又是什么？对这些各不相同甚至大相径庭的回答应作出怎样的基本评价？进而，就迄今的科学-哲学背景而言，我们究竟应该对自我的本质及其与心灵和世界的关系问题作出怎样的理解？本书试图回答的正是这些问题。

全书主体内容分为八个部分。导论"当代心灵哲学的崛起与自我问题的凸显"，概要论述当代心灵哲学在 20 世纪 70 年代得以崛起并成为当代哲学核心领域的哲学背景、发展演变的过程，以及自我问题凸显为当代心灵哲学核心问题的内在逻辑、当代心灵哲学探索自我问题的基本路径和主要理论。第一章"丹尼特的编造虚构论自我理论评析"，以其典型代表人物丹尼特的相关著作为依据，对编造虚构论自我理论的基本观点、其在方法论和理论论证等方面面临的困境进行评析。第二章"魏格纳的魔法幻觉论自我理论评析"，集中研究和评析著名实验心理学家魏格纳提出的魔法幻觉论自我理论，并主要从五个方面指出了这种自我理论所面临的困难。第三章"塞尔的生物自然主义自我理论评析"，对当代著名心灵哲学家塞尔基于其生物自然主义心灵哲学研究纲领提出的自我理论进行研究和评价。塞尔以自然实在论的立场研究自我问题，在自我的本质问题上取得诸多重要成绩，诸如把自我确定为生物自然现象、从元认识论层面论证自我的实在性等，但该理论对自我本质的研究和揭示远远不是充分的。第四章"巴尔斯的意识语境论自我理论评析"，语境论自我理论是认知科学家、意识科学家巴尔斯试图"科学地研究意识问题"时提出的一种自我理论。这种自我理论以科学实证精神研究自我问题，以新的研究范式对自我的属性、功能、运行机制等给出较为系统的解释，但对自我在神经生物学层次的结构、自我与心灵、身体的关系等问题并未给出令人信服的回答。第五章"达马西奥的二级表征论自我理论评析"，对美国认知神经科学家、神经生物学家达马西奥创立的二级表征论自我理论进行研究和评析。二级表征论自我理论基于

"身体-表征-感受"的神经生物学理论框架研究自我问题，以情绪为基础把自我、心灵与身体内在地统一起来，对自我的起源、生物学功能、进化过程和运行机制等，进行了深入研究和阐释，但其对自我实在性的第一人称本质问题没有给予充分重视和研究，关于自我之类型的观点等也面临一些难题。第六章"自我的本质及其在世界中的地位"，则是在整体研究和把握前述自我理论的基础上，基于当代科学-哲学背景、相关学科领域的新发展，对自我的本质、自我、心灵与世界关系等问题给出初步回答。这个回答可概括为三点：①世界是物质的、一元的，生命系统是物质世界自然演化的结果。②精神现象和自我系统也是自然进化的结果，是自然世界中的一种自然实在，而且有其神经生物学层次的实在基础。③感觉、意识等所有精神现象都是相对于一个"自我"而存在的，感觉、意识、自我感等是一种不可还原的"第一人称的实在"。结语"自我的实在性与科学的世界观"，则进一步就如何理解自我实在论与关于世界的科学解释之间的关系进行了补充论述。

本书各章既构成一个相对完整的系统，又有着相对独立性，所以，直接选择其中某些章节阅读并不影响理解。读者完全可根据自己的兴趣、需要选择其中某些章节阅读，而不必通读全书。当然，如果通读全书，将对各种自我理论的成败得失有一个更深入、全面的理解，对第六章中作者基于当代科学-哲学背景对"自我、心灵与世界"问题给出的初步回答，也会有更深刻的领会。应该指出的是，关于当代心灵哲学自我理论的这种分类和命名，只是本书作者在研究当代心灵哲学各种自我理论的过程中，根据其基本理论特征作出的分类和命名，主张那些理论的哲学家本人并未以这样的名称称谓其理论。

本书对当代心灵哲学的自我理论进行了系统研究，对哲学、心理学、意识科学、认知科学、认知神经科学、脑科学、精神医学等学科领域的工作者均具有一定的参考价值，对文教理论工作者、高校师生和社会公众正确地理解和认识自我的本质、自我、心灵与世界的关系，也具有一定的启发意义。"自我是人的一切意义的终极根源""人的一切意义均来源于对自我的深刻认识"。希望本书对人们正确地理解自我、认识自我、确立意义，能有所帮助。

作　者

2018 年 7 月 10 日

目　录

导　论

当代心灵哲学的崛起与自我问题的凸显

20 世纪 50 年代后，西方哲学逐渐发生心灵转向，"心灵问题"日益取代"语言问题"成为西方哲学的主要论题。"至少从 20 世纪 70 年代后期开始，心灵哲学已经成为当代哲学中最活跃和最重要的亚领域之一。许多哲学家甚至断言心灵哲学就是当代哲学中最重要的那个亚领域。"①最近 20 年来，随着心灵哲学的纵深发展，随着心灵哲学、认知科学、神经科学、脑与意识科学等学科的深入和交融，加之各种心脑实验技术的快速进步，历史悠久的自我本质问题再度成为当代心灵哲学着力探讨的核心问题。那么，当代心灵哲学得以兴起的动因是什么？在 20 世纪前半期已经被实证主义和行为主义哲学否弃的自我问题，为什么又成为当代心灵哲学的核心问题？当代心灵哲学再次探讨自我问题的哲学背景和内在逻辑是什么？其整体脉络和主要研究进路又是什么？本章节通过回答这些问题，论述当代心灵哲学研究自我问题的哲学背景和理论基础。

第一节 关于"当代心灵哲学"的几点辨析

一、当代心灵哲学的概念

心灵哲学作为有相对稳定的研究对象、有自身独特的理论宗旨和方法论体系的哲学学科，是西方哲学在 20 世纪 50 年代后发生主题分化、范式转换并与其他相关学科（诸如心理学、认知科学、神经科学、人工智能研究等）相互交叉、融合发展的结果。按照"维基百科"所作的一般解释，"心灵哲学（philosophy of mind）就是研究心灵的本性、精神事件、精神功能、精神特征、意识，以及它们与物理的身体尤其与脑的关系的一个哲学分支"②。而据安农（A. Iannone）在《世界哲学词典》中给出的更专业的定义，"心灵哲学有时也被称为心理学哲学。其核心概念与精神（mental）事

---

① Stich S P, Warfield T A. Introduction[A]//The Blackwell Guide to Philosophy of Mind[C]. Malden：Blackwell Publishing Ltd, 2003：ix.

② Wikipedia. Philosophy of Mind[Z]. https：//en.wikipedia.org/wiki/Philosophy_of_mind[2017-05-21].

件或精神状态的内容和本性相关，尤其与意识、自我概念（例如自我意识或对自我的觉知）以及心灵或精神生活的结构相关。心灵哲学既把思想看作精神活动（既包括认知活动也包括情感活动），也把思想看作这种活动的产品（这些产品既包括观念、目的，也包括其他精神产品）"①。

由于作为哲学学科的心灵哲学是指 20 世纪 50 年代后逐步形成的、对有关心灵的各种问题（诸如意识问题、心-身问题、精神因果问题、自我问题等）进行哲学研究的一个当代哲学分支，所以，心灵哲学也可称为"当代心灵哲学"。关于作为当代哲学分支学科的心灵哲学，需要特别指出三点。

其一，作为当代哲学分支学科的心灵哲学，与语言哲学（philosophy of language）、科学哲学（philosophy of science）、法哲学（philosophy of law）等哲学分支学科有着很重要的实质性不同。心灵哲学在很大程度上是对某种自然实在的研究，如心灵哲学所研究的"精神状态""意识""心与身的关系"等，都在某种意义上具有自然实在的属性；而科学哲学研究的"科学"、语言哲学研究的"语言"、法哲学研究的"法"等，则显然不是这样的自然实在。在一定意义上讲，作为哲学分支学科的"心灵哲学"更类似于生物学诞生前的"生物哲学"、地质学诞生前的"地质哲学"。正如当代心灵哲学研究的实际状况所表明的，当前对"心灵"的哲学研究在很大程度上就类似于生物学诞生前对"生命"的哲学研究。所以，在把心灵哲学看作当代哲学的一个分支学科时，必须注意它与"语言哲学""科学哲学"等其他哲学分支的这个重要的实质性不同。

其二，"心灵"是与其他研究对象有着实质性区别的一种十分特殊的研究对象，它并不是一种"物质实体"，而是高级生命有机体呈现出的各种精神过程、精神状态和精神现象的总体，所以，在各种心灵现象的研究中，第一人称研究方法不仅是不可避免的，甚至是更加重要的。例如，对意识问题的研究，即便是关于意识的定义"'意识'就是活着的个体所经验的那种可报告的内容"②，就已经涉及第一人称的"经验"和"报告"问题，就

① Iannone A. Dictionary of World Philosophy[Z]. New York：Routledge，2001：424.

② Pereira A，Rieke H. What is consciousness[J]. Journal of Consciousness Studies，2009，16（5）：28.

已经在某种意义上预设了主体的存在和根本地位。其他如自我问题、心-身关系问题等，无不明显地体现出这一特征。就人类迄今的认识和理解深度而言，试图纯粹以第三人称研究方法来研究和揭示心灵现象的本质、对心灵现象作出完全的说明，原则上是不可能的。

其三，与上述两点密切相关的另一个问题是，当代对心灵问题的研究，既不能是纯粹的哲学研究，也不可能是纯粹的科学研究，而必须是哲学与科学相结合的研究。由于对心灵现象的研究必须采纳第一人称研究方法，所以，就不可能像研究某种物质的化学性质那样，以纯粹第三人称的传统科学方法来揭示心灵的本质和属性；另一方面，像语言分析哲学那样，对心灵问题单纯地进行哲学分析和思辨，也不可能揭示出心灵现象的本质，因为心灵虽然不是某种物质实体，但它又的确是与"法律""语言"等现象不同的另一种"自然实在"。既然是一种"自然实在"，单纯的哲学分析就是不够的，还必须对之进行科学研究。要言之，对研究心灵问题而言，既必须进行基于第一人称的哲学反思、概念分析和理论建构，也必须从第三人称维度进行基于科学精神的实证性研究，必须把二者结合起来才可能对心灵现象作出完全的研究和解释。事实上，当代关于各种心灵问题的哲学研究，实际上都是基于大量相关科学研究资料（如认知科学、神经科学、脑科学、意识科学、精神病学等学科的实证材料）进行的，是在这些科学研究成果的基础上开展哲学研究的。基于这一基本认识，我们认为"当代心灵哲学"实际上也可称为"当代心灵科学哲学"，因为该领域的研究者大都是基于当代"哲学-科学"背景把"哲学研究"和"科学研究"联通为一体，来开展心灵问题研究的。因此，在本书中，我们将在相同的意义上使用"当代心灵哲学"和"当代心灵科学哲学"两个概念，二者均意指对心灵问题进行"哲学-科学"研究或"科学-哲学"研究的学术领域。

二、当代心灵哲学在西方哲学史中的地位

从宏阔的历史场景来看，西方哲学的发展可以大致划分为三个大的时期：第一时期是柏拉图开创的以探讨世界本原为主题的本体论时期；第二

时期是笛卡儿开创的以研究知识问题为主题的认识论时期；第三时期就是以 20 世纪初的"语言转向"（the linguistic turn）为标志的语言哲学时期，其最重要的特征是把哲学研究聚焦于语言表达和使用问题。这三个时期的西方哲学分别有着不同的思想框架、不同的研究范式、不同的研究主题和不同的研究方法。在本体论时期，本体问题是哲学的中心问题，从而决定着其他哲学问题（如知觉和情感问题）的研究框架和方法等；在认识论时期，认识主体问题是哲学的中心问题，从而决定着其他哲学问题（如本体问题和情感问题）的研究框架和方法等；在语言哲学时期，语言的意义和用法等语言问题成为哲学的中心问题，而本体问题、认识问题等则都需要基于这个基本的思想框架进行研究。那么，语言转向后至今的西方哲学又是如何发展的？是否发生过语言转向意义上的那种重大哲学转向？是否出现了超越语言哲学的新的哲学范式和思想框架？

　　一般认为，语言分析哲学在经历了"语言的逻辑分析"和"语言的语用分析"两个阶段的发展后，其在西方哲学体系中的那种中心地位在 20 世纪 70 年代后期已被心灵哲学所取代。这不仅因为至少从 20 世纪 70 年代后期开始，心灵哲学已经成为当代哲学中最活跃、最重要的亚领域，更重要的还在于心灵哲学所探索的主观事物和精神现象在所有人类活动中都有着终极的重要性和广泛关联性。[①]正因如此，及至 20 世纪末期，心灵哲学已经"成为在哲学各领域甚至在哲学以外许多学科延伸触角的庞然大物：其触角不仅延伸到了哲学的每一个领域，甚至延伸到了哲学以外的许多学科"[②]。

　　基于这一认识，笔者认为，心灵哲学已成为当代哲学当之无愧的"领军学科"和主导性的核心领域。就像语言转向后的语言哲学开启了西方哲学发展的新时期一样，心灵转向（the mental turn）后的当代心灵哲学也标

---

① Stich S P，Warfield T A. Introduction[A]//The Blackwell Guide to Philosophy of Mind[C]. Malden：Blackwell Publishing Ltd，2003：ix.

② Mclaughlin B P，Cohen J. Introduction[A]//Contemporary Debates in Philosophy of Mind[C]. Malden：Blackwell Publishing Ltd，2007：xii.

志着西方哲学另一个新时期的肇始。当代心灵哲学在西方哲学史中的地位，如果不是更高的话，也绝不亚于语言转向创建的语言哲学在西方哲学史中的地位。

三、关于"当代心灵哲学"与"对心灵的哲学研究"

虽然"心灵哲学"是当代哲学的一个重要学科领域，但对心灵现象（如知觉、情感、欲望等）的哲学研究却是早在古希腊哲学中就已经开始的。柏拉图就曾在本体论哲学框架下对理性、激情和欲望及其关系进行研究，亚里士多德更是撰写了《灵魂论及其他》一书。笛卡儿在以"我思故我在"开创近代认识论哲学的过程中，更是在认识论框架下对"心灵""知觉""自我"等问题进行了深入的哲学探索。笛卡儿之后的休谟、康德等近代哲学家也都曾从不同方面研究和回答有关心灵的问题。不言而喻，语言转向后，卡尔纳普、维特根斯坦、赖尔等又在语言分析哲学的框架下对"心灵""自我"等问题进行了研究和回答。显然，这些在特定哲学范式下"对心灵问题的哲学研究和解答"，可以归属于广义的心灵哲学范畴，因而也可以把（比如）亚里士多德关于心灵现象的哲学理论称为"亚里士多德的心灵哲学"、把（比如）逻辑实证主义学派关于心灵的哲学理论称为"逻辑实证主义的心灵哲学"。然而，虽然这些研究构成当代心灵哲学得以建立的重要基础之一，但它们均是基于某种哲学框架对心灵问题的研究和回答，因此，这种意义上的"心灵哲学"与作为当代哲学分支学科和作为当代哲学核心领域和理论范式的"当代心灵哲学"是两个不同的概念。

与此相关的另一个问题是，当代心灵哲学与语言分析范式的各种心灵哲学理论的关系。毫无疑问，当代心灵哲学的产生与语言哲学对传统心灵哲学问题的重塑和新解直接相关。西方哲学在 20 世纪初发生语言转向后，许多分析哲学家也基于语言哲学范式对有关心灵的各种哲学问题进行了新的研究和回答，的确建构了一种研究心灵哲学问题的新范式。然而，虽然语言哲学范式的心灵本质问题研究对西方哲学的心灵转向，以及当代心灵哲学的形成，有着直接而重大的影响，但按照我们以上对当代心灵哲学的定义和历史定位，基于语言哲学框架对心灵本质问题进行的这些哲学研究和解答，无论是早期语言哲学的实证主义心灵哲学理论，还是后期语言哲学的语用主义心灵哲学理论，都在研究框架、研究对象、研究方法等方面与当代心灵哲学有着实质性不同，因此，它并不属于"当代心灵哲学"的一个阶段。但是由于语言哲学对当代心灵哲学的产生有着直接而重大的影响，某种意义上甚至可以说，反叛语言哲学的心灵研究范式正是当代心灵哲学得以形成的主要动因之一，所以，当代心灵哲学的兴起与语言哲学关于心灵问题的研究和理论是密切相关的。

第二节　西方哲学的心灵转向与心灵哲学的崛起

西方哲学于 20 世纪初发生语言转向后，基于"语言分析"这一新的思想框架研究关于心灵的各种哲学问题，理所当然地成为其重要议题之一。概括地讲，语言哲学关于人类心灵问题的研究，大致可归纳为如下三个发展阶段：以逻辑实证主义的心灵哲学理论为代表的前期语言哲学阶段、后期语言哲学阶段的心灵问题研究，以及反叛语言分析范式并开拓心灵研究新路径的阶段。这三个阶段关于心灵问题的哲学研究，既是西方哲学史上以新范式（语言分析）探索心灵问题的一个重要历史时期，也构成西方哲学从语言哲学转向心灵哲学的思想背景。

一、逻辑实证主义对心灵问题的语言还原论回答

在西方哲学语言转向背景下兴起的逻辑实证主义，进一步把语言的逻辑分析方法贯彻于心灵问题的哲学研究，在"通过语言的逻辑分析清除形而上学"的纲领下，把传统哲学的心灵理论视为必须加以清除的形而上学理论之一。它把语言的逻辑分析方法和意义证实原则等应用于心灵问题，通过对心灵问题进行概念分析、对心理意向进行物理还原，逻辑实证主义建立了其基于早期语言哲学框架的心灵哲学理论。其核心内容可概括为五

个方面。

第一，逻辑实证主义认为，自笛卡儿以来就占据全部形而上学中心地位的精神和形体、心灵与身体的关系问题，完全是由错误的提法造成的，其唯一的解决方法就是通过概念的逻辑分析加以清除。"只要我们完全弄清楚了我们在使用'心灵的'和'形体的'这两个词时所依据的规则，那么与此同时，我们也就已经解决了 Descartes 的心物关系问题。"①所谓"物的"和"心的"、"客观的"和"主观的"、"精神的"和"形体的"等概念只是人们整理经验的不同方式、只是不同的讲话方式，二者之间只不过是讲话方式不同，并无本质区别。

第二，从研究心理现象的视角把语言分为物理语言和心理语言，并认为：物理语言具有客观和普遍的特性，而心理语言则不具有这种特性；物理语言可直接通过经验实证获得其意义，而心理语言则必须将规则还原为物理语言才能获得其意义。所以，在严格按照逻辑句法规则和意义实证原则所构造的形式化语言系统中，"每一心理句子都能用物理语言来表达……所有的心理句子都描述物理事件，即人和其他动物的物理行为"②。传统哲学所谓的心的问题实质上是纯粹的物理科学的问题。

第三，从语言的逻辑分析层面构建了心的物理主义（physicalism）理论，认为心理语言所描述的只是身体的物理状态，而不是此外的什么东西。"所谓心理句子——无论这种句子是关于别人心理的，还是关于某人自己过去心理状态的句子，还是关于某人自己现在心理状态的句子，还是关于一般句子——都始终可以翻译成物理语言。尤其是每一心理句子都是指此人（或人们）身体中发生的物理现象。"③比如，"A 先生很激动"这个语句，其意义仅仅在于描述 A 先生的身体状态，如出现焦虑不安的动作、脉搏加快、呼吸急促等，并不存在此外的任何东西。

---

① M. 石里克. 物的和心的[A]//洪谦. 逻辑经验主义[C]. 北京：商务印书馆，1982：454.
② R. 卡尔纳普. 使用物理语言的心理学[A]//洪谦. 逻辑经验主义[C]. 北京：商务印书馆，1982：475.
③ R. 卡尔纳普. 使用物理语言的心理学[A]//洪谦. 逻辑经验主义[C]. 北京：商务印书馆，1982：510.

第四，与其物理主义相对应，逻辑实证主义提出了研究心理意识现象的"还原-实证-归纳"方法论。在他们看来，无论是笛卡儿以来的传统哲学所采用的"内省"方法，还是同时期的现象学哲学采用的"直观"方法，都是研究心理意识现象的错误方法。他们认为，"除非借助于从有效的单称句子进行所谓归纳的方法……否则一般句子是无法确立的。现象学断言能够确立用归纳法得不到的全称综合的句子。据说，这些关于心理特性的句子或是先天认识的，或是根据某一个别例证认识的。按照我们的观点，用这种方法不能获得知识"①。

第五，从语言的逻辑构造论出发，把意向性关系处理为按照一定的构造形式把经验纳入经验次序的问题，处理为主体间的意义关系。他们认为，"意向性关系并不是唯独在心理的东西及其表现的东西之间才有的一类极其特殊的关系……一般地说，一个经验和一个经验次序，如果满足下面两个条件，它们之间就有意向性关系，这两个条件是：第一，这个经验必须属于这个次序；第二，这个次序必须是各种实在型对象借以构造出来的那些构造形式之一"②。

逻辑实证主义的心灵哲学理论，是西方哲学语言转向后第一个基于语言哲学框架对关于心灵的各种哲学问题作出的回答。其与此前各种心灵哲学理论的根本区别就在于，它试图通过对各种心灵问题的逻辑分析把心理语言还原为物理语言，从而以"意义证实原则"解决有关心灵的各种哲学问题。这是早期语言哲学对各种心灵哲学问题的解决。

二、后期语言哲学对心灵问题的语用论解决

20 世纪 40 年代后，随着维特根斯坦后期语言哲学思想的传播，形成了以日常语言为对象、以语用分析为特征的后期语言哲学，后期语言哲学又对有关心灵的哲学问题作出了另一种语言哲学的回答。以维特根斯坦、

① R. 卡尔纳普. 使用物理语言的心理学[A]//洪谦. 逻辑经验主义[C]. 北京: 商务印书馆, 1982: 479.

② 鲁道夫·卡尔纳普. 世界的逻辑构造[M]. 陈启伟, 译. 上海: 上海译文出版社, 1999: 292-293.

赖尔（G. Ryle）等为代表的后期语言哲学之心灵哲学的特征，突出地表现在以下六个方面。

第一，一反早期语言哲学主张的语言本质"命题论"、语言属性"图像论"、语言意义"构造论"，后期语言哲学则转而主张语言本质"生活形式论"、语言属性"游戏论"、语言意义"用法论"，认为"语言的述说乃是一种活动，一种生活形式的一个部分"①，而"一个词的意义就在于它在语言中的用法"②。语言的意义并不是固定不变的、并不是独立于使用者的，而是由使用者的特定生活形式及不同用法决定的。所以，有关心灵的各种哲学问题需要通过分析心灵类语言在生活形式中的作用和功能、它在语言游戏中的用法来解决。

第二，批判笛卡儿以来的传统哲学关于心的内部/外部图像，试图从心理语言用法的层面对心灵问题给出一种新的回答。后期语言哲学家认为，笛卡儿以后的近代西方哲学把人类心灵理解为只有通过内省才能进入的主体的私人性世界，是完全错误的，因为根本就不存在与心理语词相对应的、只有私自地向内的观察或内省才可以理解和把握的内部对象、过程或状态。描述心理的那些语词的意义也仅仅存在于其公共性的使用之中，因为"不存在这样的东西：按照一个规则应用一个表达式，而这个规则在原则上却不可与任何其他人交流"③。

第三，认为传统哲学关于人类心灵的理论及其面临的各种难题，都是在其语言使用中犯了范畴错误所导致的结果。赖尔认为，传统哲学关于心的理论之所以陷入"机器中的幽灵"这种窘境，正在于人们对应于"物是什么""物在何处"的问题，提出了"心是什么""心在何处"的问题，然而，殊不知这恰恰犯了混同语言类型的范畴错误。因为心与物实属不同的意义和用法范畴，不能相提并论，只要我们在使用语言时避免这种混同语

---

① 维特根斯坦. 哲学研究[M]. 李步楼，译. 北京：商务印书馆，1996：第一部分第 23 节.
② 维特根斯坦. 哲学研究[M]. 李步楼，译. 北京：商务印书馆，1996：第一部分第 8 节.
③ Martinich A P，Sosa D. A Companion to Analytic Philosophy[C]. Malden：Blackwell Publishers Ltd, 2001：85.

言范畴的错误，传统哲学关于心的各种难题也就烟消云散了①。

第四，从语用论层面否定了心的实体性地位，认为心既不是与脑同一，也不是精神对象在其中向内省视觉展开的空间。按照维特根斯坦的看法，内省不是内部知觉，而是对某人的理由、动机和态度的反映形式；愿望和意愿并不是精神行为或精神过程的名称，它们也并不对人们的行为构成一种因果说明。"人们关于其行为的理由（reason）的声明，与关于某事件的原因（cause）的断言不同，它不是一个假说。"②

第五，认为不存在内部的精神状态这类东西，所存在的只是外部的行为和语词的特定使用方法。他们认为，像意向、信念、愿望、疼痛等这些心理词语根本就没有什么指称对象，它们的意义并不在于它们与某种对象性的事物相关联，而在于它们在语言中的特定使用。"如果把这些词说成是'对一种精神状态的描述'，那就会完全引人误解。"③

第六，从语言使用的层面处理意向性问题，把意向看作由规则和制度所确定的行为倾向，而不是一种内在的心灵状态。维特根斯坦曾明确指出，"意向是植根于情境中的，植根于人类习惯和制度中的。如果象棋的技术并不存在，我就不可能有去下棋的意图。如果我的确事先就意欲了语句的构成，那么这之所以可能乃是由于我能够说德语"④。所以，不存在先于和独立于语言的心理意向；意向性问题只是由规则和制度所确定的语言的使用问题。

与早期语言哲学试图通过语言的逻辑分析把心理还原为物理不同，后期语言哲学则是试图通过主张语言的意义在于其用法、心灵类语言并非指称某种心灵类实体、区分心理语言的特殊用法等理论，来解决关于心灵的各种哲学问题。然而，如果断定"语言表征一种生活形式""语言表达是一种人类活动""语言的意义在于其在活动中的用法"，那就必须承认，语言

---

①　吉尔伯特·赖尔. 心的概念[M]. 刘建荣，译. 上海：上海译文出版社，1988：17.

②　Martinich A P，Sosa D. A Companion to Analytic Philosophy[C]. Malden：Blackwell Publishers Ltd, 2001：88.

③　维特根斯坦. 哲学研究[M]. 李步楼，译. 北京：商务印书馆，1996：第 180 节.

④　维特根斯坦. 哲学研究[M]. 李步楼，译. 北京：商务印书馆，1996：第 337 节.

的意义来自语言使用者对语言的意向性使用，因而语言的意义至少是受使用语言的人的心理意向影响的。如果是这样，要解决语言的意义问题，就必须研究人的心理意向问题。所以，后期语言哲学主张的"语言意义用法论"，必然导致心理意向问题的引入和研究，而心理意向问题的引入和研究则为进入语言背后的心理层面打开了缺口，这样，由"语言问题"转向"心灵问题"的研究便是不可避免的。

事实上，沿着维特根斯坦后期语言哲学理路创立"言语行为理论"的奥斯汀（J. L. Austin，1911—1960）在研究言语行为问题时就已指出，"我们需要认识到，甚至那些'最简单的'有名称的行为也不是那么简单的——它们的确不是仅仅做了一些身体的运动，然后，我们问，有什么东西在里面（有一些意向在里面吗？），以及在一个行动中，我们使用的复杂的内在机能的详细内容是什么——理智的作用，对情况的估量，援引了一些规则、计划并对执行加以控制等"①。而沿着奥斯汀的"言语行为"路线继续向前推进并成为后期语言哲学著名代表人物的约翰·塞尔（John Searle，1932—），则终于以"意向性"问题为入口，在 20 世纪 70 年代后期从语言哲学转向了心灵哲学，并成为当代心灵哲学的著名代表人物之一。可以说，后期语言哲学确立的"工具-用法论"语言观，实际上已经为现代西方哲学的心灵转向埋下了伏笔。

三、对语言分析范式的反叛与心灵哲学的崛起

语言哲学范式的心灵研究，无论是早期语言哲学还是后期语言哲学，其根本特征就是试图仅仅通过语言分析来研究解决人类心灵的各种哲学问题，它完全否认"意向""意识"等心理语言具有实质性指称对象，否认对内部心灵状态进行研究的意义；把心灵问题的研究限定于对这类语言的意义规则、用法规则及其引发的外部行为的研究。这样，关于心灵问题的哲学研究，实际上完全成了对各种心灵语言的研究。虽然对心灵问题进行这样的语言研究也有其重要意义（弄清有关心灵的各种语言的意义和用法对

---

① Austin J L. Sense and Sensibilia[M]. Oxford：Oxford University Press，1963：111.

深入研究相关问题当然也是必要的），但是把关于心灵问题的哲学研究限制于对相关语言的意义分析和用法分析，则显然是很成问题的。因此，从 20世纪 50 年代中期开始，一直到 20 世纪 70 年代的 20 年间，这种语言哲学范式的心灵研究便不断遭到一些哲学家的批判，而研究心灵问题的某种新的哲学范式也从来自多方面的这些持续不断的批判中逐渐浮现出来。到 20世纪 70 年代后期，作为新的哲学范式的"心灵哲学"终于取代语言哲学，成为当代哲学的核心领域和主导学科。

毫无疑问，从语言哲学到心灵哲学的转换是在许多哲学家的共同推动下实现的。但是，在从语言分析范式朝向"当代心灵哲学"范式的转换中，如下这些哲学论著发挥了关键作用，并为心灵哲学 20 世纪 80 年代后的全面展开奠定了基本理论框架。一定意义上甚至可以说，正是这些论著推动了这种转换的实现。

其一是波普尔（K. Popper，1902—1994）于 1953 年发表的《语言和身-心问题》一文。就在赖尔的《心的概念》（1949 年）、维特根斯坦的《哲学研究》（1953 年）所倡导的语言分析范式的心灵哲学正在发生巨大影响的时候，在 1953 年举行的第十一届国际哲学会议上，波普尔发布了他的《语言和身-心问题》一文，对语言哲学所主张的通过语言分析解决心灵哲学问题的研究纲领展开了批判，并提出了大相径庭的主张。波普尔在该文中有力地批判了语言哲学的如下两个根本观点："通过指出存在着两种语言即物理语言和心理语言，而不存在两种实体即身体和心灵，就可解决身-心问题"的观点，以及"认为身-心问题是由于谈论心灵的方式不当、由于话语断定了行为之外心灵状态的存在而产生"的观点。他举例说，"火车站站长除了类似于信念的行为之外，他有没有'火车正在离开车站'的信念呢？除了做出动作之外，他有没有向信号员传达有关火车情况的意图呢？除了信号员类似理解的行为之外，他有没有对这消息的理解呢？有没有可能信号员完全理解这消息，但行动时（为了这样那样的原因）却仿佛他误解了这消息呢"①? 波普尔指出，对上述问题必须以近似笛卡儿主义的形式提出和研究，即必须把身和心之间的关系作为两种事实间的关系来研究，仅仅对之进行语言分析不可能解决身-心问题。

波普尔的《语言和身-心问题》一文在当时的哲学界产生了很大反响，并被认为是"挑战性的"。为进一步开展相关问题的讨论，国际重要哲学期刊《分析》在 1955 年又发表著名哲学家塞拉斯（W. Sellars）的《对波普尔为二元论所作论证的一个说明》和波普尔的回应性论文《身-心问题的一个说明》，在当时引起了广泛关注。此后，波普尔继续沿着这一思想纲领进行心灵哲学问题研究，并先后发表《关于云和钟》（1965 年）、《没有认识主体的认识论》（1967 年）、《关于客观精神的理论》（1968 年）、《无尽的探索》（1976 年）、《自我及其脑》（1977 年）、《自然选择与精神突现》（1978 年）等论著，建立了他颇为独特的心灵哲学理论。限于篇幅，这里不再进一步展开。

其二是普莱斯（U. T. Place）在 1956 年发表的《意识是一种脑过程吗？》一文。在该文中，普莱斯对维特根斯坦和赖尔仅仅把意识解释为外部行为倾向和外部意义的理论提出批评，认为关于疼痛的陈述，关于看、听或感觉事物的陈述就是指称那个人的内部事件和内部过程的陈述。另外，他认为接受内部过程并不必然成为二元论，意识是脑中的一个过程，不可能合逻辑地被反驳。

其三是斯马特（J. J. C. Smart）在 1959 年发表的《感觉和脑过程》一文，该文对维特根斯坦的"人们的疼痛报告并不报告任何东西而只是正在做一种复杂的外部行为"提出有力批评，认为要对一个人内部正在进行的东西作出完全的描述，就不仅要提及他的组织中、腺体中和神经系统中的物理过程，而且要提及他看、听、疼等的意识状态。其实，斯马特早在 1953 年就曾在著名的《英国科学哲学杂志》发表《简论范畴》的短文，已经对后期语言哲学以分析心灵语言使用中的范畴错误来解决有关心灵的哲学问

---

① 卡尔·波普尔. 猜想与反驳[M]. 傅季重，等译. 上海：上海译文出版社，1986：420.

题这一纲领，提出了质疑和批评，但在当时没有引起人们的足够重视。

其四是普特南（H. Putnam）在 1967 年发表的《精神状态的本性》一文。在该文中普特南以分析哲学的分析方法对疼痛是不是一种脑状态进行语言和逻辑分析，但他分析的结果却并未得出疼痛仅仅是一种语言现象的结论，而是提出了一种功能主义的心灵理论，认为疼痛是身体的功能状态。虽然功能状态不一定是实在状态，但毫无疑问的是，功能状态至少必须以某种实在为基础，必定是某个实体的某种状态，因而"疼痛"至少不可能仅仅是语言的用法问题。

其五是布劳克（N. J. Block）和福多（J. A. Fodor）在 1972 年发表的《心理状态不是什么？》一文。布劳克和福多在该文中对普特南的功能主义提出批评，认为功能主义忽视了精神现象的内在的、现象的特征，要真正解释心理状态就必须承认并解释其"质的内容"。该文既是对功能主义的反驳，而更重要的则在于，它提出了进一步沿着实在论方向研究心灵问题的要求。

其六是内格尔（T. Nagel）在 1974 年发表的《成为一只蝙蝠是像什么？》一文，该文的重要意义在于，它不仅是当代心灵哲学中对意识经验（conscious experience）问题、主观性问题的首次深入系统的论述，而且把意识经验问题进而把主观性问题、自我问题设立为当代心灵哲学的终极性问题。该文明确提出，广泛存在的意识经验现象是心-身问题的真正难点，既有的还原主义和功能主义由于无视意识经验的主观性，因而均不可能对心-身问题给出完全的解决。要解决意识经验的主观性问题我们就必须建立新的概念体系、设计新的方法论工具。

其七是舒美克（S. Shoemaker）在 1975 年发表的《功能主义与感受性》一文，该文所探讨的正是内格尔提出的意识经验问题，但其给出的解决路径却是功能主义路径。在该文中，舒美克为精神状态的功能主义理论和因果分析理论进行辩护，认为，即使感受性（qualia）状态也能够被容纳到这样的理论框架中得到解决。虽然舒美克提出的这个观点在后来被证明存在难以克服的困境，但其沿着实在方向对意识经验问题、主观性问题的这种深入则值得肯定。

这些令人耳目一新的著作，一方面对语言分析范式的心灵哲学理论展开批判，另一方面则明确提出了把人类心灵本身作为一个对象进行研究的新倾向。到 20 世纪 70 年代后期，这种新的哲学倾向终于形成足以取代语言哲学而成为当代西方哲学新范式的心灵哲学，西方哲学也由此进入了"心灵哲学"新时期。

以上述著作为代表的这些早期研究和开拓，既构成心灵哲学在 20 世纪 80 年代繁荣发展的前奏，也蕴含着当代心灵哲学研究在 20 世纪 80 年代后朝向心灵科学哲学方向发展的萌芽。对此，卡利尔（M. Carrer）和麦卡墨尔（P. Machamer）在《心灵图景：哲学、科学和心灵》一书中曾进行这样的描述："当代心灵哲学的首要特征在于朝向心灵科学的定向。这一特征与建基于语言哲学的传统心灵哲学形成鲜明对照。语言分析被设定来阐明关于精神状态的描述能够明智地意指什么。其问题是，关于精神的什么类型的谈论具有明确的意义，而什么类型的谈论将被看作是无意义的。对于心灵的这种语言分析类型的哲学研究已经不再流行。它已经被基于科学的研究所取代；在这种研究中关于心灵的本性的问题以及心-身关系问题将在科学的框架中被提出和回答。这意味着，认知的结构和认知的动力学将经由对心理理论和神经生理理论的哲学解释来阐明；而心-身问题也将被重铸为这两种理论之间的概念关系。所以，现代心灵哲学是科学哲学的一个分支。"①

关于西方哲学在 20 世纪 70 年代后期从语言哲学转向心灵哲学问题，这里再以塞尔为例，略作论述。正如前面已经指出的，一般认为，至少到 20 世纪 70 年代后期，心灵哲学已经取代语言哲学成为当代哲学中最重要的亚领域。然而，也正如哲学史表明的，任何哲学新领域的开拓、任何哲学新范式的形成，实际上是许多哲学家不约而同地朝向某个方向努力所导致的结果，是诸多相关著作共同推动的。但是，在这个过程中也的确有一

---

① Carrer M, Machamer P. Mindscapes: Philosophy, Science, and the Mind[M]. Pittsburgh: University of Pittsburgh Press, 1997: vii.

些重要的标志性事件。就语言哲学向心灵哲学的转折而言，如果一定要给出这种哲学转向的某些标志性事件或人物，那么，笔者认为，塞尔的研究转向及其随后出版的相关著作就可作为这种转向的典型标志之一。众所周知，塞尔是后期语言哲学最重要的代表人物之一。但作为语言哲学巨擘之一的塞尔，却在 20 世纪 70 年代中期就转向了心灵问题的研究。在 1975 年接受英国广播公司记者采访时，就明确声言，他正在进行心灵哲学研究，因为"如果你认真对待'语言怎样表征实在？'这个问题，你终将被迫回到这样的问题'任何东西怎样表征任何东西？'而这将引导你进入心灵哲学，研究心灵和语言之间的关系。在我看来，语言哲学是心灵哲学的一个分支"①。而尤其值得注意的是，他此时是以语言哲学家身份接受采访的。所以，毫无疑问，塞尔从 20 世纪 70 年代中期从语言哲学转向心灵哲学，并成为当代心灵哲学的重要代表人物之一，就是当代西方哲学从语言哲学转向心灵哲学的典型性标志事件之一。当然，还有其他一些事件也可归为这种转向的重要标志。限于主题和篇幅，这里不再论述。

这里还需指出的是，心灵哲学在 20 世纪 70 年代的兴起，除了当代哲学发展的内在逻辑和动因外，还有另外一个重要的科学背景，这就是：20 世纪 50 年代后心理学的认知转向、人工智能研究和神经科学的兴起。

在威廉·詹姆斯（William James，1842—1910）和威廉·冯特（Wilhelm Wundt，1832—1920）等于 19 世纪末创立科学心理学之初，都曾把内在的知觉、意识等确立为心理学的主要对象和核心领域。但好景不长，进入 20 世纪后，随着以华生（John B. Watson，1878—1958）为代表的行为主义心理学的崛起，"意识"等内部问题被迅速打入冷宫。在 1913 年发表的《行为主义者眼中的心理学》中，华生把奉行冯特和詹姆斯路线的人称为"捧着'意识'的衣钵，徒劳无功地做着内省工作"，并提出抛弃内部意识、研究外部行为的心理学研究纲领。②由于行为主义思潮的高歌猛进，再加上语言分析哲学的兴起及其对心理意识问题限定于语言分析层面的定向，在此

---

① Magee B. Men of Ideas[Z]. London：British Broadcasting Corporation，1978：195.

② 高峰强，秦金亮. 行为的奥秘——华生的行为主义[M]. 武汉：湖北教育出版社，2000：82.

后的数十年间，意识、知觉等所谓内部问题被主流心理学完全拒之门外，当然也被语言哲学以另一种方式抛弃。

然而，计算机和人工智能研究的开拓者图灵（A. Turing，1912—1954）却在 1936 年发表《论数字计算在决策难题中的应用》一文，提出了著名的图灵机（turing machine）设想，开启了机器思维研究之先河；1950 年他又发表《计算机器与智能》，提出创造智能机器和图灵测验的理论。在图灵开拓性研究的影响下，20 世纪 50 年代后，人工智能研究以及基于人工智能原理对人类智能和心灵奥秘的研究，迅速兴起。伴随着人工智能研究和计算机科学的发展，以此为基础的人类智能和心灵机制研究的开展，心理学的行为主义研究纲领越来越遭到人们的质疑和批评，抛弃行为主义、探索心灵的内部过程日益成为心理学发展的新趋势。在此背景下，在纽厄尔（A. Newell）、西蒙（H. Simon）、米勒（G. Miller）等一系列开创性著作的推动下[1]，心理学领域终于在 20 世纪 50 年代发生了后来以"认知革命"（cognitive revolution）著称的事件：在计算机和人工智能理论的鼓舞下，抛开行为主义圭臬，力图通过研究心灵的内部状态、内部过程和内部结构来研究人类的认知和智能问题。认知革命不仅使"内部问题"再度成为心理学的核心领域，而且最终在 20 世纪 70 年代形成"把心理学作为其构成部分，而对心灵和智能进行包括神经科学、人工智能、语言学、人类学和哲学的跨学科研究的认知科学（cognitive science）"[2]。人工智能和认知科学的产生及其对人类心灵过程开展的以表征-计算为基础的科学研究，也是当代心灵哲学得以形成的重要基础背景之一。

所以，西方哲学在 20 世纪 50 年代发生心灵转向，并最终使更加大气磅礴的心灵哲学取代语言哲学而成为当代哲学的核心领域，固然有着西方

---

① 这些论著包括：Miller G. The magical number seven，plus or minus two：some limits on our capacity for processing information[J]. Psychological Review，1956，lxiii：81-97；Bruner J S，Goodnow J，Austin G. A Study of Thinking[M]，New York：Wiley，1956；Newell A，Shaw C，Simon H. Elements of a theory of human problem solving[J]. Psychological Review，1958，lxv：151-66；等等。

② Thagard P. Introduction[A]//Philosophy of Psychology and Cognitive Science[C]. Oxford：Elsevier，2007：ix.

哲学发展演进的内在逻辑动因，但是，计算机科学和人工智能研究的兴起和发展，以及心理学在 20 世纪 50 年代发生认知革命，并最终在 20 世纪 70 年代形成视野更加开阔的认知科学，也是当代心灵哲学得以崛起的重要基础。可以说，在当代关于人类心灵和智能问题的研究中，当代心灵哲学与认知科学以及随后发展出来的认知神经科学等相关学科，是一种相辅相成、相得益彰、交叉融合、一体发展的关系。无论是表征问题、感觉问题，还是更加深刻的意识问题、自我问题，科学维度的研究必然伴随着哲学维度的反思，而哲学维度的研究则又必然伴随着对科学研究成果的吸收和升华。尤其是我们后面将要讨论的自我问题，没有哪一种理论是纯粹的"科学"理论，也没有哪一种是纯粹的哲学思辨。究其原因，乃在于"心灵""意识""自我"这些研究对象与既往的科学研究对象有一个根本区别：对这类特殊对象的研究，原则上无法摆脱第一人称的主观经验性，因而仅仅对之进行传统科学所要求的那种"纯粹的"第三人称研究，并不能对之作出完全的解答。换言之，对心灵尤其是自我问题的研究和解答，原则上只能是一种"科学-哲学"或"哲学-科学"属性的研究和解答。因此，我们认为，认知科学以及后来发展出来的认知神经科学，本质上都是当代心灵哲学或当代心灵科学哲学的构成部分。

事实上，当代关于心灵的科学研究和哲学研究在许多问题上都有着相同的经典文献。例如，塞尔 1980 年发表于《行为与脑科学》杂志的《心、脑与程序》一文，就不仅被心灵哲学选为最重要的经典文献之一，而且也被认知科学、人工智能等学科领域选为最重要的基本经典之一。在心灵问题的研究中，科学研究与哲学研究的这种一体化关系由此可见一斑。当然，这并不否认在某些具体问题上、在某些局部问题上、在认知和意识的特定环节上，人们完全可以进行"科学的"研究并建立起"科学的"理论。但是，若要对心灵、意识、自我现象作出完全的解释，则绝非科学这一个维度能够胜任。

第三节 当代心灵哲学的发展与自我问题的凸显

概括地讲，当代心灵哲学的发展大致可分为三个阶段：第一阶段是从20世纪50年代到20世纪70年代末的早期创立阶段，第二阶段是从20世纪80年代初到20世纪90年代中期的初步发展阶段，第三阶段是从20世纪90年代中期至今的深入发展阶段。就其典型特征而言，早期创立阶段的主要成就在于，批判语言哲学的心灵问题研究范式，并确立当代心灵哲学的基本纲领、研究对象、研究方法和主要论题；当代心灵哲学的初步发展阶段则是对早期创立阶段所提出的一些论题进一步开展研究，并初步建立相关理论的阶段；深入发展阶段则是在更高的层面上对各主要论题开展深入研究并建立系统化理论体系的阶段。

就本书所要探究的自我问题而言，其在当代心灵哲学的三个发展阶段所呈现的是一种曲折发展的情况：在早期创建阶段，自我问题也曾作为当代心灵哲学的重要问题之一，以不同形式在新的思想平台上被提出和重塑；但是，由于此时心灵哲学的主要任务是在新的思想平台上对"精神现象的本质特征和属性问题""精神状态的属性问题""感觉与脑过程的关系""心灵与身体的关系问题""意向性问题""认知的本质和机制问题""表征的过程和机制"等"简单"问题进行重铸和初步研究，尚未涉及更深层次的"意识经验问题""主观性问题"等自我问题，所以，自我问题在当时未被深入和展开；然而，20世纪90年代中期以后，随着这些"简单"论题的不断深入，自我问题日益凸显出其在各种心灵问题研究中的枢纽性地位，研究和阐明自我的本质也越来越成为当代心灵哲学迫在眉睫的核心任务。正是在这样的背景下，当代心灵哲学在20世纪90年代后期自然而必然地进入了从不同路径探索自我本质并建立各种自我理论的新时期。

一、当代心灵哲学的早期发展与自我问题的重铸

在 20 世纪 50 年代到 20 世纪 70 年代末的早期创立阶段，当代心灵哲学的主要任务包括两个方面：一是批判语言哲学的心灵问题研究范式，二是在新的思想平台上明确地提出和塑造当代心灵哲学的某些主要论题。前一方面不再赘述。这里仅对后一方面略作论述。

有关人类心灵的许多问题在笛卡儿的哲学中都曾作为实质性问题明确地提出和研究过，如心-身关系问题、知觉问题、自我问题等。然而，语言转向后，笛卡儿所倡导的那种实质性研究范式被语言哲学彻底颠覆。按照语言哲学的研究范式，包括意向、感觉在内的所有心灵问题都不再是实质性问题，而是语言问题；对所有心灵问题无需进行实质性研究，而只需对相应的语言进行意义或用法分析就可解决相关的心灵哲学问题。不言而喻，在当代心灵哲学的早期发展阶段，其首要任务应是批判这种研究范式，并在这种批判的基础上，基于新的时代背景提出和论证当代心灵哲学的研究对象、研究方法和主要研究论题。

事实上，当代心灵哲学后来不断深入的那些主要论题，大多是在这个阶段被提出和塑造的。例如，普莱斯的《意识是一种脑过程吗？》（1956）一文，在批判语言哲学从语言意义和外部行为研究意识之错误的同时，也明确地提出，必须基于内部的脑事件和脑过程来研究意识问题。普莱斯所提出的这个意识论题及其研究路径，不仅在 20 世纪 90 年代后成为心灵哲学最重要的研究领域之一，而且成为开展意识研究的基本纲领。再如斯马特的《感觉和脑过程》（1959）一文，在对维特根斯坦的"疼痛报告并不报告任何东西而只是正在做一种复杂的外部行为"进行批判的同时，进而提出，要对包括疼痛的内部的东西作出完全的描述，不仅要从意识维度进行描述，而且要从组织、腺体和神经系统的物理状态进行描述。斯马特的这一思想与后来某些心灵科学哲学家基于情绪和感受等身体状态研究心灵和精神现象的研究路径也基本一致。其他如心理因果问题、心-身关系问题、意向性问题等，实际上都是当代心灵哲学的早期阶段已经提出的论题。

至于本书所关注的自我问题，也是当代心灵哲学在其早期发展阶段多次从不同层面、以不同方式提出的重要问题，尽管当时并未深入研究。笛卡儿是哲学史上第一个深入研究自我问题的哲学家，他曾把"我"确定为"一个进行思的事物"："我是一个真实的事物而且真实地存在……我只是一个思的事物，就是说，是心灵（mind）或灵魂（soul）。"①笛卡儿的自我理论是对自我问题的初步探索，是一种朴素而笼统的自我理论。当代心灵哲学则基于新的时代背景，以一种全新的哲学框架再次提出和塑造了自我问题。粗略地讲，当代心灵哲学并不是一开始就直接提出"自我"的本质问题，而是从"主观性"和"感受性"的视角提出了这一问题。最早明确地提出这一问题的是布劳克和福多，他们在《心理状态不是什么？》（1972）一文中，对普特南的功能主义提出批评，认为功能主义心灵理论的根本缺陷是忽视了精神现象的内在的、现象的特征，因而无法对心理状态作出完全的说明；而要完全说明心理状态，就必须承认并解释其质的特征或"感受性"。随后，舒美克、布洛克又分别发表《功能主义与感受性》（1975）、《功能主义的麻烦》（1978），联系当时流行的功能主义心灵理论，从不同方面讨论了感受性问题。

这里尤其要指出的，是内格尔于 1974 年发表《成为一只蝙蝠是像什么？》一文。在该文中，内格尔从"意识经验"的层面提出和论述了自我问题及其在当代心灵哲学研究中的重要地位。内格尔在该文中指出，虽然新近提出的各种物质主义（materialism）②、心理物理同一论、还原论等心灵哲学理论，在分析某些精神现象和精神概念方面取得了一定成功，但它们所处理的都是一般性问题，而作为心灵哲学之核心问题的心-身问题则根本上无法以这样的理论来解决。因为心-身问题的真正难点在于意识经验问

① Descartes R. Meditations on first philosophy II and VI and reply to objections II[A]//Beakley B, Ludlow P. The Philosophy of Mind[C]. Cambridge：The MIT Press，2006：25.

② 当代心灵哲学中具有特定理论内含的"materialism"概念和理论，尤其在我国哲学思想背景下，与世界观意义上的"唯物主义"概念和理论有着许多实质性区别。为避免误解，最好把当代心灵哲学中的这类理论如其本然地称为"物质主义"。本书一般使用"物质主义"称谓当代心灵哲学中的概括在"materialism"之下的各种理论。另外，严格地讲，"物质主义"与"物理主义"也是两个不同的概念，但在当代心灵哲学中，许多情况下可以通用，本书一般不考虑二者的区别。

题。而所谓意识经验就是有机体在进行意识时的那种主观经验："根本上讲，一个有机体有意识性的精神状态，当且仅当存在着是那个有机体是像什么的某种东西——对那个有机体而言，是那个有机体是像什么的某种东西。"①至于怎样解决意识经验和主观性问题，内格尔认为，目前的研究范式根本不足以解决该问题，必须建立新的概念体系、设计新的方法论工具。内格尔的这篇论文对当代心灵哲学发生了重要影响，也是其后来开展自我本质问题研究的重要基础文献之一。

可以看出，当代心灵哲学提出自我问题的方式与此前的各种哲学理论有着根本性的不同。无论在以笛卡儿为代表的近代哲学体系中，还是在语言哲学范式中，对自我问题都采取的是一种朴素的处理方式：把自我笼统地处理为一种思想的或行为的代理性主体，而并不深入探讨这个代理性主体、这个自我的构造和具体表现形式等问题。与此种思想框架和研究范式形成鲜明对比的是，当代心灵哲学则是在一种全新的思想基底上以一种全新的方式提出了自我问题。具体而言，与此前的哲学提出自我问题和研究自我本质的方式相比，当代心灵哲学在自我问题上至少实现了两方面的革命性变革。第一，它并不是直接提出"自我是什么"，而是提出意识和知觉过程中的感受性、经验性这种更加明晰的问题。以往的哲学理论对自我的那种朴素的处理方式往往使"自我"成为飘忽不定、难以捉摸的东西，实际上成了难以进行深入研究的对象；而如果把"自我"具体化为意识过程中的"感受性""经验性""主观性"，则无疑使"自我"有了具体的存在形式，因而也使问题具有了得以深入下去的基础。这里需要指出的是，虽然"自我"并不等同于知觉、意识过程中的感受性和经验性，但毫无疑问的是，"自我"的存在形式正是通过知觉、意识过程中的感受性和经验性而得以体现出来的。对此，后面还将深入论述。

与上述变革相关的第二个革命性变革在于，把自我问题具体化为感受性问题、经验性问题，还为当代心灵哲学的自我问题研究构筑了新的思想

---

① Nagel T. What is it like to be a bat?[A]//Beakley B, Ludlow P. The Philosophy of Mind [C]. Cambridge: The MIT Press, 2006：255.

框架或研究范式。当代心灵哲学正是基于对"感觉""意识""精神状态"及其与脑过程之关系的研究而发轫的，而随着这种研究提出的知觉的感受性问题、意识的经验性问题，也自然而又必然地要在其与感觉、意识、精神状态的关系，及其与脑过程之关系这样的框架中进行研究。简言之，它把自我问题置于了自我与感觉、意识、精神状态的关系，以及它们与脑过程的关系之中，要求在这样的思想框架中研究自我问题。当代心灵哲学开创之初在自我问题上实现的这两个革命性变革至关重要，其在 20 世纪 90 年代后期蓬勃兴起的自我本质研究，正是以知觉的感受性问题、意识的经验性、主观性问题为入口而恢宏展开的。

二、当代心灵哲学的全面发展与自我问题的凸显

在经历 20 世纪 50 年代到 70 年代的研究对象、研究方法和研究论题的开创和早期发展后，到 20 世纪 70 年代后期，心灵哲学终于取代语言哲学成为当代哲学最重要的亚领域，并进入蓬勃发展的时期。然而，尽管自我问题也曾在早期发展阶段被提出和重铸，但自我问题并未成为当代西方心灵哲学早期发展阶段的主要论题。原因就在于，自我问题是所有心灵哲学问题中最艰深、最复杂的问题，是必须在心理表征、心理意向、精神状态的本质和属性等一般性问题获得一定进展的基础上，才可能对之进行实质性研究的问题，甚至是需要"建立新的概念、设计新的方法"才可能进行研究、才可能给出真正解决的问题。[①]所以，在 20 世纪 70 年代末到 90 年代后期的这个发展时期，虽然当代心灵科学哲学就内容广泛的各种论题，如知觉的过程和机制、精神状态的属性问题、心脑关系、心理因果、心理现象的物理还原问题、精神表征的机制问题、心灵的模块性问题等展开了研究，但以感受性和意识经验问题为载体的自我问题则基本上处于沉寂状态。对心灵科学哲学领域的这一状况，以主张语言虚构论自我观著称的丹尼特（D. Dennett）曾不无嘲讽地指出："几乎所有认知科学研究者，无

---

① Nagel T. What is it like to be a bat?[A]//Beakley B, Ludlow P. The Philosophy of Mind [C]. Cambridge: The MIT Press, 2006: 262.

论它们认为自己是神经科学家、心理学家，还是人工智能研究者，他们往往都延后考虑有关意识的问题，而把他们的注意力限定在心/脑的'外围'或'从属'系统，这些系统被看成是在为某个模糊地想象的'中心'输入信号，并服务于这个中心，'有意识的思想'和'经验'正是发生于这个中心。"①虽然是出于反对研究自我问题而指出的这一点，但他的这段话的确很好地概括了当代心灵哲学的发展过程。然而，随着上述那些所谓"外围"问题的展开和深入，被延后处理的"中心"问题、自我问题必然日益凸显出来，因为所有那些问题不仅最终都要与"中心"、与自我相关联，而且要依赖于"中心"问题、自我问题的解决，才能获得最终解决。

概而言之，在 20 世纪 70 年代末到 90 年后期的这个时期，当代心灵哲学所探讨的那些内容广泛的问题大致可归结为如下五个大的论题：精神现象的本质和属性问题或心-身问题、意向性问题、心理因果问题、心理内容问题、意识经验问题或感受性问题。虽然它们一开始似乎都不涉及更为复杂的自我问题，但随着研究的不断深入，这些问题却最终都以这样或那样的方式指向了自我问题。这样，到 20 世纪 90 年代后期，当代心灵哲学便自然而又必然地进入了探索自我本质、彻底解决各种心灵问题的新时期。下面扼要论述当代心灵哲学对这些问题的研究情况，以及它们与自我问题的内在关联性。

1. 心-身问题与自我问题

所谓心-身问题（mind-body problem）就是人的心灵与外部世界，尤其与他的身体是何种关系的问题。心-身问题可以分解为两个方面的问题：心理事件或心理状态是不是物理事件或物理状态？心和身究竟是怎样相互作用的？一定意义上讲，"心-身问题是心灵哲学中处于枢纽地位的问题，它决定着其他主题的探讨"②。心-身问题属于心灵哲学中第一位次的问题。由波普尔、普莱斯、斯马特等发端的新范式心灵哲学也正是从心-身问题切

---

①　Dennett D. Consciousness Explained[M]. London：Penguin，1991：39.

②　Beakley B，Ludlow P. Introduction[A]//Beakley B，Ludlow P. The Philosophy of Mind[C]. Cambridge：The MIT Press，2006：xi.

入的。当代西方心灵哲学 20 世纪 80 年代后迅速发展，围绕心-身问题形成了包括属性二元论、物质主义、物理主义、计算主义、功能主义、副现象论、认知主义、取消主义、同一论、泛心论（panpsychism）、双方面理论、突现论等名目繁多的心灵哲学理论。粗略地讲，所有这些理论可归为两类：一是否定心理事件（或状态）存在的广义物质主义，二是承认心理事件（或状态）存在的各种实在论。否定精神现象存在的各种物质主义理论虽然不再牵涉自我问题，但最终都陷入各种困境而难以自拔。而承认精神现象存在的各种心灵理论要想真正解决心-身问题，最终都必然要涉及和回答自我问题，因为意识等精神现象必须与某个主体联系起来才能具有意义，精神事件不可能是"无主"的。所以，只要承认精神现象存在，即便是从神经生物学层面研究精神现象，最终也必须解决自我问题，因为"理解脑怎样生成那个额外的某种东西，即我们随身携带并称之为自我（self）的那个主人公（protagonist），正是关于意识的神经生物学的一个重要目标"[1]。

2. 意向性问题与自我问题

现当代西方哲学关于意向性（intentionality）论题的研究，可追溯至奥地利哲学家布伦塔诺（Frantz Brentano, 1838—1917），在 1874 年出版的《从经验的观点看心理学》中，布伦塔诺从中世纪哲学中借用并改造了"意向"概念，提出了"意向性"概念并将之作为区分心理现象和物理现象的标准，从而把意向性论题引入现代哲学。布伦塔诺认为意向性是心理现象的独特特征，是心理现象区别于物理现象的本质属性："每一种心理现象的特征，就是中世纪经院哲学家称之为对象的意向的（和心理的）内在存在的那种东西，也就是我们现在称之为对内容的指向、对对象（我们不应把对象理解为实在）的指向或内在的对象性的那种东西……因此，我们可以这样给心理现象下定义，即心理现象是那种在自身中以意向的方式涉及对象的现象。"[2]布伦塔诺之后，其学生胡塞尔（E. Husserl, 1859—1938）曾在现象

---

① Damasio A. Self Comes to Mind[M]. New York: Pantheon Books, 2010: 17.

② Brentano F. Psychology from an Empirical Standpoint[M]. New York: Routledge, 1995: 24.

学的框架中对意向性问题进行了深入研究。20 世纪 80 年代后，意向性问
题成为当代心灵哲学关注的重要论题之一，被认为是"心灵哲学中仅次于
意识难题的第二大难题"①。简言之，"所谓意向性即心理状态和事件所具
有的那种指向、关于或涉及世界上的对象或事态的特征"②。所谓意向状态
即相信、愿望、担心、思念等心理状态。如果"把人类心灵看作一个普遍
目的的意向系统"③，那么，当代心灵哲学就必须解决关于意向性的三个基
本问题：心理现象指向外部对象的这种意向性是如何可能的？意向状态的
内容是如何被决定的？意向系统是如何运行的？而解决这些问题的关键，
则在于阐明环境与有机体之间的关系，以及在有机体内部进行的各种不同
事件之间的关系。显然，这些问题的最终解决必然要牵扯出自我问题，而
且要依赖于自我问题的解决才能最终解决。

3. 心理内容问题与自我问题

心理内容问题与意向性问题密切相关。心理状态（或称精神状态）的
本质特征是它们的意向性或关于性（aboutness），即它们总是关于某种事物
或情境的，如感觉、怀疑、相信、记忆或希望，都必定是对某种（实际的
或可能的）事物或情境的感觉、怀疑、相信、记忆或希望。某种心理状态
所关于的那个特定的事物或情境，就是该心理状态的内容，简称心理内容。
所谓心理内容问题，即究竟是什么使一个心理状态具有这样的内容而不是
其他内容，究竟是什么使一个心理状态所关于的是这个事物或情境，而不
是其他的事物或情境。④心理状态拥有内容是毋庸置疑的，但要阐明它如何
拥有如此内容却是极其困难的。当代心灵哲学关于心理内容的研究主要
围绕心理内容如何被决定展开，以普特南（H. Putnam）、柏芝（T. Burge）
等为代表的宽内容论（又称外部主义）认为，心理内容至少部分地由人

---

① Searle J. Mind[M]. New York: Oxford University Press, 2004: 112.

② Searle J. Intentionality: An Essay in the Philosophy of Mind[M]. Cambridge: Cambridge University Press, 1983: 1.

③ Price G. Function in Mind[M]. Oxford: Oxford University Press, 2001: 191.

④ Beakley B, Ludlow P. Introduction[A]//Beakley B, Ludlow P. The Philosophy of Mind[C]. Cambridge: The MIT Press, 2006: 471.

们所处的社会共同体等外部因素决定，并不完全位于某人的头脑中；而以福多（J. Fodor）、劳尔（B. Loar）等为代表的窄内容论（又称内部主义）则认为，心理内容的获得并不涉及心灵以外的因素，而只与内部心理状态和心理过程有关。迄今为止的各种宽内容理论和窄内容理论都面临难以克服的困境。究其原因，均在于它们不能有效解决心理内容的意义问题。而要真正解决心理内容的意义问题，就必然牵涉出主体和自我的问题。因为"我们的意向内容是由我们的生活经历和我们固有的生物能力共同决定的"①。正如西格尔（G. Segal）所指出的：关于心理内容的理论必须建基于我们实际上怎样引进意义和概念。②

4. 精神因果问题与自我问题

精神因果或心理因果问题与心-身问题密切相关。按照笛卡儿的二元论，心与身、精神与身体是两类不同的实体，二者可以因果地相互作用。但笛卡儿未能也不可能说明其相互作用的机制。此后，该问题一直是西方近现代哲学激烈争论而未能解决的问题。在当代心灵哲学中，这一问题被塑造为精神因果问题（mental causation problem）：精神状态怎样能够具有因果力？怎么能够引起特定的物理事件？像精神过程这种虚无缥缈的、非物理的东西怎么能够引起身体上的物理结果？精神状态在引起我们的身体行为方面究竟怎样发挥作用？是如何发挥这种作用的？概括地讲，当代心灵哲学在精神因果问题上主要有三种观点：一是以吉姆（J. Kim）等为代表的否定派，认为精神状态最终将被证明没有"因果力"，甚至精神状态本身根本就不存在；二是以杰克森（F. Jackson）、佩蒂特（P. Petit）等为代表的中间派，一方面认为，在人类行为的情况中，行为的每一细节都能够根据物理事件进行完全的解释，同时又认为一旦那些物理特征已经完全地解释了行为，人的（诸如）"想要一杯咖啡"的这种精神属性就被显示为因果上不可还原的；三是以黑尔（J. Heil）、塞尔（J. Searle）等为代表的肯定派，

---

① Searle J. Mind[M]. New York: Oxford University Press, 2004: 131.

② Segal G. A Slim Book on Narrow Content[M]. Cambridge: The MIT Press, 2000: 287.

认为"我们的确具有精神因果的经验，而且这种因果关系是实在世界中的实在的关系"①。精神因果在本体论上的不可还原性来自意识的不可还原性，而意识在本体论上的不可还原性则是由于意识具有第一人称的本体论，因而不可还原为第三人称本体论的某种东西。虽然我们至今尚不能对人类意识的结构和作用机制给出说明，但在精神因果问题的解决中必然涉及三个本质性的因素，即关于自由的预设、对行为的解释必须有对目的和动机的阐明、作为解释机制一部分的意向因果的作用。②显然，这三个因素都与自我问题密切相关。无论是自由预设，还是对行为目的和动机的阐释，都必定涉及自我问题。

5. 意识经验问题、感受性问题与自我问题

当我们进行意识性精神活动时，如进行认知或知觉活动的时候，我们不仅进行特定的认知性或知觉性活动，我们还体验到进行相应知觉活动的意识经验，还对相应的认知活动有主观的经验感受，还感觉到我们在进行这样的精神活动。那么，为什么各种认知和行为功能的执行都被经验性感受所伴随？在按照物理机制运行的脑中为什么要进一步产生对认知活动的经验感受？脑究竟怎样形成这种主观的经验感受？这就是当代心灵哲学的意识经验问题或感受性问题。意识性活动的感受性问题最早由刘易斯（C. I. Lewis）在《心灵与世界秩序》（1929）中明确提出。刘易斯把意识状态区分为"即时所与"（immediately given）[或"感官刺激"（sensuous）]和"解释"（interpretation）两部分：前者是没有被心灵做任何加工的刺激性输入，后者则是心灵强加于那个"所与"上的东西。刘易斯把意识活动中所经验的特定的"所与"（如某物体的特定颜色、形状等）称为感受性，并认为：其一，感受性只能经验，不可表达、不可认识、不能成为公共知识；其二，我们不可能知道一个人的主观感受是否与另一个人一样；其三，伴随着感受性的即时意识不可能出错，而心灵对"所与"的范畴化处理则可能出错。

---

①　Searle J. Mind[M]. New York: Oxford University Press, 2004: 144.

②　Searle J. Mind[M]. New York: Oxford University Press, 2004: 150.

此后的很长一段时期内，由于逻辑实证主义和还原论的影响，意识的经验性问题一直没有得到足够的重视。1974 年内格尔发表《成为一只蝙蝠是像什么？》再次基于当代哲学背景提出意识经验问题，并指出：对意识的所有当代物质主义还原论解释都忽视了意识状态的第一人称特征、"现象性"经验特征或主观性特征，而忽视这一特征的任何解释都是不完全的，都不可能真正触及历史悠久、深奥隐秘的心-身问题；必须直面主观经验问题，才可能真正解决心-身问题。此后，一些心灵哲学家又从不同方面涉及意识经验问题。

所谓意识经验问题或感受性问题，本质上就是自我问题的核心之所在，因为知觉的感受性或意识的经验性就是自我展现出来的本质属性，就是自我的具体表现形式。当然，自我问题有着比知觉的感受性或意识的经验性更加复杂、丰富的内容。但自我问题的其他方面均是以感受性或意识经验为基础的。所以，狭义上讲，可以认为自我问题就是意识经验问题或感受性问题。粗略地讲，当代心灵哲学的意识经验问题研究大致可分为两个阶段：20 世纪 90 年代以前研究较少且倾向于以各种不同形式（物理主义、功能主义、同一论等）还原感受性；20 世纪 90 年代后进入深入研究阶段，主流倾向则是在承认感受性不可还原的基础上，研究探讨感受性的本质和机制等。前期提出的一些理论，根本上不可能对感受性、意识经验现象作出完全的解释。而后期关于感受性或意识经验的各种研究最终都以建立各种特色的自我理论为目的。这并不奇怪，因为意识经验问题与自我问题的关系恰如一枚硬币的两面，只要承认意识经验、感受性的存在，就必须回答"谁在经验？谁在感受？"就必须探寻那个进行经验、感受的"我"的本质和结构。

正是由于以上这些看起来"简单"的问题，在进一步展开后都以这样或那样的方式涉及自我问题，正是由于这些"简单"问题的最终解决都依赖于自我问题的解决，20 世纪 90 年代后期，自我的本质成为当代心灵哲学着力探讨的核心论题。

第四节　当代心灵哲学探索自我问题的背景、
　　　　　路径和主要理论

与传统哲学和语言哲学完全基于哲学分析研究自我问题不同，当代心灵哲学则是在一种全新的背景下、以新的路径和方法来研究自我问题。随着新科技革命和计算机科学技术的快速发展，进入 20 世纪 70 年代后新科学技术的各种研究成果逐渐在众多研究领域广泛渗透，不仅使这些研究领域获得了诸多新的研究手段和方法，而且催生了认知科学、脑科学、意识科学、认知神经科学等一批新学科的建立。新的研究手段和研究方法在心脑研究领域的应用，以及上述那些新学科的建立和发展，使当代心灵科学哲学领域的自我问题研究在思想框架、研究路径和研究方法等方面呈现出一种全新的气象，取得了当代科学-哲学背景下的新发展，并建立了基于当代哲学-科学背景的各种自我理论。

一、当代心灵哲学探索自我问题的时代背景

首先，认知科学、意识科学、认知神经科学等学科的建立和发展为当代心灵哲学研究自我问题奠定了"科学基础"。20 世纪 50 年代初兴起的新科技革命，其最重要的内容之一就是计算机科学技术的快速发展以及随后出现的人工智能研究。这两个研究领域的发展促使心理学领域发生了认知革命，其结果便是在 20 世纪 70 年代初形成了以科学研究人类认知及其过程为目的的认知科学。第一代认知科学以数字计算机隐喻研究人类心灵，把认知理解为心灵中的表征结构以及在这些结构上进行操作的计算程序。[①]第一代认知科学确立的这种研究范式虽然对理解心灵某些方面的特征取得了一定的成功，但也面临种种困难，难以为继。塞尔在《心、脑与程序》（1980）中曾以"中文屋"（chinese room）思想实验深刻地揭示了其固有的

---

① Thagard P. Mind: Introduction to Cognitive Science[M]. Cambridge: The MIT Press, 1996: 7.

根本性局限。这样，20 世纪 80 年代后期，认知科学中便出现了反对传统研究范式的情境化运动（the situated movement），形成第二代研究范式：把智能性人类活动看作是涉身的（embodied）、具境的（situated），是在社会性语境和特定的认知环境中进行的，并与环境互动的，从而抛弃了以抽象的、分离的、具有一般目的的、逻辑上或形式上合理性的方式来研究人类认知的范式。

认知科学从第一代到第二代的转变，其核心就在于：以涉身性和具境性为本质特征的第二代认知科学不得不承认，认知者的个体状态和具体环境对于认知的至关重要性，不得不承认人们认知什么、怎样认知是处于变化之中的，是严重依赖于个体状态、社会条件和特定环境的。既然人类的认知和智能活动是具身的、是与特定人类个体的各种特定状况密切相关的，那它就必定与作为个体人之根本特征的主观性、意向性和意志性等密切关联。正是由于这个原因，即使早期那些对意向性等问题持激进否定立场的认知科学家，后来也不得不对意向性在人类认知和心灵活动中的重要地位给予肯定。例如，原本强烈批评对人类认知问题进行意向性研究的克瑞恩（T. Crane）在 2002 年出版其《机械的心灵》第二版时却转而"接受对所有精神现象进行意向性研究"，[①]哈瑞（R. Harre）在后期也认为"建立认知科学的任何严肃努力都不可能撇开意向性"[②]，作为生物哲学家的密立坎（R. Millikan）更是提出"要把人类心灵看作一个普遍目的的意向系统"[③]。随着涉身性、意向性和目的性等维度的引入，探讨自我问题及其在人类认知和精神活动中的地位与意义，已经成为认知科学进一步发展所必须面对的重要问题。正是在这一背景下，20 世纪 90 年代后迅速崛起的认知神经科学（cognitive neuroscience）不仅把自我问题作为打开人类认知之谜的关键问题进行研究，而且把自我问题定位于解决整个心灵问题的枢纽进

① Crane T. The Mechanical Mind[M]. 2nd ed. New York：Routledge，2003：xi.

② Harre R. Cognitive Science[M]. London：Sage Publications，2002：7.

③ Price G. Function in Mind[M]. Oxford：Oxford University Press，2001：191.

行研究①。认知科学和认知神经科学等学科的发展不仅为探索自我问题奠定了科学基础，而且也是当代心灵科学哲学领域研究自我问题的一支劲旅。

其次，意识科学的形成和发展也为探索自我问题开辟出新的路径。伴随着心灵哲学、认知科学、实验心理学等学科的交叉、融合，以及心脑实验技术的进步，20 世纪 80 年代后期对意识问题进行科学研究的思潮迅速兴起，以至于 1994 年召开了以"走向意识科学"（Toward a Science of Consciousness）为主题的第一届关于意识问题的国际研讨会，并创刊出版了《意识研究杂志》（*Journal of Consciousness Studies*）。由于意识经验问题本就是自我问题的一个重要方面，所以，意识之科学研究的迅速发展，不仅为当代心灵科学哲学探索自我问题开辟出新的研究路径、方法和范式，而且也为探索自我问题直接提供重要的科学基础。

不仅如此，随着各学科领域研究的深入，自我问题也成为脑与行为科学、神经科学、精神病学、现象学哲学、人文科学解释学等领域着力探讨的焦点问题。行为科学家考德合瑞（S. Choudhury）、布莱克莫尔（S. J. Blakemore）等均从行为-意识的关系进入到自我问题的研究，人文解释学哲学家保罗·利科（P. Ricoeur）、乔普林（D. Jopling）、泰勒（C. Taylor）等则分别从其人文解释视角、社会文化视角对自我问题进行探讨，如此等等。据斯特劳森（G. Strawson）发表在《意识研究杂志》上的一篇论文，到 20 世纪 90 年代末期，当代各思想领域从不同层面开展研究的自我概念至少有 21 种②。及至 21 世纪初期，研究解决自我问题已成为众多学科领域共同致力的目标，甚至"第一人称的结构、自我的地位也被列入到了现代科学的几个主要未解决难题之中"③。

当代心灵科学哲学的自我本质问题研究，正是在这样的理论基础和时代背景下开展起来的。

① Baars J, Gage M. Cognition, Brain, and Consciousness: Introduction to Cognitive Neuroscience[M]. Oxford: Elsevier Ltd, 2007: 4-5.

② Strawson G. The self [J]. Journal of Consciousness Studies, 1997, 4: 405-428.

③ Zahavi D. Subjectivity and Selfhood[M]. Cambridge: The MIT Press, 2005: 3.

二、当代心灵哲学探索自我问题的五种路径

概而言之，当代心灵科学哲学主要基于两个基础上探索自我问题：第一是当代心灵哲学自身发展的内在逻辑和既有理论基础，第二就是以上所述的外部科学-哲学背景。这样的基础和背景为当代心灵哲学探索自我问题提供了更加广阔的视野、更加丰富的资源、更加牢靠的前提和更具科学实证性的精神，从而使当代的自我问题研究形成了五种不同范式的研究路径。

其一是物质主义进路的研究路径：在坚持前期心灵哲学物质主义研究纲领的基础上，试图通过对自我概念的科学-哲学分析，最终消除自我概念的合法性。这种方法论路径以物理实在为世界上唯一实在、以物理过程为世界上唯一过程、以物理因果为世界上唯一因果，以身体的物理-生理过程为唯一的实在，完全否定精神现象的实在性。在此基础上，试图通过对自我概念之语用功能的哲学分析，把自我处理为人类使用语言编造虚构出来的"叙述中心"。

其二是基于传统心理学框架的研究路径：这种研究路径试图通过一些心理学实验来检验自我感的来源，以自我在相关心理学实验中不是直接呈现的现象，而是基于某些心理过程进行推理的结果，把自我处理为特定心理过程生成的魔法幻觉。其结论是：自我是从有意识的思想、行为的控制和注意的使用三个心理特征推论出来的，完全是一个虚拟的实体，行为中的自我控制感是一种魔法幻觉。

其三是元认识论和生物自然主义研究路径：首先从元认识论出发，断定自我绝不是幻觉，而至少是认识论上必须预设的形而上主体，进而打破关于心灵现象的各种物质主义理论偏见，把各种精神现象、自我感、主观性处理为一种生物自然现象，力图对自我的实在性既作出"形而上主体"层次的论证，也作出"生物自然属性"层次的肯定，并对自我在人类精神生活中的作用问题、自我的作用机制问题等进行当代哲学-科学框架下的论证。

其四是意识科学进路的研究路径：基于对意识问题的科学研究来研究

自我本质问题，试图从意识的本质、意识得以形成的过程、意识得以正常运行的条件、自我意识的过程和机制、意识的经验性问题等，来研究自我的本质和作用机制。这种研究进路既以意识内容得以获得意义的语境界定自我在精神层面的存在形式，又以特定脑区之神经系统的协同活动来阐释自我的实在基础，力图对自我的本质作出一种语境实在论的论证。

其五是认知神经科学进路的研究路径：基于认知神经科学和神经生物学理论框架研究自我问题，试图以情绪为基础把自我、心灵与身体内在地统一起来，从生物进化论和神经进化的维度，对自我的起源、功能、属性、运行机制和实在基础作出全面说明。认为，在意识和感受等精神活动中浮现出来的自我感，是高度进化的生命有机体在对刺激进行初级表征后，再进行二级表征时形成的，高等生物脑神经系统中那些负责二级表征的神经系统就是自我的实在基础。

以上是当代心灵科学哲学探索自我问题的五种主要路径。当然，也有从行为科学等其他路径开展的研究，但影响最大的则是这五种路径。此外，由于人类生活的一切方面都要涉及"自我"，其他学科领域也有基于各自学科的理论和方法论路径对自我问题进行研究的情况。诸如，利科从人文解释学层面对自我问题的研究、泰勒从政治和道德层面对自我问题的研究、乔普林等对自我问题的社会建构论研究等。但是，与当代心灵哲学对自我问题的研究相比，所有这些学科领域对自我问题的研究都应该是属于第二层次的研究；而心灵哲学所进行的是更基础层次的研究。原则上讲，其他学科领域关于自我问题的研究必须以心灵哲学的自我理论为基础，才可能得出可靠的结论。不言而喻，尽管基于这些学科的理论研究自我的属性和特征也很重要，但不属于我们这里讨论的范围。

三、当代心灵哲学的五种主要自我理论

与当代心灵科学哲学探索自我问题的五种方法论路径相对应，当代心灵科学哲学领域异彩纷呈的自我理论可归纳为如下五种类型。

1. 物质主义进路的编造虚构论自我理论

这种自我理论一如既往地坚持在当代心灵哲学前期发展中占据主导地位的物质主义和物理主义理论，完全否认精神现象的实在性，坚持认为，在人的一切活动（包括各种精神活动）中所存在的只是各种物理过程，所谓精神活动只不过是大量神经细胞的物理-化学活动，根本就不存在此外的任何其他东西。包括人类在内的一切生命有机体本质上都只不过是"细胞自动机"，一切都按照物理化学的决定性机制自动运行。所谓"自我"只不过是能够拥有语言的人类存在者使用语言编造虚构出来的东西。

2. 实验心理学进路的魔法幻觉论自我理论

传统的实验心理学的理论和方法，曾在诸多心理现象的研究和解释中取得积极成果。一些坚持传统心理学观点的实验心理学家把传统心理学的理论和方法应用于自我问题的研究，建立了一种可称之为魔法幻觉论的自我理论。这种理论认为，人们在行为中所体验的那种自我操控感，实际上是由于人只能意识到他的行为思想、行为意志和随后发生的行为，而无法意识到那背后发生的物理-化学过程，所导致的一种自欺欺人的魔法幻觉。

3. 元认识论进路的生物自然主义自我理论

自然主义方法是当代哲学中颇为重要的一种研究方法。其核心就在于，在任何问题的研究中都不预先把任何既定的理论接受为不可变易的规范，而是以质朴的自然态度和立场开展研究，以自然存在为基础，以自然原因和自然原理来解释一切现象；把任何存在的现象都看作自然现象并寻找自然原因对之进行解释。当代的一些心灵哲学家把这种自然主义方法贯彻于精神现象和自我问题的研究，建立了生物自然主义的自我理论。按照这种理论，自我感、主观性、意向性都是人们实际感受到的自然存在的东西，是一种不可否认的自然存在，自我之所以存在正是生物进化的结果；我们需要的是以自然主义方法研究自我的本质、运行机制和作用，而不是绞尽脑汁、想方设法去否定其实在性。

4. 意识科学进路的意识语境论自我理论

20 世纪 80 年代后期逐渐形成"科学地研究"意识问题的思潮，通过研究意识问题揭示心灵的奥秘，成为当代心灵科学哲学的重要路径之一。然而，随着研究的深入，人们发现所有意识现象都具有一个根本特征：在某个瞬间的众多感官刺激中只有一种刺激能够成为意识的。那么，究竟是什么使某个刺激能够成为意识的，而其他刺激不能进入意识？为什么在这个瞬间是这个刺激而不是其他刺激成为意识的？显然，要想完全说明意识的本质和机制，就必须引进一个"自我"。这种理论认为，在意识背后的更高层次上发挥作用、对刺激进行解释从而使刺激成为具有某种意义的意识的这个自我，实际上就是意识获得其意义的深层语境；而这种语境的实在基础就是与意识活动相关联的某种类型的神经活动机制。

5. 认知神经科学进路的二级表征论自我理论

认知神经科学基于认知科学和神经科学的理论，利用功能性磁共振成像（fMRI）等新技术，对人类认知和精神活动的过程和机制进行研究，大大促进了当代心灵科学哲学的发展进步。一些心灵科学哲学家把认知神经科学的理论和方法应用于自我问题的研究，建立了一种基于表征进化论的自我理论：感受性、意识经验和自我感实质上是在一种二级神经表征系统的活动中形成的，是生命有机体在对自身身体状态进行二级表征的过程中产生的，而这种二级神经表征系统则是生命和神经系统长期进化的结果。

应该指出的是，把当代心灵科学哲学领域的各种自我理论归为这五大类型，只是笔者基于自己的理解和把握，以研究路径及其对自我之实在性的基本观点为标准，进行的分类。当然也可以以其他标准进行分类。还需指出的是，由于各个哲学家探索自我问题的学术背景、理论框架、研究旨趣不同，所以，被归入某种类型自我理论的各个哲学家的具体理论观点并非完全相同。但是无论如何，由于时代背景、科学-哲学背景的同一性，对各种关于自我问题的理论观点按照一定标准进行归类，则既是对其概况进行整体把握的需要，也是对之进行深入研究所必需的。下面我们将分别对这五种自我理论进行研究和评析，并在此基础上对自我的本质及其在世界中的地位问题，给出我们的初步解答。

第五节　本书的目标、研究方法和意义

本书的目标包括两个方面：一是基于唯物主义立场，对当代心灵哲学的五种主要自我理论进行考察研究，在对各种自我理论的理论渊源、立论基础、基本观点、主要论证、面临问题等进行深入分析和研究的基础上，从合理性、可行性、价值和意义等方面，对其作出基本评价。二是在整体把握这五种自我理论的基础上，基于相关科学领域的新发展，对自我的本质、起源、功能，自我与心灵、身体的关系及其在世界中的地位等问题作出唯物主义的初步研究和解答。

根据上述研究目标，本书将采取的独特研究方法主要包括三个方面。一是在对某种自我理论的理论渊源、当前的研究状况进行整体把握的基础上，选择最具代表性的哲学家，通过对其理论观点的深入研究，对该类型自我理论的成败得失作出具体分析和评价。二是在研究每一种自我理论时，都采取多学科相结合的研究方法。不仅要从哲学层面研究其分析、论证和理论建构的合理性、可能性，而且要从科学实证的层面对其进行考察，审视其与认知神经科学、意识科学、神经病理学、神经生物学等学科现有实证资料的符合性，其在科学实证性层面得到支持的情况。三是对各种自我理论普遍采用思想实验方法，自我问题的独特性就在于其第一人称的经验性、感受性，所以，在自我问题的研究中，构设第一人称的各种思想实验，是检视各种自我理论的重要方法；任何关于自我本质的理论观点，无论其论证如何，只要它与第一人称的思想实验相抵触，这种理论观点就必然是在某个地方发生了错误，因而就是不可接受的。

自我问题不仅是心灵科学哲学乃至整个哲学的核心问题，而且是我们每个人精神生活乃至整个生活的核心。研究揭示我们每个人须臾不可离之

自我的起源、本质、构造、实在基础、形成过程、作用机制、其在心灵建构中的重要意义，对我们每个人来说都是至关重要的，甚至是我们从事其他一切研究的最后根基。这是研究自我本质问题的终极意义之所在。具体而言，整体上了解和把握当代心灵科学哲学在自我问题上的最新进展和理论观点，对于推进、发展和完善其他学科领域的自我研究，对社会心理学、发展心理学、认知科学、意识科学等学科的研究和发展，对人们正确地认识自我的本质等，都有着十分重要的基础性意义。

第一章

丹尼特的编造虚构论自我理论评析

编造虚构论是当代西方心灵哲学中颇具影响的一种自我理论。其核心主张是：心灵就是脑的物理-化学过程，自我根本不具有任何意义上的实在性，完全是人类使用语言编造出来的叙述中心，是一种语言虚构。在当代心灵哲学中有相当一部分学者以各种不同方式持有这样的自我观点，如保罗·邱奇兰德（Paul Churchland）、帕特丽莎·邱奇兰德（Patricia Churchland）、罗姆·哈瑞（Rom Harre）等。其典型代表人物当属美国心灵哲学家丹尼特。本章基于丹尼特的相关著作考察研究这种自我理论。

第一节　丹尼特心灵哲学思想概述

丹尼尔·丹尼特（Daniel Dennett，1942—）是美国著名的心灵哲学家、认知科学家，曾任塔夫茨大学认知研究中心主任、哲学教授。丹尼特是美国著名的无神论者、宗教与教育分离论者，也是美国宗教与教育分离联合会会员。据丹尼特自述，他是在 11 岁参加一个夏令营时，被一位辅导教师引发哲学志趣，由此走上哲学研究之路。丹尼特 1959 年从飞利浦·埃克赛特学院（Philips Exeter Academy）毕业，1960～1963 年到哈佛大学学习，获哲学方面文学学士学位，其间曾追随奎因（W. V. Quine）听课，自认为是奎因的学生之一。1965 年在牛津大学获得哲学博士学位，在牛津学习和研究期间，曾得到吉尔伯特·赖尔（Gilbert Tyle）教授的指导。按照丹尼特自己的说法，"我是一个自学者——更确切地说，我受益于来自世界领军科学家们的、引起我兴趣的数百小时非正式课程"[①]。丹尼特长期致力于心灵哲学、科学哲学、进化生物学哲学、认知科学领域的研究，出版了大量研究成果。其研究论题曾多次获得福布莱特基金（Fulbright Fellowship）等资助，曾获国际人文研究院人文学者奖，也曾被美国人文学者联合会命名为 2004 年度人文学者，他还"因为能够把科学和技术的文化意义传播给广大社会

---

① Dennet D. What I want be when I grow up[A]//Brockman J. Curios Minds: How a Child Become a Scientist[C]. New York: Vintage Books, 2004: 138.

公众"于 2012 年获得"伊拉兹马斯奖"（Erasmus Prize）。

丹尼特长期致力于各种心灵哲学问题的研究，出版了十余种内容广泛、视野开阔的心灵哲学著作，并产生了广泛影响。其在心灵哲学方面的主要著作包括：《内容与意识》（1969 年）、《大脑风暴：心灵和心理学方面的哲学论文》（1981 年）、《活动余地：种种值得向往的自由意志》（1984 年）、《心灵之我》（1985 年）、《意向立场》（1987 年）、《意识的解释》（1991 年）、《达尔文的危险思想：进化与生命的意义》（1996 年）、《心灵的种类：对意识的一种理解》（1997 年）、《大脑儿童：关于设计心灵的若干论文》（1998 年）、《自由的进化》（2003 年）、《甜美的梦：走向意识科学的哲学障碍》（2005 年）、《打破魔咒：作为一种自然现象的宗教》（2006 年）、《神经科学和哲学——脑、心和语言》（2007 年）、《科学和宗教》（2010 年）、《笑话的奥秘：使用幽默反向设计心灵》（合著）（2011 年）、《直觉脉动和思想的其他工具》（2013 年）、《从细菌到巴赫和巴克：心灵的进化》（2017 年）等。此外，丹尼特还发表了数百篇关于心灵问题的研究论文。

在上述这些著作中，丹尼特对历史悠久的典型性心灵哲学问题进行了探讨，论述了他关于心灵、自由意志、意识、自我等重大哲学问题的基本主张。按照丹尼特自己的说法，他的整个哲学研究计划自牛津大学时期以后一直保持着整体上的同一性，这就是：建立一种基于经验研究的心灵哲学。在其第一部著作《内容与意识》中，丹尼特这样论述他的心灵哲学研究纲领：把解释心灵的问题分解为对内容理论和意识理论的需要，以内容理论对心理内容的起源、意义等进行说明，以意识理论对意识的起源、本质和机制等进行说明。他后来出版的《意向立场》收集了他关于内容理论的若干论文，阐发了他关于内容问题的基本观点；随后出版的《意识的解释》则论述了他关于意识问题的基本观点，建立了他独特的意识理论。在这些论著以及后来的许多论著中，丹尼特坚持一种他所称的"神经达尔文主义"（Neural Darwinism），试图完全以神经之物理化学机制的进化来解释意识的内容特征：除了神经化学的物质因果和过程之外，并不存在其他东西；某些当代心灵哲学家正在研究的所谓"感受性"，完全是一个自相矛盾的无意义概念；第一人称现象必须通过第三人称词项来重新描述。

丹尼特关于心灵问题的许多思想观点都颇具独创性和启发意义。但是，他远远没有为这些思想观点提供充分的论证。舒美克（S. Shoemaker）等都曾对其在《意识的解释》中所使用的论述方式提出批评。丹尼特则认为，"我'在讨论这些问题时回避标准哲学术语'常常为我造成难题，这是因为，哲学家们在解决我正在说的东西和我正在否定的东西时，正处于艰难时期。当然，我拒绝与我的哲学同行合作，是深思熟虑的，因为我把标准的哲学术语看作比无用还要糟糕——取得进步的主要障碍就是因为它由许多错误构成"①。他称自己为"目的论功能主义者"（teleofunctionalist）。事实上，丹尼特的许多著作的确在对理论观点的严格论证方面存在严重问题，许多观点甚至仅仅通过跨界联想和广域类比进行论述。这使他的思想具有启发性的同时，也面临诸多批评和挑战。

概括地讲，丹尼特颇为独特的心灵哲学思想，主要由三个理论构成：意向立场论的心灵理论、多重草稿模型的意识理论和编造虚构论的自我理论。前两个部分既是对心灵本质问题和意识问题的回答，也是后一部分的基础。下面，我们先概要评述其意向立场论的心灵理论和多重草稿论的意识理论，然后研究评价其编造虚构论的自我理论。

第二节　意向立场论的心灵理论

按照丹尼特的看法，"心灵哲学中两个最重要的论题就是内容和意识……这两个论题被处理的顺序则是：首先要建立一种内容理论或意向性（intentionality）理论，因为意向性是比意识更基础的一种现象；其次，

---

① Dennett D. The message is：there is no medium[J]. Philosophy & Phenomenological Research，1993，53（4）：919-931.

是在意向性理论的基础上建立一种意识理论"①。丹尼特的整个心灵哲学研究就是按照这样的研究纲领展开的。他于 1969 年出版的第一本著作《内容和意识》就是论述意向性和意识在心灵哲学研究中的地位及其相互关系。他于 1978 年出版的第二本著作《大脑风暴》是此前研究论文的结集，其中前半部分是讨论内容理论的论文，而后半部分则是讨论意识理论的论文。后来丹尼特又通过《意向立场》和《意识的解释》两本著作分别论述了他的意向立场论的心灵理论和多重草稿论的意识理论。其此后在心灵哲学方面的工作就是继续阐发和完善这两个基本理论，并以这两个理论为支点解决包括自我问题在内的其他心灵哲学问题。在本部分我们讨论丹尼特的意向立场论的心灵理论。

丹尼特颇为独特的意向立场论的心灵理论，实质上是把后期语言哲学研究心灵问题的基本精神，与人工智能和认知科学的某些基本理论强行柔和在一起而形成的一种奇特理论，提出这样一种理论，也是由他的哲学背景和时代背景所决定的。就其哲学背景而言，他于 1963～1965 年在牛津大学追随赖尔攻读哲学博士学位时，正是维特根斯坦的后期语言哲学、赖尔的语言分析范式的心灵理论，以及安斯康姆（G. E. M. Anscombe）的通过语言分析解决心灵问题的《意向》（1957 年），仍有巨大影响的时期，丹尼特无疑受到这些哲学思想的深刻影响。然而，这个时期也正是语言分析型心灵哲学开始衰落，而新范式心灵哲学、认知科学和人工智能等正在兴起的时期，这种时代背景也不可避免地对丹尼特发生影响。实际上，丹尼特所称的"开启其作为人工智能哲学家之职业生涯的第一篇论文"——《机器痕迹与草案陈述》（1968 年），正是试图通过反驳德瑞福斯（H. Dreyfus）的内部表征论来论述他的意向立场论的心灵观。随后，丹尼特又在著名的《哲学杂志》发表《意向系统》（*Intentional Systems*）（1971 年），第一次对其意向立场论的心灵理论进行了较为系统的论述。该文曾被翻译为德文、法文等多种文本发表，产生了较大影响。此后，丹尼特又发表多篇论文进

---

① Dennett D. Self-portrait[A]//Guttenplan S. A Company to Philosophy of Mind [C]. Oxford：Blackwell Press，1994：236.

一步论述其关于心灵问题的意向立场理论，并于 1987 年出版《意向立场》一书，全面系统地论述了其意向立场论的心灵理论。那么，这种心灵理论究竟对心灵的本质和属性作出了何种界定和解释？能够合理地解释各种心灵现象吗？

一、从第三人称的"立场"研究心灵问题

心灵究竟是什么？应该以什么样的思想框架研究心灵问题？是把心灵现象作为生命体所拥有的一种属性来研究，还是仅仅把生命体的心灵特征作为研究者解决问题的临时构造来研究？这是当代心灵哲学要解决的首要问题。对此，不同倾向的心灵哲学家基于不同思想框架给出了各不相同的回答：功能主义把心灵看作功能状态，并从心灵现象的功能出发来研究心灵的属性；随附主义则把心灵现象看作随附于脑过程的现象并从这种随附关系研究心灵的地位；物质主义则又把心灵同一于脑的物理化学过程，并试图通过研究脑的物理化学过程解答心灵的本质，如此等等。虽然它们的具体理论观点不同，但大多数心灵哲学家都是把心灵作为一个实质性对象来研究的。然而，与当代众多心灵哲学家直接把心灵作为实质性研究对象，进而研究其功能、构造和运作机制这种研究范式和理论取向迥然不同，丹尼特则是从一种奇特的第三人称"立场"来解决心灵的本质问题，认为研究对象是否拥有心灵的问题是由研究者本人对研究对象采取的态度和策略决定的。

也就是说，丹尼特主张从研究者如何解释和预测研究对象的行为出发来研究心灵的本质问题。按照他的看法，心灵问题的核心并不在于生命有机体是否拥有心灵，也不在于生命有机体显示出来的心灵现象的属性和机制等问题，而是研究者对研究对象采取何种策略、如何解释和预测那个研究对象的行为问题。

为了以这种独特方式研究心灵问题，丹尼特提出了"意向系统"（intentional systems）这个概念。所谓意向系统，按照丹尼特的定义，就是"研究者能够通过把信念和愿望（以及希望、恐惧、意向、预感等）归属于

这个系统而对其行为进行解释和预测的系统……而一个特定的事物，仅仅在它与正在解释和预测其行为的研究者所采取的那个策略的关系中，才是一个意向系统"①。换言之，一个事物究竟是不是拥有信念和愿望的意向系统，并不是通过研究这个事物本身来决定的，而是由对这个事物之行为进行解释和预测的研究者采取何种研究策略所决定的：如果研究者对该对象采取了意向立场，以"信念""愿望"等来揭示和预测该对象的行为，那么该对象就是一个意向系统，就是拥有心灵的对象；否则，它便没有"信念""愿望"，没有心灵。

　　具体而言，丹尼特通过这个定义实际上表达了他的如下三个重要观点：一是以不提及心/脑，把信念、愿望、意向等与心灵/脑分离开来，从而避开了对信念、意向等进行实在性研究的路径和问题；二是把研究对象（系统）是否拥有信念、愿望的问题，转换成了对该系统之行为进行解释和预测的研究者是否把"信念"和"愿望"归属于该系统来解释其行为的问题；三是把信念、意向这些具有重要第一人称特征的研究对象，完全转换成了第三人称的立场问题：若解释和预测者以"这个系统根据信念和意向行为"来解释和预测其行为，这个系统便拥有信念和意向，因而也拥有心灵；反之，若解释者不以信念和意向解释其行为，则这个系统就不拥有信念和意向，因而也不拥有心灵。不难发现，这实际上仍然是在主张一种变换了面目的语言哲学的心灵问题研究范式，因为它本质上仍然是从人们（某个解释者或预测者）是否使用以及如何使用"信念""意向"等语言来研究心灵问题的。

　　在此基础上，丹尼特进一步指出，把意向和愿望归属于一个研究对象，本质上只是多种研究策略或立场之一。当我们需要对某个研究对象的行为进行解释和预测时，我们实际上可以采取三种不同的策略或立场。第一种策略是物理立场（the physical stance），即把研究对象看作按照物理定律运行的物理系统，并根据物理定律来解释和预测其行为。"如果你以你知道的

───────────

① Dennett D. Intentional systems[J]. The Journal of Philosophy, 1971, lxviii（4）: 87.

物理学定律来预测对这个系统进行撞击的结果，那么你采取的就是物理策略……物理策略在实践上并不总是有效，但是，在原则上物理策略则是能够对之作出预测的，这是物理科学的一个信条。"①第二种策略是设计立场（the design stance），即把研究对象看作根据某种原理设计出来的东西，并根据这种设计原理来揭示和预测该对象的行为。"如果人们忽略研究对象之物理构成的细节，而是基于它是某种设计这个假定，来预测它在各种不同环境中都将像它被设计的那样行为，那么，就是对研究对象采取了设计立场。"①例如，虽然绝大多数使用者都对计算机的物理原理毫不知情，但人们对计算机被设计来做什么却是十分清楚的，所以，人们可以通过对计算机采取设计立场来精确地预测计算机的行为。至于计算机是电池驱动还是太阳能驱动、是硅片制成的还是其他东西制成的等，并不在人们的考虑范围。我们不仅可以对人工制品采取设计立场来预测其行为，而且也可以对生物对象，如植物、动物、肾脏等，采取设计立场来预测其行为。因为它们不仅是物理系统，而且是被设计的系统。

第三种策略是意向立场（the intentional stance）。丹尼特认为，当设计立场在实践上也不能很好地达到解释和预测研究对象行为的目的时，人们便需要按照如下方法对研究对象采取意向立场："首先，你要决定把将要预测其行为的这个对象处理为一个合理性的代理者（rational agent）；然后，在给定它在世界上的位置和它的目标的前提下，你确定这个代理者应该具有什么信念。进而，在同样的情况下确定它应该有什么样的愿望。最后，你决定这个主体将在其信念指导下为达到目标而行动。基于所选择的那套信念和愿望的一个实际的推理，将在绝大多数实例中生成这个代理者应该做什么的决定；而这就是你预测这个代理者将要做的事情。"②简言之，对一个研究对象采取意向立场，就是把该对象看作是根据"意向""愿望""信念""意图"等来行动的一个意向系统，并以此来解释和预测该事物的行为。至于该事物是否真地拥有又如何拥有这些信念和愿望等问题，则不予考虑。

① Dennett D. The Intentional Stance[M]. Cambridge: The MIT Press, 1987: 17.
② Dennett D. The Intentional Stance[M]. Cambridge: The MIT Press, 1987: 18.

乍看起来，丹尼特对"意向""信念"的这种"意向立场论"的解释，似乎与人们解释和预测研究对象行为的模式完全一致。然而，稍作深究，便会发现，这种理论至少存在三个明显的问题。其一，对一个对象采取意向立场，就是把该对象看作一个意向系统，因而就需要把一套信念、愿望等归属于这个系统，那么，研究者究竟应该把什么样的信念和愿望归属于这个系统？其二，既然这些信念和愿望不是这个系统固有的，而是作为研究者的我们根据解释和预测其行为的需要归属于它的，那么，我们把这些信念和愿望归属于这个系统的根据是什么？为什么把这样的信念和愿望归属于它，而不把其他信念和愿望归属于它？其三，既然这些信念和愿望是根据我们进行解释和预测的需要而归属于它的，那么，何以知道这个系统就是根据我们归属于它的这些信念和愿望行动的？确定该系统将根据归属于它的信念和愿望行动的根据是什么？

对于第一个问题，丹尼特的回答是：就像我们每个人都知道我们的感知历史中对我们有效的所有与我们相关的真理一样，我们把一个对象看作意向系统时，就要把所有与它相关的真理归属于它。"在意向战略中归属信念的一条规则就是：把与这个系统的兴趣（或愿望）相关的所有真理都作为信念归属于它，这些兴趣都是这个系统迄今为止的经验已经可以利用的。"①然而，进行这样的归属却几乎是不可能的。因为研究这个系统的预测者不可能知道这个系统的全部感知历史，因而也就不可能知道"迄今为止"与这个系统相关的全部真理。归根究底，实质上就是研究者（在最好的情况中）把自己的所有信念归属于那个系统。

至于把某一套信念和愿望归属于这个系统的根据，丹尼特给出的理由是：要把这个系统应该有的信念（愿望、意向、兴趣、偏好等）归属于它，如把生存、免于疼痛、进食、舒适等作为最基本的愿望归属于人类个体。其归属规则就是：相信把这些愿望归属于这个系统对它来说是好的。那么，如何知道把某个特定的信念或愿望归属于研究对象是好的？如同对第一个

① Dennett D. The Intentional Stance[M]. Cambridge：The MIT Press，1987：19.

问题的回答一样，丹尼特对此给出的最终根据，仍然是研究那个系统的研究者。关于确定我们处理为意向系统的那个系统将按照所归属之信念和愿望行动的依据，丹尼特的回答是：这个代理者的行为将由拥有这些信念和愿望的一个合理性的个体应该进行的那些行为构成。①显然，所有这些回答都将带来进一步的问题。比如，什么是研究对象应该有的信念？研究者何以知道某个信念对那个系统是好的？一个合理性的个体应该怎样行为？研究者如何知道它将这样行为？等等。

总之，以第三人称的"立场"来研究心灵问题，必然带来更多需要进一步解决的问题，终将面临诸多难以克服的困境。

二、心灵问题就是采取意向立场的问题

不言而喻，丹尼特从解释和预测研究对象行为的视角提出和论证三种立场理论的目的，是试图以这种第三人称的立场理论去解决心灵的本质问题。而其运用这种立场理论解决心灵本质问题的最终结论则是：心灵问题本质上就是采取意向立场的问题。他的论证可概括如下。

丹尼特首先论证了这三种立场的工具本质。在他看来，物理立场、设计立场和意向立场都只是我们用来解释和预测研究对象行为的策略和工具，对任何对象，我们都既可以采取物理立场，也可以采取设计立场，还可以采取意向立场，来解释和预测其行为；究竟采取何种立场则完全取决于研究者的目的、需求和效果。因此，既可以对一个人采取意向立场，也可以对一个人采取设计立场，甚至物理立场；依此类推，虽然我们一般都对（比如）微波炉采取设计立场，但也完全可以采取意向立场或物理立场。"我们会自然而然不假思索地把意向立场从人扩展到动物和植物。而像更简单层次的恒温器这类东西，也可以承担意向立场的解释。"②所以，意向立场只不过是解释一个实体（人、动物、人造物，或无论什么）之行为的这

---

① Dennett D. The Intentional Stance[M]. Cambridge: The MIT Press, 1987: 33.

② Dennett D. Intentional systems theory[A]//McLaughlin B, Beckermann A, Walter S. Oxford Handbook of the Philosophy of Mind[C]. Oxford: Oxford University Press, 2009: 341.

样一种策略：就是把该实体处理为仿佛它是一个由"信念"和"愿望"支配其行为的合理性的主体。

按照丹尼特的看法，一个系统是否拥有信念和愿望，从而是否拥有心灵的问题，根本上不在于这个事物本身所呈现的相关现象和机制，而在于作为研究者的我们是否对该系统采取了意向立场：如果我们对某个研究对象采取意向立场，把这个对象看作一个意向系统，把信念、愿望和意向归属于它，认为它是根据某套信念、意向、愿望而行为，那么这个系统就被看作是拥有心灵的；而如果我们不对这个对象采取意向立场，那它就是无心灵的。要言之，一个事物是否拥有心灵并不取决于这个事物本身，而是取决于作为研究者的我们是否对之采取意向立场。"试图区分真正拥有信念和愿望的那些系统和我们为了方便而把它们处理为仿佛它们拥有信念和愿望的系统，将是徒劳无益的。"①也就是说，如果我们对一个对象采取物理立场，根据物理原理来解释和预测这个对象的行为或变化，那么，无论这个对象是人、钟表或其他什么，它们都仅仅是按照物理机制运行的、无心灵的物理对象；如果我们对一个对象采取设计立场，根据设计原理来解释和预测这个对象的行为或变化，那么，无论这个对象是人、计算机或其他什么，它们都仅仅是按照设计原理运行的、无心灵的设计对象；而如果我们对一个对象采取意向立场，根据"信念""愿望"等意向概念来解释和预测这个对象的行为或变化，那么，无论这个对象是人、计算机、钟表或其他什么，它们就都是按照"意向""愿望"运行的对象，就都可以看作是有心灵的。究竟对一个对象的行为或变化采取何种立场，则完全由研究者的需要所决定。

可以看出，丹尼特的意向立场理论本质上仍然是把有关心灵的问题处理为语言问题和意义问题，仍然是试图通过语言分析和第三人称的立场从根本上否定心灵现象的实在性。用他本人的话说就是："意向系统理论首先是对诸如'信念'、'愿望'、'期望'、'决定'和'意图'这些日常的'心灵

---

① Dennett D. The Intentional Stance[M]. Cambridge：The MIT Press，1987：20.

主义的'（mentalistic）语词的一种意义分析；我们就是使用这些'民众心理学'语词来解释、说明和预测其他人、动物、机器人和计算机之类的人造物以及我们自己的行为的。按照传统的说法，我们似乎正在把心灵归属于我们因此进行解释的这些东西，然而，这却引起关于条件的大量问题：究竟在什么条件下一个事物才能够被说成拥有一颗心灵，或拥有信念、愿望和其他'精神'状态？按照意向系统理论，这些问题最好通过分析当我们对某个事物采取意向立场时，我们的归属实践的逻辑预设和方法来回答。任何从意向立场可以有效而大部地预测的东西都是一个意向系统。意向立场就是解释一个实体（人、动物、人造物，或无论什么）之行为的这种策略：把它处理为仿佛它是一个通过'考虑'它的'信念'和'愿望'来支配它的'行为''选择'的合理性的主体（agent）。给那些词项加上引号是要引起注意如下事实：为了利用这些语词在实际的推理中的作用，因而在实际推理者的行为预测中的作用这种核心特征，这些语词的某些标准内涵可以被撤销。"①

三、意向立场心灵理论面临的困境

丹尼特这一奇特的心灵理论从根本上否定了心灵现象的实质性存在，从而决定了他必然对自我之实在性采取彻底否定的态度。然而，这种意向立场论的心灵理论却是很成问题的，面临诸多困境，实际上难以成立。在上面的论述中我们已经指出了一些它所面临的难题，这里再从三个方面加以扼要论述。

其一，意向立场心灵理论将使"心灵"概念失去意义，从而也将使那个"研究者""行为预测者"失去意义。虽然心灵问题与意向性问题密切相关，但是，意向性问题并不是意向立场问题，把心灵问题简单地归结为是否采取意向立场的问题，实际上回避了意向性问题的本质，是难以成立的。按照丹尼特的理论，我们可以对任何实体，如人类、动物、人造物或无论

---

① Dennett D. Intentional systems theory[A]//McLaughlin B, Beckermann A, Walter S. Oxford Handbook of the Philosophy of Mind[C]. Oxford: Oxford University Press, 2009: 339.

什么，采取意向立场，即可以一视同仁地把它们看作意向系统，可以用信念、愿望、意向等精神概念词项，来解释和预测其行为；而且，从意向立场来看，无论是人类、动物或其他什么，作为意向系统，并无实质性区别，更没有塞尔所区分的那种"内在的意向性"和"导出的意向性"的区别。所以，丹尼特说："有心灵生物与无心灵生物之间根本上无法划出界线；而按照意识的多草稿理论，机器人原则上也是可以有心灵的。"①如果是这样，"心灵"这一概念已失去其意义，因为，既然可以把任何实体一视同仁地看作意向系统，对之采取意向立场，那么，所有的实体就都可以看作是有"心灵"的。这不仅使丹尼特的心灵理论陷于"泛心论"（panpsychism）的泥沼，而且这种心灵理论比泛心论还要糟糕：因为从丹尼特所论述的意向立场理论来看，所有意向系统或所有"心灵"并无实质性区别。

尽管丹尼特在研究意识、认知等具体问题时不得不对不同的"心灵"做出区分，但"泛心论"、"同心论"或"无心论"则的确是其意向立场理论的必然结论。然而，正如塞尔所指出的，"心灵的首要的进化作用是以某些方式把我们与环境，尤其与他人关联起来。我的主观状态把我与世界的其余部分关联起来，这种关联的普遍名称就是'意向性'（intentionality）。这些主观状态包括信念和愿望、意向和知觉，以及爱和恨、恐惧和希望。'意向性'是心灵能够指向、关于或涉及世界上的对象和事态的所有那些不同形式的普遍词项"②。否定了内在的意向性，把所有的意向性都处理为研究者授予的意向性，当然也就无法合理地说明心灵的本质。其实，只要我们询问研究者本人的意向性问题，就会发现，丹尼特的这种意向立场心灵理论本身完全是自相矛盾的两难困境：解释和预测对象行为的研究者本人是否有内在的、自主的意向性？如果没有，他又如何把信念、愿望授予研究对象？如果有，不就等于承认了内在意向性的存在吗？

其二，心灵哲学的研究对象当然是心灵，心灵哲学的价值就在于对心

① 丹尼尔·丹尼特. 心灵种种[M]. 罗军，译. 上海：上海科学技术出版社，2012：18.
② Searle J. Mind, Language and Society[M]. Phoenix：Basic Books, 1999：85.

灵现象的本质，其所具有的独特属性、特征、功能、构造和机制等进行哲学研究，对情感性和认知性精神活动及其结果（包括思想、目的等）进行研究，如精神内容的本质和来源问题、精神状态的本质问题、精神因果问题、意识的本质及其在自然界的本体论地位问题、意识的现象特征与意向内容的同一性问题等。①所有这些问题都要求我们把心灵作为一个实质性的研究对象。其实，无论是 20 世纪 50 年代心理学领域发生的抛弃行为主义圭臬的"认知革命"，还是哲学领域几乎同时发生的"反叛语言分析"的"心灵转向"，其要旨均在于把心灵作为一个实质性对象进行研究。反观丹尼特的意向立场心灵理论，它实际上根本就没有把心灵当作一个实质性对象来对待，本质上仍然贯彻着语言哲学的研究范式和行为主义的精神纲领：某个实体有信念、愿望吗？某个实体有心灵吗？那要看我们对这个实体采取什么立场；如果我们对之采取意向立场，以"信念""愿望"等来解释和预测其行为，那它就是有心灵的；相反，如果我们对之采取设计立场或物理立场，以设计原理或物理原理来解释和预测其行为，那它就是无心灵的。这与语言哲学和行为主义的心灵理论不是异曲同工吗？而更重要的还在于，按照丹尼特的意向立场理论，我们根本无法也无需对精神内容、心理因果、心身关系等心灵哲学问题进行研究，简言之，我们无需心灵哲学。然而，对这些问题进行研究的心灵哲学对我们每个人来说都显然有着不可或缺的重要意义。丹尼特对心灵进行哲学研究的结果却得出了"无需心灵哲学"的结论，这与维特根斯坦进行哲学研究最后得出了"无需哲学"的结论如出一辙；然而，也正如哲学没有因为维特根斯坦的结论而消亡一样，心灵哲学也不仅没有因为丹尼特的结论而式微，反而是当前最兴盛、最活跃的哲学研究领域。

其三，意向立场理论把各种心灵问题限制于第三人称研究方法，既不符合心灵哲学的学科性质，也与心灵哲学当前的主流趋势背道而驰。就迄今为止的研究状况来看，在对包括意识、意向在内的各种心灵问题的哲学

---

① Mclaughlin B P, Cohen J. Introduction[A]//Contemporary Debates in Philosophy of Mind[C]. Malden：Blackwell Publishing Ltd，2007：xi-xx.

和科学研究中，第一人称研究方法，如果不是更重要的话，至少与第三人称研究方法是同样重要的。因为关于心灵现象的许多问题，以第三人称的、客观的方法根本无从研究，而必须从第一人称的立场才可能揭示和研究，如主观性问题、感受性问题、自由意志问题等。心灵研究的这一独特方法论已成为当代心灵科学哲学家普遍接受的方法论原则。查尔默斯（D. Chalmers）也正是基于第一人称的研究立场而区分了意识研究的"容易问题"和"困难问题"，并提出了研究意识的"困难问题"的独特理论纲领。①正如诺拉因（S. O. Nuallain）所指出的，"意识不可能根据纯粹的外部过程的活动而被揭示"，在传统的研究范式中，"自我的属性将在本质上是悖论性的；然而，这种悖论的出现，恰恰是因为我们的客观主义研究方法是不正确的"②。丹尼特的意向立场心灵理论拘泥于传统的客观主义思维模式，画地为牢，无视心灵这一特殊研究对象的独特本质，仍然仅仅以外在观察者的"意向立场"来研究关于心灵的问题，从而使心灵问题的研究被局限于第三人称研究方法。当然，第三人称研究方法也是研究心灵问题的重要方法，然而，如果把心灵问题仅仅处理为意向立场问题，从而把心灵问题的研究先入为主地限制于第三人称研究方法，则必然陷于"一叶障目，不见泰山"的困境。

第三节　多重草稿论的意识理论

按照丹尼特的心灵哲学研究纲领，心灵哲学的目标就是要解决内容问题和意识问题。所以，在以意向立场理论解决了内容问题后，还需要进一步解决意识问题。其实，意识问题也是丹尼特在其研究心灵问题之初就开始研究的问题。在其《内容与意识》《大脑风暴：心灵和心理学方面的哲学

① Chalmers D. Facing up to the problem of consciousness[J]. Journal of Consciousness Studies，1995，2（3）：213-216.

② Nuallain S O. The Search for Mind[M]. Portland：Cromwell Press，2002：241.

论文》这两本奠基性著作中，都各有大约一半内容讨论意识问题。随后，丹尼特又发表诸如《朝向一种认知的意识理论》（1978 年）、《怎样经验地研究意识》（1982 年）、《意识》（1987 年）、《祛魅意识》（1990 年）等多篇论文论述他关于意识问题的观点。在这些研究的基础上，丹尼特于 1991 年出版了《意识的解释》一书，系统地建立了他解决意识问题的理论，即多重草稿模型的意识理论。此后他又发表《意识：更像传闻而不是电视》（1996 年）、《我们正在解释意识吗？》（2001 年）等论文，进一步对这种意识理论进行论证。丹尼特也正是以这种意识理论为基础论证了他独特的自我理论。本部分对丹尼特的意识理论进行扼要评述。

一、意识的异现象学研究方法

自笛卡儿以"我思"确定"我在"并以此为出发点探索心灵和意识问题以来，第一人称研究方法一直是人们研究心灵和意识问题的重要方法。这种方法在当代心灵哲学中也被称为现象学方法。虽然笛卡儿以这种方法建立的心-身二元论心灵理论备受诟病，也被当代心灵哲学所抛弃，但第一人称研究方法却被许多当代心灵哲学家接受为研究心灵和意识问题的重要方法，甚至被认为是根本方法。因为意识经验、现象意识、感受性等心灵现象原则上不可能被外在的他者所观察，而只能被"我"所经验和感受，只能基于第一人称视角研究。当然，这种第一人称研究方法也会带来一些特殊难题。诸如，第一人称的"我"究竟是什么？如果意识经验仅仅是"我"的体验，又如何确定他人也有"我"的体验？又如何运用他人能够理解的语言进行表达？语言表达出来的我的体验与"我"的体验是否同一？等等。

面对上述难题，人们一般有两种路径选择。第一种路径是建设性研究路径：诸如从认知神经科学研究自我和意识的神经基础和机制、研究对意识经验的语言表达与"我"的真实的意识经验的关系等。许多当代心灵哲学家和认知神经科学家正在进行的正是这种研究。第二种选择就是丹尼特等所主张的彻底否定上述研究路径，以其他方法研究意识问题的路径：既然"我"的意识经验只能通过公共的语言表达来实现主体间性，那么，所谓意识经验，归根到底就是语言表达出来的那些公共可理解的东西，所以，即便"我"有超越于语言表达的某种意识经验，它也不可能进入公共实践领域；既然"我"不能与他人共享"我"的意识经验，既然"我"通过内省所获得的意识经验本质上无法在"我们"中实现，那么，以第一人称研究方法研究意识问题就是无意义的，因为这样得到的东西不具有公共性。用丹尼特的话说就是："现象学家采用的标准视角是笛卡儿的'第一人称视角'，在这一视角里，'我'以独白（我让'你'可以听到这种独白）的形式来描述我在'我的'意识经验中所发现的东西，指望'我们'会达成一致。但是，我已试图指出，由此形成的'第一人称复数视角'的亲密合作只是错误的危险孵化器。"①既然第一人称研究方法难以胜任我们的研究任务，那就必须另辟蹊径，以其他方法来研究意识问题。

那么，究竟应该以什么样的方法来研究意识问题？丹尼特采取了一种被他称为"异现象学"或"他现象学"（heterophenomenology）的研究方法。

为了更好地了解丹尼特独创的"异现象学"研究方法，需要扼要解释一下现象学方法。作为一种现代哲学理论和方法的现象学（phenomenology）由德国哲学家胡塞尔创立。粗略地讲，按照胡塞尔的现象学理论，所谓现象，即在对事物认知时直接呈现于意识中的东西，是对事物的一种"纯粹意识"；现象学主张通过对直接的认识、对原始的意识现象的分析来研究观念的构成、意义等问题。显然，现象学方法本质上是一种第一人称研究方法。当代心灵哲学所研究的现象意识，实际上就是主体对现象的意识性经验。所以，在当代心灵哲学中，尤其在意识问题和自我问题的研究中，第一人称的现象学方法是一种至关重要的研究方法。事实上，以扎哈维（D. Zahavi）为代表的现象学心灵哲学家就是从现象学出发研究意识和自我问题的。一定意义上讲，现象学就是基于第一人称立场研究现象意识问题，也就是研究者基于自己的意识体验，来研究现象意识问题。与此对照，所谓异现象学，实质上就是研究者基于第三人称立场来研究"他人的"现象

①　丹尼尔·丹尼特. 意识的解释[M]. 苏德超，等译. 北京：北京理工大学出版社，2008：78-79.（译文对照英文版作了改动，下同）

意识问题。

在对当代心灵哲学普遍采用的这种第一人称的现象学方法进行否定性批判之后，丹尼特论述了他所提出研究意识问题的"异现象学"方法。按照丹尼特的论述，异现象学方法正是针对第一人称的"自现象学"（autophenomenology）方法提出的。要言之，异现象学方法"是一条中立的道路，它从客观的自然科学及其所坚持的第三人称视角出发，走向一种现象学的描述方法，该方法（原则上）可以公正地处理最私密的、最不可言传的主观经验，而同时又决不放弃科学在方法论上的审慎"①。如果能够以一种"客观的自然科学的"方法来研究"主观经验"，那么，意识问题乃至所有精神问题就都可以获得彻底解决。这其实也正是众多当代心灵科学哲学家梦寐以求的方法。然而，正是因为没有这种方法，正是由于他们望尽天涯路而求之不得，大多数心灵哲学家们才迫不得已退而求其次，基于第一人称维度来探求意识和自我的奥秘。如果丹尼特所主张的这种他现象学研究方法真的能有效地研究意识和主观经验问题，必将推动当代心灵科学哲学的革命性发展。然而，我们下面的考察却表明，这种他现象学方法面临诸多困境，并不是研究意识经验问题的有效方法。

按照丹尼特的描述，异现象学方法就是，研究者（即异现象学家）并不事先确定作为研究对象的人类受试者在作出各种实验反应时是否有意识经验，而是通过实验来检验受试者所称的那种意识经验是否存在；实际上就是研究者从第三人称立场揭示受试者建立其现象意识的过程和机制，从而确定受试者自认为的那些现象经验究竟是什么。丹尼特认为，如果运用这种研究方法研究受试者拥有的意识经验究竟是什么，最后得出的结论只能是：意识经验根本就不存在。他给出的理由是：第一，我们不可能根据直接而坦率的谈话了解受试者正在经验什么。因为"我们无法确定我们所观察的言语行为是否表达了有关现实经验的真实信念：也许它们只是在表达关于不存在的经验的表面信念"②。也就是说，我们不可能通过受试者的

---

① 丹尼尔·丹尼特. 意识的解释[M]. 苏德超，等译. 北京：北京理工大学出版社，2008：81.
② 丹尼尔·丹尼特. 意识的解释[M]. 苏德超，等译. 北京：北京理工大学出版社，2008：88.

语言表达来确认受试者的经验，因为我们无法确定受试者的语言是否真的表达了相应的经验。第二，即便作为异现象学家的研究者承认受试者所构造的异现象学世界完全由受试者的文本决定，即便你认为你用语言报告的正是你的意识经验，但你也难免犯错，所以，你报告的东西未必真的是你内部的经验。第三，如果你以语言报告的东西就是你的意识经验，那么，这经验也只能通过诠释来理解，而诠释出来的东西已经不再是你所独有的某种经验；如果你说除了语言报告的东西外，还有其他无法用语言表达的东西，既然无法用语言表达，那么，这种东西就是无意义的。

用丹尼特的话说就是："如果你要我们相信你关于你自己的现象学所说的一切，你就不只是要求我们认真地对待你，而且还要求我们把你看成像教皇一样永不出错，这个要求就太过分了。你没有权威去判定在你内部发生了什么，你只有权威去判定在你内部看来发生了什么，而我们的确认为你在如下两个方面享有全部的，甚至专制的权威：在你看来那是怎样的，以及你觉得你自己是什么样子。如果你抱怨说，'在你看来那是怎样'这其中有些部分不可言传，那我们这些异现象学家也会同意你的说法。我们相信你不能描述这个事物的最好依据是：①你不描述它；②你承认你不能描述它……如果你反驳说：'我不是说我不能描述它；我是说，它是不可描述的！'我们这些异现象学家就会指出，至少你现在还不能描述它，由于你是唯一可能描述它的人，所以它在这个时候是不可描述的。也许以后你就能描述它了，但在那个时候，它当然就是某个不同的东西了，是某个可以描述的东西了。"①

丹尼特正是以这样的所谓"异现象学方法"展开了对意识问题的研究，建立了他的多重草稿模型的意识理论。这种研究方法本质上就是第三人称研究方法，以之研究意识经验问题将面临诸多难以克服的困境。后面还要对这种方法进行详细评述。这里，我们先来考察他以这种方法建立的多重草稿意识理论。

---

① 丹尼尔·丹尼特. 意识的解释[M]. 苏德超，等译. 北京：北京理工大学出版社，2008：109-110.

二、多重草稿模型的意识理论

通俗地讲，意识问题就是人们对事物的觉知问题，也就是我们觉知事物的原理和机制问题。笛卡儿是哲学史上深入研究该问题并第一个提出系统理论的哲学家。粗略地讲，按照笛卡儿的心灵理论，专司意识、思维的心灵或自我是独立于身/脑的另一种实体，这个专司意识的心灵或自我就位于松果腺之中，一切身体刺激都在那里会聚并被"我"意识或觉知，就仿佛那里是心灵的一个剧场。丹尼特把对意识的这种解释称为"笛卡儿剧场"（Cartesian theater）理论。当代心灵哲学主流虽然批判和抛弃了笛卡儿的心-身二元论，但许多心灵哲学家、认知神经科学家和意识科学家都仍然坚持脑神经系统的某些部分的确专司与意识经验相关的更高层次的知觉加工。丹尼特则认为：这种断言大脑有一个所有东西都会聚于此的中心区域的观点，是一种笛卡儿式的物质主义（Cartesian materialism），无论是笛卡儿当年提出的松果腺，还是最近的研究者提出的前扣带皮层、大脑网状结构或大脑额顶叶，都不可能是这样的地方；"不但松果腺不是发往灵魂的传真机，不是大脑的总统办公室，大脑的任何其他部分都不是这样的地方。大脑的确是总部，是终极观察者所在的地方，但是，没有理由认为，大脑本身还有其他更高的总部、内在的密室，而到达这样的地方才是有意识的经验的充分或必要的条件。简而言之，在大脑内部没有任何观察者。"①

在彻底否定了笛卡儿剧场理论后，丹尼特提出了他解释意识问题的多重草稿模型（multiple drafts model）的意识理论。按照这种意识模型，"所有的各种各样的知觉——各种各样的思想或精神活动——都是在脑中通过对感觉输入的平行的、多重的解释和细化的过程实现的。进入神经系统的信息是处于连续的'编辑性修改'（editorial revision）之中的"②。丹尼特对这种多重草稿意识理论的关键点给出了如下三点解释：第一，进入神经系统的各种感觉信息并不是直达脑的某个进行意识的中心，而是在意识之前

---

① 丹尼尔·丹尼特. 意识的解释[M]. 苏德超，等译. 北京：北京理工大学出版社，2008：119.
② Dennett D. Consciousness Explained[M]. London：Penguin，1991：111.

被持续不断地进行增删、合并、分离、重述等编辑的，所以，我们并不直接经验发生在（比如）我们视网膜上的事情，我们实际经验到的是经过了众多编辑、诠释过程的产物。第二，脑对感觉输入的加工处理是平行地进行的，就是说，人们在知觉时对不同方面的原初表征（比如颜色、形状等）的处理是在脑的不同部分平行地进行的，是在各种神经活动流中不断地进行比较、修改、提升的；但是对知觉对象的特征区分则仅仅进行一次，一旦大脑的某个部分区分出了某一特征，该信息就被固定下来，就不再让某个最高的区分者再区分。而在被大脑的某个部分区分之前，所有的特征都只是处于编辑状态的草稿。第三，那些分布于大脑各处的内容区分，随着时间的推移，将产生某种很像叙事流或叙事序列的东西，我们可以认为这个东西必须受制于分布在大脑各处的许多过程的连续编辑，而且可以不定限地延续到未来。"在不同的时间和位置来探察这个流，会产生不同的结果，加速促成来自主体的不同叙事。但是，如果我们将此探察推迟太久，结果很可能就是根本没有什么叙事留下……如果我们探察得'太早'，就可能仅仅收到一些数据，说明在多早的时候大脑可以完成一个特定区分，但却要付出一定的代价，即扰乱原本存在的多重流的正常进程。最重要的是，多重草稿模型可以避免一个诱人的错误：以为这里必定有一个单一叙事（你可以说它是'最后的'或'出版的'草稿）是权威的，以为它是受试者的实际的意识流，而不管实验员（甚至受试者）是否能够访问它。"①

　　要言之，丹尼特认为，所有的思想和精神活动就是在大脑各处平行发生的某种很像叙事流的东西，这个东西的内容一直是不确定的，直到对之进行"探察"才确定下来；而何时何地"探察"那个"流"，则决定着主体形成何种叙事；最核心的是，那个主体的叙事内容是完全由位于这个流之外的某种"探察"的时间和位置所决定的。显而易见，这个理论看上去更像是一个"半成品"，因为它对随之出现的至关重要的进一步问题，诸如，究竟是谁在探察？它为什么要探察？主体受到某种刺激时形成何种内容是

---

① 丹尼尔·丹尼特. 意识的解释[M]. 苏德超，等译. 北京：北京理工大学出版社，2008：128.

由外部的"探察"决定吗？等等，均未进行研究和回答。在他看来，问人们何时有了对某事件的意识是一种思想混乱。"因为你并不是你由之构成的你的神经系统中的各种亚主体（subagencies）和过程之外的东西，所以，如下问题通常就是一个陷阱：'究竟什么时候（作为与我的脑的各个部分相对的）我成为了解、觉知、意识某个事件的？'"①换言之，丹尼特认为，因为"我"就处于"我"的神经系统的这个活动过程之中，而不是这个活动过程之外的某种东西，所以，询问"我"何时觉知到、意识到这个活动事件，完全是一种错误的提问。

三、对丹尼特多重草稿意识理论的简要评论

丹尼特这种多重草稿模型的意识理论实际上根本否定意识的存在，其对意识进行解释的结果是根本就没有意识这种东西。按照这种理论，"知觉""意识"这些语词都将成为无意义的。然而，丹尼特的这种多重草稿意识理论存在诸多漏洞和严重问题，其整个论证也完全是模糊不清、不得要领，甚至是自相矛盾的，根本上并不成立。下面我们从四个主要方面进行批判性考察。

首先，丹尼特研究意识问题的所谓异现象学方法并无新意，实质上就是被许多当代心灵科学哲学家批判的语言哲学范式的第三人称研究方法。虽然丹尼特使用了"异现象学方法"这个新语词，但我们似曾相识的这种方法，本质上正是维特根斯坦、赖尔等后期语言哲学家所主张的研究现象意识、心理意向等问题的那种语言分析研究路径：你的内在意向或内在经验能够言说吗？如果能够，那它就成了语言的意义问题，它因而就不再是内在的，而是公共领域的实践问题；如果不能，它究竟是什么就无人知道，尽管我们不否认你可能真的有某种内部经验，那么它就是无意义的。显然，即使丹尼特以许多不甚相关的科学类比填充了这个过程的细节，但他所进行的论证实质上仍然是这样的论证，只不过他又给它取了个"异现象学方

---

① Dennett D. The myth of double transduction[A]//Hameroff S. The Second Tucson Discussions and Debates[C]. Cambridge：The MIT Press，1998：105.

法"的新名称而已。所以，当代心灵哲学对语言哲学范式心灵研究方法的各种批评，也完全适用于丹尼特的理论。

此外，所谓异现象学方法，实质上也就是第三人称研究方法。按照丹尼特的定义，异现象学方法就是"从（貌似）说话的受试者提取和纯化文本，并运用这些文本生成理论家的虚构，生成受试者的异现象学世界。这个虚构的世界住着受试者（貌似）真诚地相信存在于他或她（或它）的意识流中的所有东西：图像、事件、声音、气味、知觉预感和情感。经过最大程度的扩展之后，这个世界其实就以中立的态度，描绘出作那个受试者是什么样子"①。这完全就是第三人称研究方法，并无新的内容。当代心灵哲学中有两种研究意识经验问题的方法：一是第一人称研究方法，二是第三人称研究方法。粗略地讲，所谓第一人称研究方法就是：如果在研究意识经验（比如疼痛）问题时，研究者"设身处地""感同身受"，认同他人在（真诚地）说"我的腿很疼"或"我的腿有些胀痛"时，他人的身体的确有着某种疼痛经验，并进而研究经验感受的本质或经验感受的神经机制等，那么，他就是在对意识经验问题采取第一人称研究方法。与此相反，如果研究者并不"设身处地""感同身受"地思考疼痛问题，而只是"冷酷地"从第三人称立场分析他人的"我的腿很疼"这句话的"客观的"意义、用法，仅仅把它看作是研究对象报告了某种可"公共地观察的"现象（诸如研究对象的某些神经出现了某种特定活动模式），那么，他采取的就是第三人称研究方法。

仅仅以第三人称研究方法研究意识经验问题，在最近 30 年一直受到众多心灵哲学家的批评和驳斥，被认为根本就是不得要领的"隔靴搔痒"。正如内格尔、塞尔、查尔默斯等多次指出的，研究现象意识、意识经验等问题的根本方法是第一人称研究方法，第三人称研究方法对于这类问题只不过是不着边际的"隔岸观火"。就当代心灵哲学目前对现象意识、经验感受、自我本质的研究状况和发展趋势来看，第一人称研究方法得到越来越多心

---

① 丹尼尔·丹尼特. 意识的解释[M]. 苏德超，等译. 北京：北京理工大学出版社，2008：111.

灵科学哲学家的认同和应用，并已经以这种方法取得了诸多重要研究成果。因此，我们认为，丹尼特的所谓"异现象学方法"并不是研究意识经验问题的正确方法。

其次，丹尼特以所谓意识的多重草稿模型解决意识问题，这本身就存在严重矛盾：意识的多重草稿模型实际上完全否定了意识的存在。按照丹尼特的观点，根本就不存在意识，所存在的只是各种自动机制。然而，意识的根本属性就是其第一人称的主观方面，"只要关注意识，所显示的那种存在就是实在"①。所以，以语言哲学后期代表人物著称的塞尔，也批评丹尼特既断言讨论主观性无意义，又讨论意识问题，这本身就犯了范畴错误，必然导致自相矛盾："在他的著作《意识的解释》中，丹尼特否认意识的存在。然而，他却继续使用这个语词，但又用它意指某种不同的东西。对他而言，意识仅仅指称第三人称的现象，而不是指我们都有的第一人称的意识性感觉和经验。对丹尼特来说，在我们人类和那些缺乏任何内在感受的复杂僵尸之间没有区别，因为我们都仅仅是复杂的僵尸……我认为他的观点是自相矛盾的，因为他否认一个意识理论应该去解释的那些资料的存在……这个自相矛盾就是：我是一个正在有意识地回答一个作者的反对意见的有意识的评论者，那个作者给出了正在有意识地并令人迷惑地愤怒的迹象。我是为一个我假定其有意识的读者做这件事的。如果是这样，我怎么能够严肃地采纳他的意识实际上并不存在的论断呢？"②

进而言之，丹尼特对其理论的论证本身也远远不够充分，可以说，他实际上所给出的根本就不是一个完整的理论。众所周知，脑对各种感觉输入的处理绝不可能一直处于修改草稿的某种"流"中，这一点丹尼特也是不得不承认的，所以他说"在不同的时间和位置来探察这个流，会产生不同的结果，加速促成来自主体的不同叙事"，因而探察的时间既不能"太迟"，也不能"太早"。如果是这样，便会立即引发这样的问题：是什么来"探察"这个"流"的？它为什么要探察这个流？它又是如何既不"太迟"也不"太

①　Searle J. The Mystery of Consciousness[M]. New York：New York Review Books，1997：131.

②　Searle J. Replies[J]. The New York Review of Books，1995：8.

早"地来探察这个流的？"探察"后进行叙事的那个"主体"又是什么？它是根据什么来进行这个叙事的？如此等等。然而，对这些至关重要的问题，丹尼特根本就没有进行研究和回答。

意识实际上就是某种精神活动"流"，这是詹姆斯在1890年出版的《心理学原理》中就已经提出的观点，他称之为"意识流"。不同时间、不同状况下探察那个精神活动的"流"，将形成不同的意识状态，这也是詹姆斯论述过的观点。但是，詹姆斯是以"自我"的存在和介入来论证这个观点的。不难发现，丹尼特的意识理论实际上就是詹姆斯意识理论的一个片段的"翻版"，只不过他在"翻版"时抛弃了至关重要的另一个部分。然而，抛弃这个部分后，这种意识流理论就不可能自圆其说，而必然陷于进退维谷的困境。丹尼特给出的接受其观点的方法就是抛弃笛卡尔式的意识剧场，不再想着意识什么；然而，即便我们把自己设想成一架细胞自动机，我们也会感到这架机器事实上是基于意识和知觉运转的。

再次，丹尼特对这个模型的关键问题的论述既模棱两可，又存在矛盾。按照丹尼特的描述，各个平行的脑区在处理感觉输入时的关键点是进行特征区分的，这种特征区分只进行一次，而进行特征区分后，"大脑里这些按时空分布的固定内容，可以在时间和空间上精确定位"。也就是说，特征区分已经固定了感觉输入的核心内容。然而，他又认为，"某种很像叙事流或叙事序列的东西，我们可以认为这个东西必须受制于分布在大脑各处的许多过程的连续编辑，而且可以不定限地延续到未来"①。那么，各个脑区对感觉输入进行特征区分形成的内容究竟是固定的，还是非固定的？显然，这里存在某种矛盾。克服这个矛盾的唯一办法就是必须承认：至少在特征区分后，对"草稿"的编辑就不再是任意的了，因为"草稿"的某些部分已经成为不可更改的了。然而，既然所谓的"草稿"在脑处理过程的特征区分环节已经固定了实质性内容，那么，这种所谓的"多重草稿模型"就已经失去了其作为一种新的意识理论的力量。

---

① 丹尼尔·丹尼特. 意识的解释[M]. 苏德超，等译. 北京：北京理工大学出版社，2008：128.

最后，多重草稿意识理论根本无法解释知觉和意识经验的统一性问题。对刺激的意识过程并不是在某个笛卡儿剧场中发生，从感觉输入到形成意识经验是在一个多脑区、多环节构成的过程中实现的，而且其中很多环节是由不同的脑区平行而独立地处理和完成的。这一点在当代心灵科学哲学领域早已是不言而喻的共识，也是绝大多数心灵科学哲学家完全同意的，因而并不是丹尼特的独创。他一再强调这一点并无什么意义。丹尼特意识理论的真正独特之处在于以下两点：①虽然大脑的神经系统较之此外的神经系统更高级，但大脑内部各个部分的神经系统却不再有高低层级的区分，大脑中所有的神经系统都处于同一层级；②在处理感觉输入时，脑神经系统的各个部分自始至终都是各自独立、自行处理的，并没有更高层级的处理。显然，这两个标志其独创性的观点是有大问题的，根本就经不起深究：为什么是大脑而不是整个身体对感觉输入进行最终处理？既然可以进化出比外周神经更高级的大脑神经系统，为什么大脑神经系统内部就不能进化出更高级的神经系统？如果脑的各个部分对信息的处理始终独立进行，那么又如何形成对感觉输入的统一性知觉？丹尼特的这种观点不仅存在诸多逻辑漏洞和矛盾，也是与当今的许多实证性研究成果相背离的。

第四节　对实在论自我观的批判

众所周知，意识问题与自我问题是内在地相互关联的，二者犹如一枚硬币的两面，休戚与共，不可分离。所以，无论持有什么样的意识观点，都不可能不涉及自我问题来建立起完整的意识理论。换言之，所有的意识研究最终都必须研究和回答自我问题。丹尼特要建立一种意识理论，当然也必须研究和回答自我问题。所以，在以意向立场理论解决心理内容问题、以多重草稿理论解决意识问题的同时，丹尼特也对自我问题进行了研究，并给出了他的独特回答。

其实，在其心灵哲学研究的早期阶段，丹尼特就已经对自我问题进行过初步研究和论述。他早期发表的论文《评卡尔·波普尔和约翰·艾克尔斯的〈自我及其脑〉》（1979 年）、《我在哪里》（1981 年）、《理解我们的自我》（1981 年）、《作为叙述引力中心的自我》（1986 年）、《破除感受性》（1988 年）、《自我的起源》（1989 年）等，均从不同方面初步论述了他关于自我问题的基本观点。在 1991 年出版的《意识的解释》一书中，丹尼特在论述他的多重草稿意识理论时，除了在相关论题讨论中多次论述自我问题外，还专门以一章的篇幅系统总结和论述了他的独特的自我理论。此后，他又在多篇论著中继续坚持和论述他关于自我问题的独特观点，如《作为一种回应的自我》（2003 年）等。

概括地讲，丹尼特的自我理论实质上包括三个部分：一是批判以笛卡儿为代表的传统自我理论；二是基于生物进化论和物质主义心灵理论批判与否定当代心灵科学哲学领域各种实在论进路的自我理论；三是从不同方面对他提出和坚持的语言编造论的自我理论进行论证。总体上看，丹尼特对其自我理论的论证并不成立。下面先来考察丹尼特对传统自我理论的批判。

以意向立场心灵理论和多重草稿意识理论为基础，丹尼特开展了对自我问题的研究。那么，从意向立场心灵理论和多重草稿意识理论来看，历史悠久的自我问题又如何解决？可以想见，既然心灵完全是研究者基于其意向立场的虚拟构造、意识只是神经系统自动进行的持续不断的编辑、只是异现象学家从第三人称立场所理解的东西，自我当然就更不可能是一种实在，而只能是一种虚构。那么，自我又是如何被虚构出来的？为了建构语言编造虚构论的自我理论，丹尼特首先对自我实在论观点进行了批判。

在《意识的解释》一书第 13 章"自我的实在"中，丹尼特开宗明义，给出了他认为的关于自我的三种理解："无论自我是什么，它在显微镜下都看不见，也不能靠内省看见。对一些人来说，这表明自我是一个非物理的灵魂，是一个机器中的幽灵。对另一些人来说，这表明自我根本什么都不是，只是发着形而上学高烧的想象力的虚构。而对还有一些人来说，它仅仅表明自我只是以这种或那种方式产生的一种抽象，它的存在一点都不会因为它不可见而遭到责难。"①显然，丹尼特对自我问题的这个界定至少是带着严重偏见的。首先，他以"在显微镜下看不见"这种修辞性隐喻来否定自我的实在性，是一种严重的误导。因为"实在性"与是否"在显微镜下能够看到"并不是（用他的老师赖尔的话说）同一类型的范畴，事物的实在性并不是以是否"能在显微镜下看到"为标准的。其次，丹尼特对自我问题所给出的三种理解和界定，以及对相应自我理论的修辞性贬斥，也与当代心灵科学哲学在自我本质问题上的许多重要发展严重脱节，完全忽视了当代心灵科学哲学在自我问题研究方面所取得的许多重大进展。

仔细分析丹尼特关于自我的上述三个界定，不难发现，第一种理解是笛卡尔曾明确论述并产生广泛影响、后来又被赖尔从语言哲学大加批判的那种所谓"机器中的幽灵"的传统自我观。第二种观点就是丹尼特自己所要主张和论证的那种幻想虚构论自我观：自我不具有任何实质性意义，"只是发着形而上学高烧的想象力的虚构"。第三种观点则是当代心灵科学哲学中诸多研究自我问题的进路和观点之一，但并不能以之概括各种非常不同的观点和理论，这当然也是丹尼特要批判的观点。丹尼特在该书第13章其余部分以及此后的诸多论著中对第一种自我观和第三种自我观从不同方面给予大力批判，并基于这种批判对他所主张的编造虚构论自我理论进行了论证。不言而喻，丹尼特关于自我问题的这样一种理解和界定是许多当代心灵科学哲学家都难以认同的。

丹尼特对自我之实在性的批判主要集中于以下几点。第一，如果现在的人类有自我的话，那么，在数千年或数百万年或数十亿年前的某个时期，必定不存在自我；这样，原本不具有自我的生物必定是经过了一系列进化过程而拥有了自我；然而，我们不可能对这个过程划出一条绝对的界线：一边的生物绝对拥有自我，而另一边的生物绝对地没有自我。所以，即便

---

① 丹尼尔·丹尼特. 意识的解释[M]. 苏德超，等译. 北京：北京理工大学出版社，2008：473.

最简单的自我也不是一个具体的事物，而只是一种组织原则。第二，正如蜘蛛结网、海狸筑坝只是大自然给它提供了这个必要的子程序因而由天生的自动机制推动一样，人类这个物种的每一个正常个体都可以产生一个从大脑中编制语词和行为之网的自我，然而，"正如蜘蛛的网一样，这个网也只是为它提供生计"。只不过"人类自我的组织如此奇妙，以至于对一些观察者来说，每一个人似乎也都有一个灵魂；一个在总部统治一切的仁慈的独裁者"①。第三，人类的自我与蚂蚁的自我、寄生蟹的自我的唯一区别就是：我们说话，而蚂蚁和寄生蟹不说话。所以，人类的自我只不过是作为观察者的同伴"为编制叙事的人体假定的一个叙事重心"②。

　　丹尼特在这里所要表明的无非两点：一是从自然主义的立场批判笛卡儿式的自我理论，二是把人类自我的本质归化为蚂蚁或蜘蛛类型的生物自动机制。这显然与当代心灵科学哲学探索自我问题的思想背景、理论基础和研究纲领是大相径庭的，根本就不是在一个思想平台上讨论问题。

　　首先，就当代心灵科学哲学研究的现状而言，丹尼特花很多精力反驳和批判的那种笛卡儿式自我理论，根本就是无的放矢。众所周知，笛卡儿心灵理论的核心是心-身二元论，即心灵与自我内在地同一，心灵或自我是独立于身体而存在的另一种精神实体。且不说具备一定知识的当代社会公众对这一理论的评判，至少在当代心灵科学哲学家中，几乎没有人接受并基于笛卡儿的这种心灵理论来研究自我问题。虽然自我问题在当今学术领域高度繁荣，虽然当代各思想领域从不同层面、不同路径开展研究的自我概念至少有 21 种③，但真正持有笛卡儿式自我和心灵概念、基于这种理论研究自我问题的，则只是极少数具有宗教情结的学者。当然，丹尼特对"自我是非物质灵魂实体"观点的继续批判，对进一步消除在某些社会公众中仍然存在的这种错误思想，也具有一定意义，但对于当代心灵科学哲学在自我问题上的深入，则显然无甚助益。如果他所界定和讨论的自我并非当

　　① 丹尼尔·丹尼特. 意识的解释[M]. 苏德超，等译. 北京：北京理工大学出版社，2008：477.

　　② 丹尼尔·丹尼特. 意识的解释[M]. 苏德超，等译. 北京：北京理工大学出版社，2008：479.

　　③ Strawson G. The self [J]. Journal of Consciousness Studies，1997，（4）：405-428.

代心灵科学哲学所理解和探索的那个"自我"，那么，他对其所称的那种"灵魂论"自我观的批判就是无的放矢，与当代心灵科学哲学的自我理论根本就是风马牛不相及的，因而这种批判并无学术研究层面的意义。

其次，虽然当代心灵科学哲学尚未建立起完全统一的自我概念，虽然不同的心灵科学哲学家可能基于不同的理论框架和进路研究自我问题，但所有这些不同进路的研究都是明晰地给出了其基于当代思想背景的自我概念的，是在对自我问题进行严肃的科学-哲学研究，而绝不是丹尼特那不加深究的第三个自我概念所能概括的。因此，当代心灵科学哲学所研究的自我，绝不是像丹尼特所描述的那样模糊不清，似是而非。事实上，无论是认知神经科学、意识科学、行为与脑科学进路的科学研究，还是生物自然主义进路、认识论进路或形而上学进路的各种哲学研究，均是基于明晰的自我概念展开的。例如，达马西奥（A. Damasio）基于认知神经科学的自我本质研究，不仅试图从神经科学层面合理地解释自我感的认知神经机制，而且试图基于生物进化论，合理地解释自我在认知神经和意识层面从低等级生物的"原始自我"发展进化到人类的"自传式自我"和"社会性自我"的历程。再如布莱克莫尔（S. J. Blakemore）等基于行为与意识过程的自我本质研究，不仅试图通过实验来研究脑中是否存在行为的自我监控系统，而且力图进一步揭示行为之自我监控系统的运行机制。显然，所有这些研究不仅都有着明晰的自我概念，而且都在一定意义上建立了基于实证研究的自我理论。

再次，丹尼特根本无视自我问题在当代心灵科学哲学研究中日益重要的地位，并严重忽视了当代心灵科学哲学在自我本质问题研究中已经取得的丰硕成果。如果说 20 世纪 90 年代以前自我问题还尚未成为当代心灵科学哲学领域的主要议题，那么，20 世纪 90 年代后，自我问题则日益成为当代心灵科学哲学的核心问题。即使在功能主义和还原论占据主流地位的 20 世纪 70 年代，内格尔在《成为一只蝙蝠是像什么？》一文中，就对意识经验问题进行了讨论，认为广泛存在的意识经验现象是心-身问题的真正难点，还原主义和功能主义由于无视意识经验的主观性，因而均不可能对心-身问题给出完全的解决；而要解决意识经验的主观性问题我们必须建立新的概念体系、设计新的方法论工具，从而使被还原的实体被充分地理解。笔者认为，这种理解的关键就是关于意识之经验方面的分析和描述，就是使"我"设身处地。人们越来越认识到，在经历了行为主义和功能主义的一个漫长时期之后，已经非常明显的是，主观性难题将不再被赶走。关于意识的一种令人满意的说明不可能仅仅通过对意向行为的功能分析所能应付，而是必须严肃地处理意识的第一人称维度或主观维度。事实上，自我问题不仅已经成为当代哲学关注的焦点问题，而且"第一人称的结构、自我的地位也已被列入现代科学的几个主要未解决难题之中"①。无视当代心灵科学哲学领域的新发展、新理论，囿于既定理论观念，即便其批判对纠正某种错误观念仍然具有一定意义，也显然无助于自我问题的深入和进步。

最后，丹尼特以"说话"来论证人类自我的编造虚构本质，也是不能成立的。按照丹尼特的看法，蚂蚁、寄生蟹等动物之所以没有自我乃是因为它们不说话，而人类之所以有自我也正因为我们说话；如果不考虑"说话"，人类的行为与其他动物的行为并没有实质性区别。所以，要么人类和所有动物都有自我，人类的自我与其他动物的自我的唯一区别就是，人类说话，而其他动物不说话，但人类的自我归根到底仍然只是自动的物理化学过程，并不因人类"说话"而成为另一种自我；要么人类和所有其他动物一样，根本就没有什么自我，人类自认为拥有的自我，只不过是因为人类能够用语言编造虚构一个"自我"。所以，人类的自我实质上就是人类使用语言编造虚构的，人类与其他动物一样，一切行为都是身体的物理化学过程自动运行的结果，根本就不存在选择和操控身体行为的"自我"。换言之，丹尼特认为，除了"说话"之外，人类的神经系统的结构和运行机制与其他不说话的动物是完全一样的。

---

① Zahavi D. Subjectivity and Selfhood[M]. Cambridge：The MIT Press，2005：3.

　　然而，最近的一项科学研究成果却恰恰证明，丹尼特关于"说话"和"自我"关系的这个观点完全是错误的。根据维也纳大学认知生物学教授菲彻（T. Fitch）和普林斯顿大学神经科学研究所心理学教授加桑费尔（A. Ghazanfar）进行的相关实验研究，尽管与人类亲缘关系最近的猴子有着与人类完全相同的发声器官（包括声带、口部结构等），尽管恒河猴的发生器官具有发出各种元音的语言能力，但它们却不能说话。该研究还表明，它们之所以不能说话，并不是由于它们的发声器官与人类不同，而是由于它们的脑结构与人类不同，它们缺少传递语言信息的脑回路；也就是说，人类独特的语言能力源于人类大脑的特殊构造和进化历程，而不是源于身体的构造。①就我们这里的论题而言，该研究有力证明："说话"与脑的神经结构及其活动模式的复杂程度内在地相关，只有其复杂程度达到足以产生"说话"的状态时，该生命有机体才能具有说话能力。所以，人类"说话"恰恰表明人类脑神经系统的构造和运行机制与不说话的其他动物有着根本的区别，把人类的自我与蚂蚁的自我的区别仅仅界定为人类"说话"，蚂蚁不说话，显然是错误的。进而言之，既然"说话"源于脑神经系统的特定结构及其特殊活动模式，那么，"说话"恰恰表明该生命有机体具有更高层级的"自我"，而且这种"自我"是有其特定的神经层次的实在基础的。

第五节　对编造虚构论自我观的生物进化史论证

　　在批判了实在论进路的自我理论，断定我们的大脑中根本就不存在控制我们的身体和思想的自我之后，丹尼特论证了一种语言虚构编造论的自我理论，认为，我们人类所谓的自我，完全是由于我们使用语言而编造和虚构出来的。丹尼特试图从生物进化史、生命现象的生物大分子自主运行

---

　　① Fitch W T，de Boer B，Mathur N，et al. Monkey vocaltracts are speech-ready[J]. Science Advances, 2016, 2（12）: e1600723-e1600723.

基础，以及精神现象的意向立场本质三个方面为其编造虚构论的自我理论进行论证。然而，如下考察将表明，这三个论证实际上都不能成立。

丹尼特从生物进化史方面的论证可概括为如下六点。

第一，从原始生命到人类的整个生物谱系的所有生物，都依据区分自身和世界、内部和外部这一生物学原则来行动，如果人有自我，那么紧接着的问题就是：哺乳动物有自我吗？爬行动物有自我吗？原始生命有自我吗？如果说低等动物没有自我，只有灵长类或人类才有自我，那么，人类的自我必定是通过一个生物演化过程而形成的。然而，我们却不可能在这个演化过程的某个地方划出一条截然分明的界线：一边的生物有自我，另一边的生物没有自我。

第二，从生物演化史来看，人类的自我必定是起源于原始生命体就具有的在自身和周围环境之间进行区分的本能，"这种区分自我与他物以便保护自己的最低限度的倾向，是生物学上的自我，而且即使这样一个简单的自我，也不是一个具体的事物，而只是一种抽象，一种组织原则"①。这种生物学上的自我，本质上只不过是大自然为生命有机体提供的一个子程序，一种天生的自动运行机制。如果人类的自我是超出这种生物学机制之上的自我，那么它就更不可能是一个事物，而必定是更加抽象的虚构和编造。

第三，尽管从原始生命体到鸟类以及其他动物，都依据区分自身和世界、内部和外部这一生物学原则来行动，但它们均不知道它们为什么这样行动。表面上看，人类似乎有着与这些动物不同的自我，人类似乎是根据其自我意向而行动的，然而，人类的自我与蚂蚁等低等生物的自我本质上并无区别。从是否有自我的维度来看，人类与其他生物的唯一区别就在于人类说话，蚂蚁等生物不说话；也正因为人类说话，人类才有了"自我"，才使用语言编造出一个"自我"。

第四，本质地讲，人类的语言也只是生物构造的产物，就像蜘蛛编网、海狸筑坝是基于自动程序而进行的生存和防卫措施一样，人类则使用语言

---

① 丹尼尔·丹尼特. 意识的解释[M]. 苏德超，等译. 北京：北京理工大学出版社，2008：474.

编织自我防卫的叙事。人类进行自卫、自控和自我界定的基本策略，不是结网，不是筑坝，而是讲故事，是编造和控制我们向他人以及向自己讲述我们是谁的故事，而这个过程就如蜘蛛不必有意识地思考如何编制自己的网一样，也是由自动程序决定的生物学过程。所以，这个叙事的自我并不是大脑中的一个东西，而是由无数的属性和诠释定义的一个抽象概念。我们的故事是编造出来的，但主要不是我们在编造它们，而是它们在编造我们。我们的意识，以及我们的叙事的自我状态，是它们的产物，而不是它们的来源。①

第五，在心灵的进化史上，语言的发明和使用是一次质的飞跃，正是语言的使用使人类制造出了自我；你讲给别人听的那些行为与事件及其理由之所以是你自己的，是因为你制造了它们，也因为它们制造了你。②要言之，人类之所以有自我，乃是因为人类说话，因而能够用语言编造自我。作为叙事重心的自我，根本不具有任何实在性，只是一种语言编造和虚构，尽管它是人类的所有个体都引以为荣的东西，但它归根到底只是一种语言虚构。

第六，如果一定要用"自我"来描述包括人类在内的生物的行为，那么，可以说存在两种"自我"：一种是生物学上的"自我"，这种自我不是一个事物，而是生物区分自身与外界的抽象组织机制；另一种就是人类所特有的所谓"自我"，但这个"自我""与生物学的自我相同，这个心理学的或叙事的自我是另一种抽象，它不是大脑中的一个东西，而是一个非常强大的、几乎可以摸到的性质吸引者，是关于未获申领的东西的任何项目和特征的'记录所有者'"③。

表面上看，丹尼特以上关于自我之编造虚构本质的论证十分有力，然而，仔细考察起来，却会发现，丹尼特的这个论证用于批判笛卡儿的二元论自我观的确是理据明晰，无可争辩，但就自我的实在性问题而言，丹尼

---

① 丹尼尔·丹尼特. 意识的解释[M]. 苏德超，等译. 北京：北京理工大学出版社，2008：474-490.
② 丹尼尔·丹尼特. 心灵种种（2版）[M]. 罗军，译. 上海：上海科学技术出版社，2012：146.
③ 丹尼尔·丹尼特. 意识的解释[M]. 苏德超，等译. 北京：北京理工大学出版社，2008：479.

特的这个论证却不仅不足以否定自我的实在性，反而在某个层面上支持了自我的实在性。

其一，如果承认人类的自我起源于原始生命维持其生存的"一种组织原则"（这是达马西奥、扎哈维、巴尔斯等探索自我之实在基础的当代心灵科学哲学家都同意的），那就必须承认这种"组织原则"有其神经生物学上的实在性，就需要对这种"组织原则"的构造、功能、机制和进化过程等进行研究；然而，丹尼特不仅彻底否定这种"组织原则"的实在基础，而且认为"把脑中的一个特定的亚系统与自我联系起来进行研究的种种努力……是完全错误的"①。

其二，既然承认自我起源于原始生命维持其生存的"一种组织原则"，那就应该承认这种"组织原则"必须是生物学上可进化的，然而，丹尼特却又认为人类的自我与蚂蚁的自我，甚至更简单生命体的自我之区别，仅仅在于人类会说话，仅仅在于人类能够运用语言讲述自己的行为和事件。这就是说，如果撇开人类能够说话这一特征，人类维持其生存的"组织原则"与蚂蚁维持生存的"组织原则"是完全一样的。然而，进化论生物学和认知神经科学都明确告诉我们，事实并非如此。尽管究竟如何界定不同的自我还需进一步研究，但丹尼特这种"万物齐一、等量齐观"的看法，无疑是错误的。

其三，语言的使用固然对人类自我的结构、形式、功能和发展起着重要作用，但把人类的自我定性为因使用语言才产生的语言虚构，既无助于相关问题的解决，也与当代心灵科学哲学关于自我问题的许多研究成果相抵触。认知神经科学的二级表征理论及其关于"原始自我""核心自我""自传式自我"的分类，以及行为与意识科学关于意识经验和行为监控的研究，都深刻地表明，自我问题绝不是用"语言编造"或"幻想虚构"就可以简单地打发掉的。

---

① Dannett D. The self as a responding—and responsible—artifact[J]. Annals New York Academy of Sciences，2003，1001：39.

第六节 以生物大分子的自主运行论证
自我的虚构本质

包括精神现象在内的任何生命现象都必定有其物质基础，这是随着近现代科学发展而普遍为人们接受的世界观。我们为什么能够作出挥手、走路等身体行为？其根本原因是我们身体内的物质发生了特定的物理、化学变化。我们为什么会产生某种意识？那是因为我们有一个大脑，而且我们脑中的生物大分子以某种方式发生了变化。这些基本科学信念是研究意识和自我问题的当代心灵科学哲学家完全同意的，也是当代研究意识和自我问题的大的思想背景。然而，问题在于：包括意识、自我感在内的各种精神现象是否仅仅是生物大分子的自动运行？这种产生意识现象的生物大分子运行与不产生意识现象的生物大分子运行是完全相同的吗？丹尼特对此给出的是断然肯定的回答。其给出的理据是：

（1）包括各种精神现象在内的所有生命现象，都只是生物大分子自主运行的结果，只不过不同的生命现象有着不同的自动运行机制罢了。所以，所谓心灵、自我本质上都没有实在意义，完全是我们使用语言虚构的。追根溯源，我们是从那些只有简单心灵（如果那也算作心灵的话）的简单生物进化而来的，而它们则是由更为简单的无心灵生物进化而来的，而这些无心灵的生物则完全是根据生物大分子的自动机制运行的。因此，我们引以为荣的心灵、自我，本质上只是生物大分子的自动运行机制。

（2）即便我们在本体论上承诺心灵和自我的存在，我们也永远不能断定有心灵生物与无心灵生物、有自我的生物和无自我的生物之间的界线应该划在哪里。按照公认的心灵概念，细菌显然没有心灵，变形虫和海星一般也被认为没有心灵，而蚂蚁也可能被认为只是无心灵的生物自动机，那么，小鸡有没有心灵呢？老鼠有没有心灵呢？这个界线究竟应该划在何处，根本上是无法确定的。既然根本无法划出有心灵与无心灵的界线，那就只能认为,要么它们都具有心灵,要么它们都没有心灵;而无论按照意识的多重草稿理论,还是按照意向立场理论,机器人原则上也是可以有心灵和自我的。所以,归根到底,所谓是否有心灵的问题本质上就在于是否对研究对象采取意向立场的问题。

(3)由于我们追根溯源只是远古的那些非人格的、不反思的、机器一般的、毫无心灵的大分子的后代,而现在也仍然由这些大分子组成,所以,所谓意识、心灵、自我,只不过是这些生物大分子的某种运行机制或组织原则。这些从简单到复杂的各种运行机制就是意向系统(intentional systems)的机制,而使这些实体的能动性得以显示的视角就是意向立场(intentional stance),也就是这样一种策略,把所涉及的实体(人、动物、人造物或其他任何东西)视为能动体,以便由此预测并解释其行为①。

(4)就我们当今的认识水平来看,如果说生物的心灵系统与人造的控制系统有什么不同的话,那么也只是在控制的复杂性方面有所不同。心灵是身体在其漫长的生命进化史和身体经历的各种事件中建立起来的运行机制和组织原则,是与其构成材料一体化的,它与现代轮船等控制系统的不同,仅仅在于"你的神经系统并不是隔绝起来、与媒体无关的控制系统。它在几乎每个接合点都产生'效应'并进行'传感'这一事实,迫使我们以一种更复杂(也更为现实的)方式思考其组成部分的功能"②。

如前面已指出的,丹尼特这种独特的心灵理论既可以称为"泛心论":只要我们对研究对象采取意向立场,所有的对象(无论是人、动物,还是无生命人工系统)都可以被认为是有心灵的。它也可以称为"无心论":如果我们对研究对象采取设计立场或物理立场,所有的对象(无论是人、动物,还是无生命人工系统)就都是无心灵的。它还可以称为"同心论":一切生命现象均是生物大分子自动运行的结果,所以一切生物有着同样的心灵。但无论取何名称,这一完全否定心灵与自我实在性的"心灵"理论都难免遭到如下反驳。

---

① 丹尼尔·丹尼特. 心灵种种[M]. 罗军,译. 上海:上海科学技术出版社,2012:26-27.
② 丹尼尔·丹尼特. 心灵种种[M]. 罗军,译. 上海:上海科学技术出版社,2012:73.

首先，即使我们不能在生物进化谱系的某处对有心灵生物和无心灵生物划出一条绝对的界线，但把生物分类为有心灵生物和无心灵生物，不仅是可能的而且是必要的。难道因为不能划出明确的界线，就可以认为人类与变形虫有着同样的心灵、同样的精神能力？这显然是荒谬的。其实，存在中间态不仅不妨碍按照某种标准对生物进行分类，而且以恰当的方式处理中间状态，正是生物学最基本的分类方法。例如，生物学按照生物离开水的生存能力，把生物分类为水生生物、陆生生物和两栖类生物。同样，尽管不能明晰地确定某些动物是否有心灵，但按照生物的某种精神能力对生物进行分类，不仅是完全可行的，而且这种分类对相关研究的开展和深入还是至关重要的。当然，如何划分有心灵生物与无心灵生物还有待人们深入研究，但绝不能因噎废食，绝不能因为我们目前还无法明晰地划出界线，就断定所有生物要么都具有心灵要么都不具有心灵，或独断论地认定所有生物的心灵都只是生物大分子的自动机制。

其次，虽然我们归根结底是远古的那些非人格、不反思、无心灵的大分子的后代，虽然我们现在也仍然由这些大分子组成，但难道可以由此得出这样的结论：后来的生物也永远都是"生物大分子自动机"？按照丹尼特承认并据以论证其观点的生命进化理论，认为后来的生物进化出新的、更复杂的能力以便更好地维持、管理和延续其生命，才是合理的；承认在生命的漫长演化历史中，某些生物进化出了超越"自动机制"的、能够进行意识和反思的"心灵"，才是更合乎逻辑、也更合乎我们今天关于生命现象之科学认识的结论。承认生物的进化，却又否认生物维持和管理其生命的机制有进化，这恰恰是自相矛盾的。

最后，虽然心灵现象包含生物大分子的自动机制并以之为基础，但绝不能把心灵现象等同于生物大分子的自动机制。说心灵是生命体在其漫长的进化史和身体经历中建立起来的运行机制和组织原则，这并没有错。但如果把心灵的运行机制和组织原则等同于"自然进化在身体中所塑造的自动机制"，甚至把人类所独有的"二阶意向系统"（这也是丹尼特承认的）

也等同于这种自动机制，则必然陷入还原论的困境。进而言之，按照丹尼特的这种逻辑，把心灵归结为生物大分子的自动机制还远远不够，因为把所有的生命和心灵现象都归结为各种元素的化学反应，才是更彻底的。毫无疑问，心灵、意识，乃至自我感，均有其物质基础，均是基于身体/脑的特定运行机制和组织原则而涌现的现象，但因此把心灵、意识、自我等同于生物大分子的自动运行机制，或干脆等同于各种元素之间的化学反应，则显然是荒谬的。

第七节　以精神现象与身体机制的同一性论证自我的虚构性

毫无疑问，意识、自我感等精神现象的发生机制及其过程都与身体的某些物理、生理自动机制及其运行过程密切相关。但是，自我感等精神现象是否仅仅就是身体的各种物理、生理反应和自动运行机制呢？按照丹尼特的看法，二者是完全等同的，自我完全是使用语言编造虚构的，实际存在的仅仅是身体的自动运行机制。丹尼特对此给出的是如下五点论证。

（1）人类独有的二级意向系统也完全是按照自动机制运行的，人类行为中根本不存在超越自动机制的东西。按照丹尼特的看法，生物的意向系统可以分为两类：一阶意向系统和二阶意向系统。所谓一阶意向系统就是形成关于各种事物的信念和愿望的系统，是（当我们把生物看作意向系统时）所有生物都具有的。所谓二阶意向系统则是能够形成关于信念之信念、关于愿望之愿望的系统。研究者之所以把信念归于研究对象，就是因为研究者"相信"研究对象拥有那些信念。成为人或具有人的心灵的重要一步就是从一阶意向系统迈进到二阶意向系统。然而，无论是所有生物都具有的一阶意向系统，还是人所特有的二阶意向系统，本质上都是生物身体进化而形成的自动机制。所以，虽然人具有二阶意向系统，能够形成关于信念的信念，但人与"不思想的自然心理学家"野兔、狐狸等一样（诸如野兔和狐狸对猎物或天敌之行为的预判等。从我们的意向立场来看，仿佛它们是基于心理活动和推理而行动，但在它们则完全是一种自动机制决定的行为），本质上仍然是根据自然进化在身体中所塑造的自动机制而行为的，因而，也同样没有那个统一指挥身体行为的自我。

（2）人类使用语言时所称的"我"，并不是我的身体的主人，而是包括"我"的身体在内的全部整体，"我"也并不仅仅是存在于我的脑和神经系统中的那些信息，而是存在于"我"的身体中的所有信息。一旦我们把心灵与脑之间的等同抛弃掉，而让心灵伸展到身体的其他部分，就会发现，我们的（与其所包含的神经系统相对而言）身体自身就聚藏了很多"我们"在日常决策过程中所利用的智慧。"我的身体与我的神经系统一样，同样含有很多的我，诸如那些我之为我的价值观、才能、记忆与性情等等。"①

（3）由于我们每个人都是由大约 100 万亿个不同种类的细胞组成的集合体，由于每个细胞都是无头脑的、机械运作的微机器人，这个由万亿机器人团队聚集而成的政体（regime）根本就没有那个被称为"自我"的独裁者，它只是设法让自己组织起来抵御外来者，清除虚弱者，执行铁的纪律以及充当一个有意识自我或者叫心灵的总部。所以，"我们每个人都是由无头脑机器人所组成，没有别的，根本没有非物理的、非机器人的成分。人与人之间的差异，全都归因于他们的特定机器人团队的组成方式，后者在生命期中随着成长与经历而改变"②。

（4）在心灵的进化史上，语言的发明和使用是一次质的飞跃，正是因为我们使用语言，概念才能够成为我们世界中的事物，我们才能够使用概念对事物进行思考；也正是语言的使用使人类编造了自我。自我这种错觉的存在，可以解释为交流主体的一种进化的特征：使其能够对其自身的决策和行为的理由进行回应。今天，虽然物质主义已经扫除了笛卡儿式二元论，虽然二元论早已不再被看作为公开的假说，但仍然存在着错误地研究自我的其他努力，即把脑中的某个特定的亚系统与自我相同一。然而，"把

① 丹尼尔·丹尼特. 心灵种种[M]. 罗军，译. 上海：上海科学技术出版社，2012：73.
② 丹尼尔·丹尼特. 自由的进化[M]. 辉格，译. 太原：山西人民出版社，2014：4.

脑中的一个特定的亚系统与自我同一起来的种种努力，在每一步骤都陷入了障碍。这种努力就是我所称的笛卡尔剧场谬误……是完全错误的"①。

（5）人类所特有的道德、责任和自由意志之类的问题，并不是由于有一个统治我们的身体和行为的自我，而是由于我们拥有表征、反思和辨明行动理由的能力。从"三种立场"的心灵理论来看，人类以外的其他动物，乃至草木，也可以是基于某种理由而作出某种行为，而它们之所以没有道德、责任、自由之类的问题，正在于它们没有表征、反思和辩明理由的能力。对于使用语言的人类来说，正是由于我们能够表征、反思和辩明行动的理由，由于我们能够彼此交换行动的理由，所以，我们才会有行为的责任、道德和自由意志问题。"除非达到能够理解理由的这个层次，否则，将不可能理解自由意志。"②

乍看起来，丹尼特从包括道德、责任和自由意志诸多层面对自我之编造虚构本质的论证，观点鲜明、理据充分，似乎无可辩驳。然而，深入考究，却会发现，这种论证似是而非，实际上也不能成立。

其一，从人体完全由细胞构成就得出人的一切行为也是像无头脑、不反思的细胞一样按照自动机制运行，根本是不合逻辑的论证。这就犹如断定由硅片构成的计算机就是按照硅片的物理化学性质运行一样。这个论证不仅不合逻辑，而且严重违背相关科学理论。根据现代神经生物学的研究，人体的神经系统可分为自主（植物）神经系统和随意神经系统，即使自主神经系统也不是完全"自行其是"地运作的，而是能够受到随意神经系统的各种影响并改变其运作方式；至于和意识密切相关的随意神经系统的运行，则完全是由意识和意志控制。尽管随意神经系统的运行归根到底也是通过神经元的放电等方式实现的，但绝不能据此认为两种神经系统的运行机制并无区别，更不能把随意神经系统等同于自主神经系统。把高等级的

---

① Dannett D. The self as a responding—and responsible—artifact[J]. Annals New York Academy of Sciences, 2003, 1001: 39.

② Edmonds D, Warburton N. Philosophy Bites Again[M]. Oxford: Oxford University Press, 2014: 130.

自我意识等精神现象等同于身体的自动运行机制，认为由细胞组成的人也与细胞有着同样的运行机制，显然是荒唐的。

其二，当代心灵科学哲学所开展的自我本质研究，旨在探索意识、认知和情感的发生和构造机制，以及自我意识、意识经验的本质、特征和属性等问题，所有这些研究正是传统的自我问题在当代的深入和发展。丹尼特的心灵理论把自我笼统地等同于"我"的身体中储存的所有信息，以及身体在生物大分子层面的自动机制，从而彻底否定了自我意识、意识经验的存在和研究意义，这种不究就里的泛泛而论，完全是一种错误的导向，不仅无助而且将严重阻碍当代心灵科学哲学在该论题上的深入和发展。

其三，通过与脑中特定区域相关联来研究意识经验、精神意象、自愿控制和自我等问题，是认知神经科学最近20年来的重大发展之一，把脑中的某个（或某些）特定的亚系统与实际存在的二级表征系统（类似于丹尼特所称的二阶意向系统）相联系，来探索意识经验和自我的本质、结构和属性问题，也已成为当代心灵科学哲学探索自我问题的重要途径之一。然而，丹尼特却完全否定这些研究的意义，甚至完全否定自主意识在人的意向行为中有任何作用，哪怕是对仅仅承认自主意识在脑的无意识活动的最后瞬间才出现并仅仅发挥微小作用的理论，也给予彻底否定。[①] 这种不给自主意识及其对人类行为之作用留下任何空间的理论，不仅与丹尼特本人提出的二阶意向系统概念相矛盾，而且与当代心灵科学哲学的相关研究成果和发展趋势严重抵牾。

另外，丹尼特承认生物有一阶意向系统和二阶意向系统，与其意向立场心灵理论，即便不是相互矛盾，也至少是不协调的。按照丹尼特的意向立场心灵理论，任何研究对象是否拥有心灵，完全由作为研究者的我们是否对其采取意向立场所决定，而研究对象本身是否真的具有"意向"则是无关的。但如果承认生物本身有意向系统（人类甚至有二阶意向系统），那就是等于承认研究对象本身有"意向"，而无论我们是否对其采取意向立场。

---

① Dennett D. Consciousness Explained[M]. New York：The Penguin Press，1991：164.

第八节　简要评价和结论

　　虽然丹尼特的心灵哲学理论包含多方面的内容，但其基础则是意向立场论的心灵理论和多重草稿模型的意识理论，其语言编造虚构论的自我理论既是其特定心灵理论和意识理论应用于自我问题的必然结论，也是其心灵哲学的重要构成部分。意向立场论的心灵理论从第三人称立场出发，把信念、意向、愿望等心灵问题处理为研究者是否对研究对象采取意向立场的问题：如果我们对研究对象采取意向立场，认为该对象是根据意向和信念行动的，那么该对象就是一个具有信念和意向并因而具有心灵的意向系统；如果我们不对它采取意向立场，不以信念和意向来解释其行为，而是对它采取设计立场或物理立场，以设计原理或物理原理来解释其行为，那么它就是没有心灵的设计系统或物理系统。因此，断定一个对象具有信念和意向，其全部意义就是，我们通过赋予它一套信念和意向来解释其行为，进一步询问研究对象自身是否真的有意向和信念是无意义的。这样，信念、意向等心灵问题实质上就成为语言的意义和用法问题。

　　同样，丹尼特的多重草稿模型的意识理论以所谓异现象学方法研究意识问题，本质上也是从第三人称立场研究意识问题：脑对感觉输入的处理是在脑的各个神经系统分别独立进行的，而且所有这些处理完全是一种自主进行的神经生物学过程；所谓意识只不过是异现象学家或受试者本人"探察"这个过程时对之进行解释而得到的东西；所谓受试者的意识经验，其全部意义就是他的语言报告所表达的意义，探讨受试者语言表达之外的经验感受既不科学，也不可能。这实际上根本否定了意识的存在。一些批评者也因此认为丹尼特不是在解释意识，而恰恰是消除所要解释的东西，并把他的《解释意识》一书戏称为"祛除意识"①。

---

　　① Carruthers P. Consciousness：Essays from a Higher-Order Perspective[M]. Oxford：Oxford University Press，2005：247.

　　就本书所关注的自我问题而言，可以把丹尼特这种心灵哲学理论的根本特征归结为三点：一是在研究方法上把自我问题的研究完全限制于第三人称研究方法，把"我"和"我们"从元认知研究领域驱逐出去，彻底排除第一人称研究方法[①]；二是以所谓异现象学理论实质性否定了意识经验、现象意识的存在；三是把对感觉输入的意识过程等同于脑神经系统的物理化学过程。在这样的基础上研究自我问题，"自我"就自然而又必然地不可能具有任何实在性意义，就只能成为人类出于叙事的需要而以语言编造虚构的叙事中心。然而，自我问题的本质正在于其第一人称的主观性、经验性或感受性特征，排除了第一人称研究方法，否定了主观性、感受性特征，局限于第三人称研究方法研究自我问题，无异于本末倒置、缘木求鱼，必然面临我们上面已经指出的种种困境。

　　总体而言，丹尼特的编造虚构论自我理论至少存在三个方面的错误。一是严重无视当代心灵科学哲学在自我问题上的新发展，仍然基于传统哲学的自我概念研究自我问题。二是研究方法错误：完全排除了在自我问题研究中至关重要的第一人称研究方法，而仅仅以第三人称研究方法研究自我问题。三是其从生物进化史、生物大分子运行机制、精神与身体机制相同一三个方面对自我之虚构本质的论证，在逻辑上并不成立，也与他提出的"二阶意向系统"的观点相矛盾。

　　基于上述分析，我们认为，丹尼特的语言编造虚构论自我理论根本上是不能成立的。当然，对其语言编造虚构论自我理论的否定，并不意味着丹尼特在论证编造虚构论自我理论过程中所提出的所有理论观点都是无意义的。他的某些具体观点，如感觉输入的分布处理观点、自我的生物根源和神经起源观点、对界定自我之困难的论述等，对人们正确认识和研究自我问题都有着重要的启发意义。丹尼特的这些理论观点表明，即便编造虚构论自我理论不能成立，但要真正解决自我问题就必须正视并解决他所提出的这些问题。

---

　　① Huebner B, Dennett D. Banishing "I" and "we" from accounts of metacognition[J]. Behavioral and Brain Sciences, 2009, (2): 148-149.

第二章 魏格纳的魔法幻觉论自我理论评析

魔法幻觉论是当代西方心灵科学哲学领域另一种颇具影响的反实在论自我理论。虽然魔法幻觉论也坚决认为自我不具有实在性，但与语言编造虚构论不同，它并不认为自我是人类使用语言编造虚构的东西，而是认为自我是人类在其心理活动过程中产生的类似于魔术错觉的魔法幻觉：所谓自我感、行为控制感、自由意志感等，只不过是一种自欺欺人的魔法幻觉。魔法幻觉论自我理论由美国实验心理学家魏格纳创立，并得到一部分心灵哲学家和心理学家的赞同和拥护，如詹姆斯·摩尔（James W. Moore）、帕特里克·哈格德（Patrick Haggard）、杰西·普瑞斯顿（Jesse Preston）等。本章主要通过考察魏格纳的相关论著对这种自我理论进行研究和评价。

第一节　魏格纳心理学哲学思想概述

丹尼尔·魏格纳（Daniel M. Wegner，1948—2013）是美国著名的实验心理学家、社会心理学家，曾任哈佛大学心理学教授、美国艺术与科学院院士、美国科学进步联合会成员。魏格纳因其把实验心理学理论和方法应用于精神控制（mental control）和意识意志（conscious will）的各种论题，以及开创交互记忆和行为识别论题的研究而著称于世。魏格纳最初在密歇根州立大学学习物理学，后转学心理学，获得心理学方面文学硕士学位。1974 年获得心理学方面哲学博士学位后，曾在弗吉尼亚大学等学校担任心理学教授。2000 年起进入哈佛大学心理学系担任心理学教授。由于在心理学研究领域的诸多开拓性贡献，魏格纳在 2011 年被美国心理科学联合会授予威廉·詹姆斯奖、杰出科学贡献奖，在 2012 年被美国人格与社会心理学学会授予唐纳德·坎贝尔奖。此外，为了纪念魏格纳在心理学研究方面的理论创新和贡献，美国人格与社会心理学学会还于 2013 年决定把该学会每年一次的理论创新奖更名为"丹尼尔·M. 魏格纳理论创新奖"。

魏格纳长期致力于以实验心理学的理论和方法对行为的精神控制过程、意识意志的知觉过程和控制机制等问题的研究，并基于这些研究提出了他独树一帜的魔法幻觉论自我理论。魏格纳的主要著作有:《暗示的心理学:社会认知导论》(合著)(1977 年)、《社会心理学中的自我》(合编)(1980 年)、《行为识别理论》(合著)(1985 年)、《北极熊及其他不受欢迎的思想:抑制、困扰和精神控制的心理学》(1989 年)、《精神控制手册》(合编)(1993 年)、《意识意志的幻觉》(The Illusion of Conscious Will)(2002 年)、《心理学》(合著)(2008 年)等。此外,魏格纳还发表了许多颇具影响的重要论文,如《谁是被控制过程的控制者? 》(2005 年)、《自我是魔法》(2008 年)、《关于自我和上帝之潜意识记忆效果对事件之作者身份的自我归属的影响》(2008 年)、《以外部暗示调整代理者感觉》(2009 年)、《理想的代理:对作为行为之源的自我的知觉》(2005 年)、《时间扭曲:作者身份塑造行为和事件的知觉时间》(2011 年)等。

　　魏格纳在当代心灵科学哲学领域的独特影响和地位,来自他在两个方面的创新性研究及其建立的两个颇具影响的理论:一是他基于所设计的一些实验对人类意识意志的过程和机制作出了独特的研究和解释,提出了一种意识意志的幻觉理论,认为人们对自己行为意志的意识实际上是一种幻觉;二是他进一步把相关实验和理论应用于自我问题的研究,提出了一种魔法幻觉论的自我理论,把人们的自我感定性为类似于魔术错觉的魔法幻觉。

　　虽然自我问题也是魏格纳着力探讨的重要问题,但作为心理学家的魏格纳一开始关注和研究的问题并不是自我问题,而是行为的精神控制过程和控制机制问题。按照此前的传统心理学理论,人们的自愿行为完全是由人们的行为意向和行为意志控制的,人们首先有了某种行为意向,进而意识到了施行这种行为的意志,然后根据这个行为意志采取了相应的行为。魏格纳则认为,传统心理学对行为的这种解释是一种想当然的解释,并不是基于严格的科学实证研究作出的解释;行为与意向、意志究竟是何种关系,必须通过严格的科学实证研究来确定。魏格纳基于他对该问题的实验研究提出,行为早在人们意识到相应的行为意向和行为意志之前就已经开始,人们感到的"行为由其相应的行为意向和意志发动"实际上是一种幻觉。魏格纳的这个理论的确揭示出了自愿行为的某些方面的特征，但是他的理论完全否定意识到行为意向和行为意志在行为中的任何作用，因而又陷入了另外的困境。就我们这里关注的自我问题而言，精神控制、行为意向、行为意志、对行为意向和行为意志的意识等问题，显然都与自我问题紧密相关。事实上，魏格纳也正是基于对上述这些问题的研究，而走向了探索自我本质问题，并进而提出了他独具特色的魔法幻觉论自我理论。

魏格纳探索自我问题的基本理路是，通过研究自愿行为过程中产生的对行为的自我控制感来研究自我问题。按照魏格纳的看法，自我问题与关于行为意志的意识密切相关，我们正是由于意识到了自己的行为意志，并自认为按照这个行为意志去施行了相应的行为，才产生了行为的自我感：是"我"引发了那个行为，是"我"按照"我"的意志施行了那个行为。所以，要解决自我问题，就需要研究三个方面的问题。一是行为意志与行为的关系问题：我们的身体行为是否由相应的行为意志引发？我们的行为是否仅仅从意识到相应的行为意志才开始？二是意识意志的精神机制：我们是如何意识到我们的行为意志的？三是行为过程的精神控制问题：对于我们能够控制的那些身体行为过程来说，究竟是什么在控制着我们的行为过程？正是通过对这些问题的研究，魏格纳提出了他的"魔法幻觉论"的自我本质理论。按照这种理论，我们赖以生存的那个自我、我们基于思想和意志操控身体行为的自我控制感，实际上都是意识制造的魔术戏法导致的幻觉；我们本质上是由身体的各种自动机制控制的"机器人"。那么，魏格纳这种轮困离奇的自我理论能够成立吗？下面，我们先简要考察魏格纳提出的关于意识意志的幻觉理论，然后研究评析他基于这一理论提出的魔法幻觉论自我理论。

第二节　意识意志的幻觉及其产生机制

意向、意识和意志等精神现象及其在行为中的作用问题，虽然是心理学早就关注的问题，但传统心理学并未对此问题进行深入研究，而是仅仅给出了基于常识的解释。按照传统心理学理论，人们正是通过意向、意识和意志来实施并完成或终止各种行为的。其过程是：施行某种行为的意向就是人们施行该行为的最初起因，这种行为意向激发施行这种行为的意志，人们意识到施行该行为的意志，然后，有意识地根据施行该行为的意志实施这个行为。对意向、意识和意志在行为中作用过程的这种解释，完全符合人们对自身行为的日常体验，所以这种心理学解释一直被人们当作常识所接受，当然也一直没有引起心理学家们的怀疑和深入研究。魏格纳是第一个深入研究"意识、意志和行为之间关系"的心理学家，也是因为对这个领域的开拓性实验研究而著称的心理学家。然而，他基于所设计的一些心理学实验对这个问题作出的回答，却是与人们的日常经验大相径庭的幻觉论解释：人们自认为的"根据意识到的行为意志而行为"完全是一种幻觉。魏格纳对他的"意识意志幻觉论"给出的论证包括如下两个方面。

一、意识意志的幻觉源于混淆意志经验和行为原因

我们的行为是我们有意识地引发的，还是我们的身体自动进行的？应该以决定论来解释人类行为，还是以自由意志解释人类行为？这就是哲学和心理学领域长期争论不休的人类行为的解释问题。这个问题的真正难点就在于：如果人类行为完全由科学心理学和神经科学所描述的物质的因果决定论机制所决定，我们怎么会感到是我们的相应行为意向和意志引发了我们的行为？我们怎么会感觉到我们的行为是被我们的意志控制的？意向和意志在我们的行为中究竟有没有作用？魏格纳认为，解决这个问题的关键是"把意识到行为意志与心理学的决定论统一起来，认识到意识到意志的感觉也是被心和脑创造的，就像人类心灵自身是被心和脑创造的一样。而解答意识到意志问题的关键是探索人类心灵的机制怎样创造关于意志的经验；而且要认识到，以这种方式被创造的意识意志的经验不必仅仅是一种副现象。意识意志的经验是一种感觉，这种感觉帮助我们鉴别和记忆我

们的心灵和身体所做事情的作者身份"①。

毫无疑问,想到把二者统一起来解决问题的,远远不只是魏格纳一人。但也正如我们所知,至少在魏格纳之前,进行这种统一性努力的工作基本上均以失败告终。那么,魏格纳又将采取什么方法把意识意志的感觉与心脑的物理决定论机制统一起来?他给出的方法就是把意识意志的感觉处理为幻觉。按照魏格纳的说法:"把二者结合在一起的一种方法就是认为机械论的进路是偏爱科学目的的解释,同时又认为人们意识意志的经验对这个人而言是完全可信的和重要的,但也必须被科学地理解。位于意志经验之下的那些机制本身就是科学研究的一个基本论题。这就意味着意识意志在如下意义上是一种幻觉:有意识地意志一个行为的经验并不是对相应意识性思想已经引发了这个行为的一种直接表示。"②

按照魏格纳的看法,人们之所以产生"行为意志引发了某种行为"这种幻觉,乃是因为人们把"有意识地意志某个行为的经验"与"经过人们意识性心灵的那个行为的原因"假定为同一个东西,然而,这两者实际上却是完全不同的东西;"把两者相混同的倾向正是意识意志之幻觉的来源"③。魏格纳认为,意志并不是位于一个人内部的某种原因或力量或动力(motor),而是这个人对这种原因、力量或动力的意识性感觉;当然,对于断言他们已经做了他们有意识地意志的某种事情的任何人而言,这种意识性经验的发生都是一种绝对必要的东西。如果没有对意志的经验,即便那些从外部看来完全自愿的行为,也无法取得意志性行为的资格。即便关于一个行为的意向、计划和其他思想能够被经验,但只要这个人说这个行为不是他所意志的行为,它就不是被意志的行为。所以,"有意识地意志一个行为要求一种'做'的感觉,即以某种方式可靠地证实人们已经做了这个行为的一种内部的'活力'(oomph)"④。但无论如何,意志都只是对行为

① Wegner D. The Illusion of Conscious Will [M]. Cambridge: The MIT Press, 2002: ix.
② Wegner D. The Illusion of Conscious Will [M]. Cambridge: The MIT Press, 2002: 2-3.
③ Wegner D. The Illusion of Conscious Will [M]. Cambridge: The MIT Press, 2002: 3.
④ Wegner D. The Illusion of Conscious Will [M]. Cambridge: The MIT Press, 2002: 4.

之原因或力量或动力的感觉，而不是行为的原因。

二、对意识意志之幻觉的论证

显然，如果上述看法是正确的，那么魏格纳就需要解决两个问题：一是论证意志不是行为的原因，二是证明意志之外的其他因素是行为的原因。对于第一个问题，魏格纳主要从以下三个方面进行了论证。

第一，意识到行为意志并非发生相应行为的必要条件。如果意识到行为意志是相应行为得以发生的原因，那么，人们关于其意识意志之经验的自我报告应该与相应的行为相一致。然而，实验表明，这种一致性事实上却并不总是发生。对有意识地意志的行为之发生而言，关于意志的经验具有本质的重要性，然而关于意志的经验却并不总是伴随着所意志的行为。例如，左右手失调症患者的行为，虽然患者没有关于左手（或右手）的意志经验，但其左手（或右手）却进行了某种行为；再如被催眠者的感觉：感到某种行为正在他身上发生而不是感觉他正在做某种行为，如此等等。所以，行为与感觉之间有四种不同的情况：做了某种行为又有做的感觉，这属于正常的自愿行为；做了某种行为却没有做的感觉，这属于自动运行行为；没有做某种行为却有做的感觉，这属于控制的幻觉；没有做某种行为也没有做的感觉，这属于正常的无行为[1]。

第二，意志的力量并不是引发行为的原因。魏格纳认为，意志之力量的概念自古以来就一直是关于人类行为的一个重要的直觉解释，而且，自詹姆斯在《心理学原理》（1890年）中经典地把心灵的功能划分为认知（cognition）、情绪（emotion）和意动（conation）[即意志（will）或意愿的（volitional）成分]三个部分以来，作为心理学之核心部分的意志就贯穿于心理学的整个历史。在传统的心理学思维方式中，意志是第一层级的解释性实体，虽然被用来对众多心理现象进行解释，但它本身却没有被解释。把意志指定为一个人内部的引发这个人行为的一种力量，就如同说上帝引发一个事件一样；它压制着其他解释，但却根本没有在可预测的意义上解

---

[1] Wegner D. The Illusion of Conscious Will [M]. Cambridge: The MIT Press, 2002: 8.

释任何东西：就像我们不可能告知上帝将做什么一样，我们根本不可能预测意志将可能做什么。人们之所以把意志理解为行为的原因，并不是因为意志有驱动行为的力量，而是因为对行为意志的意识总是与行为相伴随。然而，正如客体之间的因果关系是一个事件，而不是客体的一个属性一样，因果关系也不可能是人们意识性意向的一个属性。我们不可能看见我们的意识性意向引发一个行为，而只能从行为意向和行为之间的恒常联系推论这一点：在正常情况下，当我们意图施行某个行为时，这个行为就发生了。然而，虽然意志之力量的概念，或者意志力的概念，必然被谨慎的因果推理所伴随，但这些思想不能被作为人类行为之科学理论的基础。

这里的关键在于，必须谨慎地区分经验论的意志（empirical will）（即从经验论的层面说明意志和行为的因果关系）与现象的意志（phenomenal will）（即从人们报告的关于行为意志的经验来说明意志和行为的因果关系：经验到意志引起行为）。经验论的意志能够通过检验人们自我报告的意识性思想与人们的行为的联结情况来测量，也能够通过比较那个思想与其他因素来评价那个思想的因果作用。但毫无疑问的是，关于意识性意志的准确的因果理解并不是以任何直接方式联系于人们的意志经验的某种东西。"意识性意志仍然是意识性意志，甚至当它在许多感觉中是幻觉的时候：它可能不是一个行为的原因，尽管它是这个行为的表面上的原因。一个人关于意志的感觉是普遍用于评价意识性意志是否已经运行的一个关键的标准，但是，我们必须记住，这种感觉与经验上可证实的精神的因果关系之发生，并不是同一件事情。"①

第三，人们之所以错误地把关于行为意志的经验作为行为的实际的因果机制，乃在于一种特殊的直觉符合（the intuition fits）。魏格纳认为，正是这种直觉符合使人们在直觉上自动地把事物纳入更大的事物图式中来理解。人们之所以顽固坚持托勒密的太阳围绕地球运转的思想，部分原因就在于，这种思想直觉上符合于地球是宇宙中心这个更大的思想图式。关于

---

① Wegner D. The Illusion of Conscious Will [M]. Cambridge: The MIT Press, 2002: 14-15.

行为原因的直觉与此类似："意识到自己的行为意志"之所以被人们坚持，就在于"意识意志恰好以我们理解因果主体（causal agents）的这种方式符合于一个更大的概念。当我们持续假定关于意志的经验解释了创生我们的行为的那种力量时，有意识地意志我们的行为的这种直觉经验，就成为我们一再重复的某种东西，这主要是因为我们对因果代理有一个更加普遍的理解"①。

按照魏格纳的看法，绝大多数人都基于其长期的生活直觉形成了关于一类特殊种类的实体的思想，这种实体就是如下这种类型的实体：与那些其移动或行为仅被某种先行事件所引发和决定的客体不同，这种实体是一种因果主体，它明显是基于自身追求某种未来状态、达成某个目标而移动或行为；动物、生命有机体，甚至计算机、机器人等，都被归为这类实体。"因果主体是人们用来理解行为尤其是人类行为的一种重要方法。在理解自己或他人完成的行为的过程中，人们将领会关于意向、信念、愿望和计划的信息，并把这些信息应用于识别那个主体正在做什么。对意识性意志进行思想的这种直觉吁求，部分地能够追踪到意志经验的嵌入和意志有一种力量这个概念的嵌入，以及更庞大的因果代理观念。人类明显是追寻目标的主体，拥有在行为之前有意识地预想其目标的特殊能力。关于意识性意志的经验在感觉上就像是一个因果主体"②。

基于上述论证，魏格纳指出，尽管我们感觉我们意识到了行为意志并根据行为意志采取了某种行为，但这实际上是幻觉，行为本质上根本不是我们的意志引发的。因为行为意志并不是行为得以发生的必要条件，意志本身也只是一种感觉，而不是一种发动行为的力量；人们根据直觉符合把行为的原因归结为意志，完全是一种没有科学依据的常识想法。

然而，行为必然有其原因。如果行为意志不是行为的原因，那么，行为究竟是如何发生的？我们在行为过程中的意志感、行为的自我控制感又

① Wegner D. The Illusion of Conscious Will[M]. Cambridge：The MIT Press，2002：15-16.
② Wegner D. Precis of the illusion of conscious will[J]. Behavioral and Brain Science，2004，27（5）：4.

如何解释？即便我们在行为过程中所产生的意志感和自我控制感是幻觉，也需要对行为过程中产生的这种自我控制感作出合理的解释。魏格纳正是基于以上对"意识行为意志"问题的基本定位，从行为中的意志感、自我控制感的根源和机制，展开了对自我问题的研究，提出了他的魔法幻觉论的自我理论。

第三节 以行为控制的幻觉论证自我的幻觉本质

身体行为的机制、分类及其与意识、意向、意志等精神活动的关系问题，也是包括行为科学在内的众多学科共同探讨的重要问题。一般认为，人类的身体进行的所有行为都可以根据其过程是否被我们有意识地控制而分为两类：第一类行为是完全由相应的物理-生理机制因果地决定的自动过程，如食物消化、心脏搏动、血液循环等；与此相对应的第二类行为，则是被我们的意识、意向引发并控制其过程的行为，如挥动手臂、打开窗户、拨打电话等。这些被控制的行为，也被称为自愿行为或自主行为，其典型特征是我们能够通过意向和意志控制它们：我们随时可以根据意向和意志决定这类行为的执行、停止或继续。那么，我们是怎样控制这一类行为的？究竟是我们内部的什么机制在控制着这一类行为的过程？笛卡儿以来的传统哲学明确地把"自我"确定为这类身体行为的控制者，当代的许多心理学家和心灵哲学家也仍然坚持认为，"自我就是那个被控制过程的控制者"[1]。当然，这个"自我"已经不再是笛卡儿认为的独立于身体的某种精神实体，而是基于神经机制的某种特定的心灵过程，"而且在我们被认为处于意识状态的所有时间，这个过程都出现"[2]。尽管作为心灵特定过程的这种"自我"究竟是什么、究竟如何运行等问题，仍在探索之中，但许多当代心灵科学哲学家都认为这个过程是实际存在的。

---

[1] Baumeister R F. Ego depletion and the self's executive function[A]//Tesser A，Ferson R B，Suls J M. Psychological Perspectives on Self and Identity[C]. American Psychological Association，2000：25.

[2] Damasio A. Self Comes to Mind[M]. New York：Pantheon Books，2010：3.

　　与这种主流看法相反，魏格纳却认为，即便把"自我"解释为基于神经机制的某种心灵过程，对人类自愿行为的这种自我控制解释也是错误的，因为这种观点实质上仍然暗含着如下这个未明言的假定和信念：被控制的过程是一种类似于人的操作的过程，这个过程表征的仍然是一个人类主体的工作，而不是表征某种机制；而这实际上就是承认我们内部有一个进行控制操作的小矮人。所谓被控制过程的控制者或所谓的"自我"，只不过是把那个令人费解的小矮人进行了改头换面。他进一步指出，心理学作为科学就是要对心理现象作出科学的说明，就是要消除心理现象的神秘性，而"对某种版本的自我的持续依赖，则使心理学作为一门科学大受怀疑"，因此，必须打开被控制过程背后的秘密，消解那个神秘的"自我"①。在魏格纳的看来，自愿行为的被控制的过程之所以被看作是意识的、道德的、责任性的、精妙的、明智的和意志性的，乃是因为我们把某些自动过程排除了出去；只要我们揭示出了这些被排除的自动过程，并阐明其机制，所谓的"自我"及其对行为的控制问题也就烟消云散、不复存在了。

　　那么，为什么人们在行为过程中不可避免地要产生对自愿行为的自我控制感，而在非自愿行为（如在被强迫情况下的行为）中却没有这种对行为的自我控制感？按照魏格纳的研究，这种行为控制感是人们设想行为控制者的结果，而设想存在一个控制者、一个自我的这种思想则来自三个根源。第一个根源是人们对心灵与事件关系的联想和赞赏。在生命的早期阶段，在对那些与心灵有关的事件的理解中，以及在把这些事件与那些机械过程引起的事件相区分的过程中，我们逐渐发展出了为归于心灵的事件设想一个控制者的倾向。第二个根源是把某些深奥的物理对象和物理事件类人化。对某些深奥的物理事件，人们往往以拟人化的方式进行解释，从而使这种自然获得的倾向进一步发展。当代一些相关研究也表明，试图通过知觉心灵来对研究对象的行为作出解释，是人类的一种普遍倾向；而知觉心灵的能力在更普遍的知觉方面是一种强大的引导性力量，自动地引导人

　　① Wegner D. Who is the controller of controlled processes?[A]//Hassin R，Uleman J，Bargh J. The New Unconscious[C]. Oxford：Oxford University Press，2005：22.

们去寻求一个代理主体。第三个根源在于，知觉被控制事件背后之心灵的想法被我们拥有我们自己的心灵这种经验再次强化：我们每个人都具有"我"控制着自己的行为这种感觉经验，这些感觉经验使我们相信有一个"我"引发和控制着我们的行为，并进而导致我们认为在这种行为控制过程的背后，必定存在一个控制我们的思想和行为的主体。魏格纳认为，正是这些思想根源导致人们幻想出一个控制者、一个"自我"；然而，实际上，所谓的被控制过程完全是自动运行的物理过程，完全可以通过（例如）控制论的和动力学的机制和过程进行解释。所以，"主体自我不可能是一个真实的实体，而仅仅是一种虚拟的实体（virtual entity），一种表面性的精神性引发因素（apparent mental causer）"①。

　　魏格纳还进一步从人们施行一个行为的过程分析了人们在自愿行为过程中产生虚假的自我控制感的原因和过程。在魏格纳看来，在自愿行为过程中，人们的主体感、自我感是在"意识到自己的行为意志并根据这种行为意志去行动"这个过程中实现的；我们正是由于意识到了自己的行为意志，并自认为根据自己的这个行为意志去施行了相应的行为，才产生了行为的自我感：是"我"引发了那个行为，是"我"按照"我"的意志施行了那个行为。所以，只要探明了人们意识行为意志之经验的创生过程，阐明了人们对行为意志的意识与身体行为之间的关系、意识行为意志的心灵机制以及精神对身体行为的控制过程，也就揭开了人们产生自我感或控制者幻觉的奥秘，揭示了自我的幻觉虚构本质。

　　按照魏格纳的研究，人们的"'我'的某个思想引发了'我'的某个身体行为"这种思想，是基于如下三条原则形成的：①在先性原则：对某个行为意志的意识经验要恰当地处于相应的身体行为之前，既不能过早，也不能滞后。②一致性原则：实施某种行为的思想要与随后发生的某种行为相一致。③排他性原则：不存在引发这一行为的其他潜在原因，如某个远程操控者在与"我"同时移动电脑屏幕上的光标等情况。魏格纳认为，正

---

① Wegner D. Who is the controller of controlled processes?[A]//Hassin R, Uleman J, Bargh J. The New Unconscious[C]. Oxford: Oxford University Press, 2005: 23.

是这三条原则促使人们以精神原因来解释行为的发生，并作出了主体自我引发了身体的相应行为的结论。所以，我们把自己经验为引发我们行为的主体、自我，正是由于我们的心灵给我们提供了随后发生的那个行为的预演。

那么，人们基于这三个原则形成的精神是行为原因的观点能成立吗？自我是行为的真实原因吗？魏格纳设计了一些心理学实验来检验从这三条原则推出一个"自我"的可靠性、所推出的这个"自我"是否具有实在性，以及这个"自我"是否真的控制着行为。其基于这些实验给出的最后结论是，从这三条常识性原则并不能必然地推出一个控制行为的"自我"的存在，因为实验表明把三条原则与一个"自我"联系起来完全是人们一厢情愿的愿望：人们往往错误地把不是他自己所施行但随着其相应思想发生的行为，认作由他的行为意志引发。实验也使把某种行为归属于自我的行为与思想相一致原则被打破。而排他性原则也往往受到各种无意识因素的严重影响。魏格纳据此指出：确认自我引发行为的"表面的精神原因理论依赖于我们对意识性意志之经验的一种规范性建构。当正确的时间、内容和语境把我们的思想与我们的相应行为联结起来时，这个建构就会产生关于那个行为的作者身份感觉。然而，这个感觉却是我们从思想和相应行为的并置推出的，我们并没有直接知觉那个原因主体。所以，这种感觉可能是错误的。尽管对行为意志的经验能够成为我们的罪恶感或自豪感的基础，并能够向我们发出是否应对某种行为负责的信号，但它仅仅是一种关于我们的思想对我们行为之因果影响的评价（estimate），而不是对这种影响的直接读出（readout）。因此，表面的精神原因不能作为我们的行为控制者感觉的基础"①。

可是，人们不仅要问，我们每个人都的确体验到了对自愿行为的自我控制感觉，我们都的确具有的这种行为控制者感觉或自我控制感究竟是怎样形成的？对此，魏格纳则通过分析意识意志的心理经验如何产生和运行

① Wegner D. Who is the controller of controlled processes?[A]//Hassin R，Uleman J，Bargh J. The New Unconscious[C]. Oxford：Oxford University Press，2005：27.

来给出答案。按照他的看法，意识意志的这种感觉是被负责相应行为的心理学过程所影响的：如果这个心理学过程允许标明思想之在先性、一致性和排他性的信息进入，相应的行为将被经验为意志性的；否则，将不被经验为意志性的。因此，意志的运作可以归结为心理学所描述的如下三个方面的共同作用：有意识的思想、行为的控制和注意的使用。被控制的过程正是通过这种心理特征的共同作用而成为主体、控制者或自我。换言之，主体是从这三种心理特征中推论出来的，最多是一种虚拟实体，而不可能是真实的实体。对行为的意志感觉很可能就是传统上理解为"意志力"（willpower）的那种东西，但正如前面指出的，意志实际上只是一种感觉，而不是一种力量。当我们经过深思熟虑而决定抵制抽烟或吸毒时，就会经验到意志感的一种强烈的、不寻常的涌动。这是因为我们之前的"深思熟虑"已经进行了随之发生的那个（抵制）行为的一种强烈预演。与此形成鲜明对比的是，当我们屈服于某种自动性的嗜好时，我们则很少思考它，因而也就没有多少对这种嗜好行为的意志感觉。所以，关于行为的意志感觉依赖于此前已经出现的相应思想，而其出现的最佳时间则是行为之前的短暂瞬间，正是在这个时候，我们的思想能够产生巨大的意志感及因而发生的自我感的冲击波。简言之，所谓行为的控制就是通过对思想与随后发生之行为进行观察和注意而意识到的、是推论出来的，而不是真的通过"意志力"控制行为。

基于对被控制行为的研究，魏格纳指出，他进行的一些相关心理学实验表明："对于由被控制过程引发的那种行为来说，我们之所以感觉到意识性意志，乃是因为我们首先演示了我们的行为。身体中的那些被控制过程给予我们意识性的思想、自我观察的行为，以及作出'思想引发行为'这种因果推理所必需的时间和注意。在形成这些推理时，我们堆积出一个这样的虚拟的主体（virtual agent）画面：存在一个明晰地引导着行为的心灵。尽管这个心灵是一种极其重要的建构，使我们能够理解、组织和记忆我们发现自己能够做的各种不同的事物，但它仍然是一种建构，而且必须被理解为从关于思想和行为的知觉中导出的一种代理（agency）的经验，而不可被理解为关于一个主体的直接经验。"①直言之，主体、自我就是从有意识的思想、行为的控制和注意的使用这三种心理特征中推论出来的，最多是一种虚拟的心理建构，而不可能是任何意义上的实在。

这里暂且不论魏格纳所设计的那些心理学实验的条件性、可重复性和有效性问题，也暂且不论许多心灵科学哲学家通过其他实验恰恰证明了自我控制感的实在属性，单就其理论论证而言，笔者认为，至少存在如下三个方面的问题。

其一，在关于自我感问题的研究中，第一人称研究方法是首要的、居于根本地位的研究方法，而第三人称研究方法则是处于第二位的方法，但魏格纳在研究自我问题时，却完全抛开第一人称研究方法，而仅仅使用第三人称研究方法进行研究。在当代心灵科学哲学领域，即便是认知神经科学、意识科学、行为科学等科学进路的研究，第一人称研究方法也是占据主导地位的方法。尽管在对其他所有问题的科学研究中，具有公共的可观察性、可重复性的第三人称研究方法，都是唯一"合法的"研究方法，但在自我感问题的科学研究中，第一人称研究方法则是公认的第一位的研究方法。因为自我感的本质属性在于其第一人称的感受性、经验性，而不在于其第三人称的推证性。所以，"第一人称的经验是本质性的，而第三人称的各种现象则或多或少是附带性的"②。但魏格纳却置第一人称的经验性、感受性问题于不顾，仅仅对自我问题采取第三人称研究方法进行研究，从而把自我感及其根源归为根据第三人称的三条原则推论的结果，并以第三人称的三条原则是否能够必然地推出一个自我来研究自我感的属性和根源。以此方法研究自我问题无异于缘木求鱼。这是其在研究方法论上存在的问题。

其二，基于上述关于自我问题研究方法的认识，笔者认为，即便相应的心理学实验真的确证了那三条原则不具有普遍的有效性，因而不足以为

---

① Wegner D. Who is the controller of controlled processes?[A]//Hassin R，Uleman J，Bargh J. The New Unconscious[C]. Oxford：Oxford University Press，2005：30.

② Searle J. Mind [M]. Oxford：Oxford University Press，2004：193.

行为的自我控制感提供牢固的"客观"基础，也并不能得出自我感是虚构幻想的结论。从外部观察者的思维逻辑来看，人们似乎是因为思想先于相应的行为、后来的行为与先前的思想一致以及没有其他人施行那个行为，从而得出了"我"引发了相应的行为的结论。然而，这只是外部观察者的逻辑推理，而不是当局者"我"所经验的情况。作为当局者的"我"，实际上根本无需这样的推理。因为，我们确立"'我'引发了'我'的身体的某个行为"这一信念的根据，本质上不在于魏格纳所说的那三条第三人称的原则，而在于"我"真切地体验到"我"在操控着"我"的身体的行为：我们有意识地施行的任何行为，都能够根据意愿对之进行调整和终止，而绝不是行为一旦开始就自主运行而无法掌控；相反，当"我"决定调整或终止自愿行为时，身体却没有随之作出相应的调整或终止，倒是会立即引起"我"的震惊，并迅速去寻求原因。所以，"我"是否引发了的"我"的身体的某种行为，根本上不是从外部来判定的，而是由"我"的经验和感受决定的。

其三，即便主体、自我是通过有意识的思想、行为的控制和注意的使用这三种心理特征的共同作用而出现的，也并不能得出主体、自我仅仅是一种虚构和幻想的结论。相反，由此得出主体自我感也有其实在基础倒是更合乎逻辑。毫无疑问，我们在很多情况中都会从思想、行为的控制和注意的使用三个方面，对思想和行为的关系进行反思，并基于这种反思进一步强化自我在引发和控制身体行为方面的本原地位。当一切都运行良好时，我们甚至是无意识地进行着思想与身体行为关系的这种检测。但是，自我作为行为之引发者和控制者的感觉，却并不是由于这种反思才产生的，而是在行为的进行过程中就存在的。而更重要的是，按照认知神经科学等学科的研究结论，有意识的思想、行为的控制和注意的使用都有其实在基础，"意识经验、无意识过程、精神意象、自愿控制、直觉、情绪和自我，这些以前被避开的问题，现在也被锚定于可能的脑中相关区域"[①]。魏格纳既然

---

① Baars J, Gage M. Cognition, Brain, and Consciousness: Introduction to Cognitive Neuroscience[M]. Oxford: Elsevier Ltd, 2007: 4.

认为主体自我感是有意识的思想、行为的控制和注意的使用三种心理特征共同作用的结果，那么就应该承认主体自我感应有其脑中实在基础，尽管这个实在基础及其运行机制必定是极其复杂的。

第四节 以身体行为的自动性论证自我的虚幻性

魏格纳对其幻觉虚构论自我理论的另一个论证，是把自我控制的身体行为与身体内部的自动过程相等同，认为在人们意识到其行为意志之前，与意志性行为相关的身体内部的许多自动过程就已经开始，所以，认为是一个主体或自我启动和控制着身体行为，完全是一种幻想。他对此给出了如下四个层次的论证。

（1）从行为的层面看，人们相信自我之实在性的根据就在于，人们基于常识认为：对行为意志的意识使我们产生施行某种行为的思想，我们正是根据这个思想有意识地指令身体施行相应行为，而我们的身体也正是在相应思想的指令下才开始行动的。但人们对行为机制的这种认识恰恰是错误的。许多相关心理学实验都表明，实际情况是，身体的行为并不是在相应的行为思想形成后才开始的，而是早在这个思想出现之前就已经开始了完成后面行为的自动过程，只不过这些自动过程没有进入我们的意识。因此，身体的行为并不是意识到相应的行为思想后才开始，而是在产生相应行为思想之前就已经开始了，是先开始了无意识的行为，尔后才产生了关于相应行为的思想。

（2）若仅从行为意志和关于行为的意识性思想之关系而言，人们的行为意志先于关于行为的思想，但即便是在思想之前出现的行为意志，也不是导致身体行为的原因，因为意志也是在相应行为的自动过程已经在身体中发生后，才出现的。也就是说，在没有意志性精神因素作用的情况下，身体就已经开始了完成后来的意志性行为的自动过程；一些相关实验表明，行为意志与行为的关系也与人们通常的看法相反，任何行为意志都是在身体先开始了某种自动过程以后才出现的，是在身体已经开始了相应行为后，人们才产生了相应的行为意志。所以，"意志……仅仅是标志身体物理变化的一种情绪，而不是这种变化的原因" ①。我们在被控制过程的运作中感觉到的每一次意志冲动，都仅仅是给我们提供一种身体上的提醒：提醒我们考虑身体已经在做的事情。

（3）意志的功能就是把我们身体的自动过程与一种感觉联系起来，并把这个行为事件从他者引起的事件中识别出来，从而使得对行为意志的意识把我们的行为以一种超越理性思维的方式固定于我们；由于我们对行为意志的意识与我们的身体正在进行的行为是谐振（resonate）的，即意志虽然不参与身体的自动行为过程，但却随时标志身体的变化，所以，我们能够追踪自己的贡献，记忆它们，并把它们组织成一幅自己作为主体身份的和谐画面。行为的自我感就是在这个过程中被虚构出来的。因为自动过程在规则上不能创生出主体自我，所以行为之作者身份的创生必须被归于被控制过程。自动过程似乎来自一个非知觉的中心，一个在行为原因方面不能经验它自己之参与的物理来源。身体的自动过程自主发生而把我们像僵尸一样抛在一边，在行为之前或之后我们都不知道其发生，也没有精神资源去计算我们的合谋；只是行为的被控制过程打开了经验个人情绪（如骄傲与沮丧等）的大门，从而虚构出一个"自我"。

（4）行为之作者身份是在被控制过程中创生的，被控制过程使我们经验到那个被控制的行为的主观原因，从而引发行为之作者身份的感觉，但关于行为之作者身份的经验，并不是关于一个主体的直接知觉，人们对精神原因的报告只是对潜在机制的一种建构，而不是对精神原因的直接知觉。所以，我们身体的行为根本上讲并不是"我"引发的，认为"我"引发"我"的身体的行为、"我"指挥"我"的身体施行某种行为，只不过是一种幻觉虚构；身体按照自动过程完成一切，我们只是通过意识经验到这个过程的一部分，也正是基于这种意识性经验而构造出一个主体或"自我"。简言之，

---

① Wegner D. Who is the controller of controlled processes?[A]//Hassin R，Uleman J，Bargh J. The New Unconscious[C]. Oxford：Oxford University Press，2005：31.

我们是通过经验我们所做的事情而成为主体；对于自我问题，"我们需要的全部工作就是坦承：我们是机器人"①。

应该说，魏格纳把关于行为的意志、关于行为意志的意识、被控制行为的运行过程与身体的自动机制联系起来，研究被控制行为（即自愿行为）之发生机制和运行过程，这一研究理路本身不仅没有错，甚至可以成为探索自我问题及其他心灵哲学问题的一个重要研究纲领。但其关于行为意志、行为意识、被控制行为与身体自动机制的上述论证则显然面临种种困境，难以成立。

其一，与特定行为相关的身体自动机制究竟是何种自动机制？魏格纳对此并没有给出明确的回答。毫无疑问，我们的身体有许多自动运行机制，如肠胃消化食物的自动机制、心脏泵血的自动机制、肝脏造血的自动机制等。这些身体自动机制，尽管一定程度上会受到情绪等精神因素的影响，但我们本质上并不能控制这些机制的运行。这一类的身体自动机制也就是恒常地自动运行的自主神经系统控制的运行机制。显然，魏格纳所说的"在我们意识到相应行为之前就已经开始运行"的那种身体自动机制，并不是指这一类身体自动机制；而应该是与特定的自愿行为相关联的特定的身体自动机制，而且这个特定自动机制必有开始和终止，而不可能是自主神经系统控制的那种不可停止运行的恒常机制。如果是这样，便会立即面临这样的问题：这个与特定自愿行为相关的身体自动机制是什么引发的？是如何被引发的？又是怎样与随后发生的特定身体行为相关联的？答案无非是：要么是意向、意志等精神因素引起的，要么是物理因素引起的。按照魏格纳的观点，只能是后者。

那么，究竟是什么物理因素引发了身体的这个自动机制？的确有许多身体行为是由特定的物理因素引发的。例如，如果有蚊虫叮咬皮肤，身体将自动启动某种自动机制，以引发某种身体行为予以回应。身体的这个回应性行为显然是由蚊虫叮咬这个物理因素引发的。但是，对于我伸手打开

---

① Wegner D. Who is the controller of controlled processes?[A]//Hassin R, Uleman J, Bargh J. The New Unconscious[C]. Oxford: Oxford University Press, 2005: 32.

台灯的这个自愿行为，即便按照魏格纳的理论，也难以仅仅以某种物理因素对之作出解释，因为这个行为的解释只能是：我感觉到光线黯淡，所以采取了开灯行为。进而言之，即便在我意识到我的开灯意志之前，我的身体内部的某种相关自动机制已经启动，但毫无疑问的是，"感觉光线黯淡"这个意识经验在形成之后，至少要对此后的相应身体行为发生影响，至少是影响该身体行为的因素之一。如果是这样，受控行为或自愿行为本质上就仍然是在"感觉光线黯淡"这个精神因素影响下发生的。如果不对自愿行为发生过程作这种解释，而是强行以外在的某种物理因素来解释自愿行为，那就只能以超自然的某种神秘因素来解释引发这个自愿行为的自动机制的因素。而这显然与魏格纳"要对心理现象作出科学说明"、"消除心理现象的神秘性"、消除"自我"这个改换面目的小矮人的初衷，恰恰是相背离的。显然，如果完全否认精神因素的作用，就必定陷入这个困境。

其二，要在魏格纳的理论框架中解决上述困局，唯一的方法就是把作为行为之前奏的身体自动机制等同于心脏搏动这类自动机制。然而，如果把两种自动机制归为一类，又会面临如下的矛盾：即使在我们意识到我们有某种行为意志之前、在我们关于行为的相应意识性思想出现之前，我们无法意识到的某些相关的身体自动机制就已经开始运作，那么就如同心脏搏动与身体的特定自愿行为（如开灯行为）并不直接相关一样，身体的这些自动机制与根据思想使身体施行某种行为，也没有直接的因果控制作用，而只是为后面的自愿行为的施行搭建一个平台。因为，如果身体的这些自动运行机制与随后的意志性行为具有直接的因果关联性，那么，身体随后发生的意志性行为就只能自动运行下去，而不可能中途改变或停止，就如同心脏搏动这种自动机制不可能中途停止一样。但我们都知道，意志性身体行为是可以随心所欲地停止或改变的。因此，如果因为我们的身体作为一个活的机体，其许多自动机制时时刻刻都在运行，而断言"意志性身体行为建基于许多我们未意识到的身体自动机制"，这固然是正确的，但这种论断对于研究意识、意志、自我与身体行为之间的关系问题又有什么意义呢？总之，如果把行为之前的特定身体自动机制与心脏搏动这类身体自动机制相等同，就必然陷入矛盾；而如果把二者处理为两种不同类型的身体自动机制，那么就不能以行为开始之前身体已经发生了某些无意识的自动机制，来否定意志、意识在自愿行为过程中具有作用。

其三，无论把意志解释为"标志身体物理变化的情绪""提醒我们身体正在做的事情"，或解释为其他什么，但只要承认意志的存在、只要承认被控制过程的行为有意志参与其中，那么就是承认人类的这一类行为是非决定论的，至少不是由物理-化学的自动过程完全决定的。因此，即便行为意志不是相应身体行为得以发生的直接原因，但只要承认意志与行为相关，至少从意识到行为意志的时刻起，相应的身体行为便不再是一个完全自动的过程了。或许身体内部的某种自动过程的确是先于我们关于行为意志的意识就开始的，但这种自动过程对于生命机体的意义就是引发特定的意识性行为意志，也必须经由意识性行为意志的驱动和意识主体的"筹划"，才能最终形成身体的特定行为。退一步讲，即便如魏格纳所说的，意志的作用仅仅是"提醒我们思考我们的身体已经在做的事情"，这种提醒本质上就是对相关身体内部各种变化的监控，也正是这种提醒驱使我们对身体内部的这种变化进行意识性的理解和判断，从而驱动身体施行某种行为，并根据意志目标和意识的谋划对相应的身体行为进行适时的调整和校正。进而言之，既然魏格纳认为意志的作用是提醒"我们"身体已经在做的事情，他就至少必须对两个问题作出解释：一是意志要提醒的那个"我们"究竟是什么？二是意志对"我们"进行这种提醒的目的是什么？既然一切都是身体的自动机制决定的，那么它为什么要提醒"我们"，而不是继续自动运行下去？显然，要对这两个问题作出解释，就必须引入一个不仅高于身体自动机制而且还要高于意志的某种精神机制、引入达马西奥所说的那种"表示这个有机体是这个精神过程拥有者这种信息"的二级表征系统①。简言之，必须引入一个"主体"、一个"自我"，才能对上述问题作出合理的解答。

---

① Damasio A. How the brain creates the mind[J]. Scientific American, 1999, 281（6）: 112-117.

其四，从魏格纳对自愿行为过程的解释，并不能得出自我是幻觉。魏格纳关于人类在自愿行为中产生自我感的解释，可概括为如下环节：无意识的身体自动过程→标志身体变化的意志→意志把身体的变化联系到某种感觉（既基于意志意识到身体的变化，也意识到自己的行为意志）→根据意志进行意识性筹划→实施某种身体行为→把随后的身体行为事件识别为"我"的→产生行为的自我感。应该说，魏格纳从行为层面对自我感产生过程的这个解释，与认知神经科学、意识与行为科学等学科探索自我问题的研究理路几乎是一致的。但从这个解释并不能得出自我感的幻觉虚构属性。魏格纳得出其自我虚构论的根据，本质上在于他认为意志、意识等精神现象与身体的变化过程仅仅是"谐振"关系，只是随着身体之物理变化而变化的现象，但却不能影响身体的物理变化过程。魏格纳也正是基于他所说的这种谐振关系而认为，行为的主体身份感、自我感，仅仅是我们基于对行为过程的记忆，一厢情愿地虚构的。魏格纳这里说的"谐振"关系，实质上就是副现象论所说的"奇特"关系，就是把关于行为意志的意识这种精神现象仅仅看作身体的各种自动性物质过程的副产品，仅仅看作是附随于身体之物理-化学过程，而又对之不发生任何影响的附随现象。所以，魏格纳对意识和行为关系的这种"谐振"阐释，也必然陷入副现象论所遭遇的各种困境：如果行为完全为身体的自动的物理-化学过程所控制，而精神过程又是非物理的，那么，身体的物理过程为什么要产生精神现象？又如何产生精神现象？进而，如果意识、意志等精神过程对身体没有任何影响，我们又怎么能够谈论它们呢？如果心灵对它们所说的东西不可能有任何影响，副现象论者又怎么能够告诉我们关于心灵的任何东西呢？[1]这里的问题还在于，即使魏格纳描述的那种自我感产生过程能够成立，也并不能必然得出我们对行为意志的意识与我们正在进行的行为仅仅是谐振关系。此外，把关于行为意志的意识与行为的关系仅仅界定为"谐振"关系，与他把人类身体行为分为自动过程和被控制过程的基本前提，也显然是矛盾的，因

---

① Feser E. Philosophy of Mind[M]. Oxford：Oneworld Publications，2005：34-35.

为被控制过程与自动过程的根本区别就在于，被控制过程能够被意志、意识或思想所控制。尽管精神现象究竟怎样作用于身体的物理-化学过程，这个"解释鸿沟"至今仍处于荆棘丛生、盲人摸象的探索阶段，尽管查尔默斯等提出的自然主义二元论研究纲领也由于内外交困而难以为继①，但毫无疑问的是，拒绝承认精神现象的实在性，将会使我们陷入更大的困境。

其五，以不能直接知觉来否定自我的实在性也不足为据。按照魏格纳的看法，我们是在做事情的过程中、在行为的过程中，通过经验我们所做的事情和行为，而成为一个主体，我们并没有直接知觉、经验到一个主体自我，所以，主体自我只是事后对潜在自动机制的一种反思性的精神建构，不具有实在性。这个论证与休谟关于自我之虚构性的论证类似。所以，对休谟论证的反驳也适用于魏格纳的这个论证：不能像感知冷热一样感知自我，乃是因为自我是终极的感知者②。笔者在这里还想补充如下一点，从存在论讲，自我感、主体感是处于比知觉、经验更高层面的概念，要求我们以知觉、经验某个具体事物、具体感觉的方式来知觉、经验自我，这本身就是一个悖论，因为"自我"正是我们知觉、经验其他东西的前提和条件，是对知觉的知觉，是达马西奥所说的那种二阶表征系统："脑使用被设计来映射有机体和外部对象的结构而创造一种前所未有的、第二级的（second-order）表征……这种表征在精神过程内表示这个有机体是这个精神过程的拥有者这种信息。"③我们每个正常人时刻都可体验到的那种自我感就是自我之实在性的最好证据。正如有机分子的构造复杂到一定程度就会出现新的性质和现象一样，神经网络的构造和连接方式复杂到一定程度而形成类似二级表征系统的性质、使有机体涌现出自我感，从而更好地管理整个有机体的运行，也完全是顺理成章、合乎逻辑的。在那些被控制的行为中体验到自我的存在也正是自我之实在性的一种证明。既然承认人类行为有着自动过程与被控制过程的区分，那么就意味着，至少在自愿行为中，我们

①　Chalmers D. Facing up to the problem of consciousness[J]. Journal of Consciousness Studies，1995，2（3）：213-216.

②　在第三章中我们还将较为详细地论述对休谟观点的反驳。

③　Damasio A. How the brain creates the mind[J].Scientific American，1999，281（6）：112-117.

与完全按照自动程序运行的机器人不同。

第五节　对自我感的魔法幻觉论解释

以上魏格纳从精神原因的心理建构过程、意识意志的幻觉机制、身体自动运行机制与精神现象的关系等方面，对自我的虚构本质进行了理论上的论证。但是，正如所有主张幻想虚构论自我观的心灵科学哲学家一样，魏格纳也面临着"对人们实实在在地感受的自我感、行为控制感如何作出解释"的问题。与丹尼特、取消式唯物主义者等期望未来的科学发展将建立起一套"无我"的科学语言，从而使人类自动脱离这种幻觉不同，魏格纳则对此给出了如下这种独树一帜的答案：自我感是人类原则上无法破除的一种魔法幻觉，每个活着的人都必须学会伴随着关于自我的魔法幻觉生活。按照魏格纳的看法，我们把自我，把我们的思想、意志看作我们各种行为的"最后原因"，并认为正是我们的"自我"魔法般地指挥着我们的身体创造了各种行为，这毫无疑问是完全错误的，因为"这与我们基于心理学、神经科学和社会学对行为和思想作出的科学理解相对立"[①]。所以，我们必须揭开这个自我魔法的奥秘，以科学的理论和方法破除这个错误。那么，人们为什么会产生这样的魔法？这种魔法又是如何出现的？

魏格纳之所以提出这种轮困离奇的自我理论，与他选择的研究策略密切相关。既然魏格纳一再申明是基于科学地研究和解决自我问题的目的，为了更好地评价魏格纳对自我问题采取的研究策略以及他提出的奇特自我理论，我们这里先对科学研究中解决疑难的方法论策略选择问题略作论述。一般而言，在对对象进行科学研究的过程中，当既有的科学理论不能解释某种现象时，研究者一般有两种选择策略：一是坚持既有的科学研究范式，想方设法（如引入新的特设性假设、对现象作出新的分析和建构等）把这

---

① Wegner D. Self is magic[A]//Kaufman J B J C, Baumeister R F. Are We Free[C]. Oxford：Oxford University Press，2008：226.

种疑难现象纳入到既有的科学理论框架中，强行以既有的科学研究范式对之作出解释，这被称为保守策略；二是不被既有的理论范式所羁绊，而基于对现象本身展现出的事实和属性的研究，提出不同于原有理论范式的新的概念和假说来解释这种现象，这种选择被称为革新策略。这两种选择本身并无优劣、对错之分。具体怎样选择也完全由科学家根据自己对疑难问题的理解决定。不过，虽然选择何种策略并无正确与否的绝对标准，但具体到所研究的问题，却可以根据相应的科学研究背景对不同的选择作出评价，而且，无论选择何种策略，都必须对其观点提供严密的逻辑论证。

就我们正在讨论的"自我"问题而言，当代心灵科学哲学家中有许多人选择第一种策略：以既定的科学规范（如第三人称的公共可观察性、可重复性、实验操作的确证性、研究对象的可直接感知性等）"强行"解释自我现象。也有许多人选择第二种策略：基于意识、意志、自我感等现象的特殊性，突破既定的科学规范，引进新的规范（如引入第一人称研究方法、回归"实在"的原初含义、把自我确立为不可直接感知的实在等）来研究自我感问题。显然，魏格纳选择的是第一种策略。那么，魏格纳能够以其"魔术幻觉论"把自我消弭于既定的科学心理学框架吗？能够在既定的科学心理学范式内令人信服地解释自我现象吗？简言之，魏格纳能够对其魔法幻觉论自我理论作出严密的科学论证吗？下面的考察将表明，魏格纳对其魔法幻觉论自我观的论证在诸多方面陷入自相矛盾的困境，根本无法以既定的科学规范解释自我现象。

先看魏格纳对其魔法幻觉论自我观给出的七点论证。

（1）人们普遍相信的"我引发了我的身体行为"这一信念，实际上是一种自我欺骗的魔法。一个生物之所以形成这样的信念、之所以相信它的"我"引发了它的身体行为这种魔法，乃是基于如下三个条件。它必须能够知觉事件并发展出关于它们的相互关系的因果理论；它还需要具有反映它自己并把因果理论聚焦于它自己的过程的能力；这个实体还需要具有一种我们通常并不使用的认知属性：不完全的自我知识（incomplate self-knowledge）。而这些条件也正是魔术师表演欺骗性魔法的条件。所以，"自我引发行为"的魔法与魔术师的魔法本质上是一样的：当我们注视自己的时候，我们就会知觉到一种简单而令人吃惊的表面的因果关系（我想到做一件事，而它就随之发生了！），而潜藏在我们的行为之下的真实的因果关系却是复杂的、多线索的，而且在其发生时我们并不知道。然而，正如魔术师的"无中生有"终究是虚假的幻象一样，我们的自我控制感也只是一种自我欺骗的虚幻表象。只要我们坚决地秉持科学的理论和方法，就能够揭开这种自我欺骗的魔法。"我们将揭示在密室中操作这架机器的侏儒，我们将不再能够欣赏自我的魔法王国闪现的光芒。或者，更实在地说，我们将发现产生神经结构的基因编码，这些神经结构使得关于社会和场景因素的即时感觉成为认知计算，而这些认知计算所导致的运动输出过程引领我们行动——我们因此而失掉这个魔法。"①

（2）人们在行为中体验到自我感、把一个行为归于自我、相信"我"是行为的最后原因，均是因为直觉到自己的思想与那个事件之间的一条因果链，而这条因果链得以建立的基础则是思想与相应行为的一致性、思想的适当在先性以及对潜在原因之不可能性的认识。人们正是基于这三条原则把行为的原因归于了自我。当人们把他们的思想与其行为因果地联系起来时，他们就会经验到意志在驱动他们的行为。所以，把"我"归结为行为的最后原因，并不是基于实际发生的情况，而是基于意识经验反思地建构的这个思维模式。

（3）虽然一些心理学实验已经证明从这三条原则推出行为的自我原因是错误的，并已经从身体运行机制科学地解释了行为的自动因果性，但所有人仍然会不由自主地产生自我引发并操控行为的幻觉。这是因为，我们无法意识到行为过程中身体内部发生的那些自动机制，而只能意识到呈现于心灵的过程。心灵为我们提供了它自己之运作的唯一的最后说明，而且我们理解这种证据的尝试导致这样的印象：我们正在自由地用意志驱动自

---

① Wegner D. Self is magic[A]//Kaufman J B J C, Baumeister R F. Are We Free[C]. Oxford: Oxford University Press, 2008: 235.

己的行为①。

（4）"自我引发行为"这种幻觉的根源就在于，身体行为的自我操控感就类似于魔术表演所形成的那种幻觉：尽管我们知道魔术师不可能无中生有地变出各种物品，真实的情况是我们无法看到的在那道具后面发生的事情，但我们亲眼看到的情况的确是魔术师无中生有地变出了各种物品；同样，我们之所以感觉自我引起了身体的行为，是因为我们只能"观看"帘幕的前面，只能"看到"心灵中发生的事情，而不能"看到"帘幕后面、不能"看到"身体中发生的事情。与普通魔术师的魔术不同的是，在自我方面的魔法感觉是通过自己的某些精神过程产生的，这些精神过程知觉到行为在意识上可进入的那些部分——这个行为呈现于心中的思想以及对行为本身的知觉。当人们使用关于他们自己之成就的知觉来引出他们的行为作者身份之推理时，这些过程也有到达其他证据来源的通路。但是，明显的精神原因证据导致产生自我魔法，乃是因为它并没有利用所有的证据。我们没有进入对这个行为作出贡献的各种神经的、认知的、倾向的、生物的和社会的原因的通路，我们也没有进入位于那个行为之思想产品之下的一系列类似原因的通路。我们仅仅关注我们的魔法自我使我们看得见的两个项目——我们意识到的思想以及关于我们的行为的意识性知觉，并进而相信这些被我们的意志魔法般地联系在一起。在作出这种联系时，我们进行了一次精神跳跃，跳过了那些引导行为的无意识（unconscious）因素的力量，并进而得出结论：意识性心灵是唯一的演奏者。我们正是通过参照在自己的心中所发现的那些事件的情况，来领悟我们在世界上的魔法角色②。

（5）更严重的是，自我这种魔法幻觉比一般魔术造成的幻觉更加难以理解：它是自编、自导、自演、自观并自欺的魔术。因为我们没有进入行为之神经的、生物的和社会的原因的通路，也没有进入位于行为思想之下的那些原因的通路，而仅仅有进入我们的思想、行为意志和行为之发生的

---

① Wegner D. Self is magic[A]//Kaufman J B J C, Baumeister R F. Are We Free[C]. Oxford：Oxford University Press，2008：228.

② Wegner D. Self is magic[A]//Kaufman J B J C, Baumeister R F. Are We Free[C]. Oxford：Oxford University Press，2008：234.

认知通路，所以，我们根本就没有"看到"帘幕背后的可能性，我们所能"看到"的永远都只能是：我们的意志把我们的思想和行为魔法般地联系在一起。因此，"魔法自我的幻觉是本然地持续的。这是一种我们不可能看穿的戏法，一种不可能被它怎样发生和为什么发生的知识所破除的幻觉。事实上的确存在具有这种力量的视觉幻觉：即便我们已经知道它们是幻觉，它们也仍然愚弄我们。例如关于同长的外向箭头与内向箭头线段之长短的错觉等。自我的魔法就恰如这种视觉幻觉。它不合逻辑：当你知道它如何运作时，它仍然不会被消除。你仍然感到你正在按照你的自由意志做着事情，而无论你对你自己的行为机制研究了多少，也无论你对他人的行为怎样被引起有多少心理学的洞见，你都仍然感到你正在按照你的自由意志做事情。我们无论如何，关于自我的幻觉都将固执地存在着……主体自我是一种幻觉，但它并不是通过任何科学解释或修辞说明就能够被祛除的幻觉。它固执地存在着。这个魔法自我就在这里留滞着"①。要言之，因为魔法自我统治着我们的直觉，而且不能通过对其工作机制的分析来消除，所以，关于我们的内部过程的任何科学发现都绝不会使我们对自我的魔法性理解有任何减少。

魏格纳还以自己为例指出："我就是一个很好的例子。我多年来一直致力于研究意识意志问题；我还写了一本书来论述人们怎样经验意识意志的幻觉；我已经在这个论题上举办了多期研讨班；我的实验室也已经进行了一系列的实验来检查意志经验的来源。如果这种幻觉能够被解释所祛除，那么，我现在将会是某种机器人，将成为我自己的邪恶计划（schemes）的一个牺牲品：没有自我，没有魔法，没有内部主体。是的，如下这一点是真的：当我在地板上跳舞时，我可能看上去有一点机器人的成分。但我仍然对于做出如下报告感到幸福：尽管我个人有幻想破碎的惊慌，但我仍然像其他人一样，保持每一点行为都易于受到意识意志之经验的影响。感觉

---

① Wegner D. Self is magic[A]//Kaufman J B J C, Baumeister R F. Are We Free[C]. Oxford: Oxford University Press, 2008: 236-237.

上就像我正在做事情一样。"①

（6）意识行为意志的幻觉、自我操控行为的幻觉之所以如此顽固地持续存在，之所以能够顽强地抵制各种解释对它的损害，还因为我们如此深刻地看重人们打算做什么，以至于忽视已经对他们起作用并驱动他们的行为的那些因果力量，而仅仅把拥有完成一个行为的思想或愿望看作从自我到行为这种魔法联系的发端，却不顾在自我之外的世界中正在进行的事情。然而，这种魔法幻觉得以出现的根源，则可归因于社会性进化的过程，正是这些社会性进化的过程引导我们把他人理解为按照他们的想法去做事情，是特定的想法引导他们做特定的事情。这种社会性进化之所以发生，乃是由于"这种进化过程发现经验意志这种魔法对于扩展我们物种中具有这种魔咒的成员是有用的。或许并不经验意识性意志的那些人在社会竞争、寻找配偶、养育后代中遭到失败。也或许他们塑造的社会未能有效运转因而未能生存下来"②。无论如何，最终留存下来的是我们这种经验自我意志魔法的人类。

那么，为什么一种魔法幻觉能够促进进化？关于意识意志的幻觉能够产生怎样的个人或社会的有益结果呢？魏格纳认为，相信魔法自我的存在至少在进化中发挥如下三种作用：

一是社会性信号告知。意志一个行为的经验是一种标明这个行为之原因的意识性指示。这种经验作为一种作者身份标记，就是一种"作者身份情绪"（authouship emotion）。就像愤怒是把丢失某种东西的一个事件翻译为在心中强调这种丢失的经验一样，意识意志的经验则把做某事的一个事件翻译为在心中强调某人的因果作用的一种经验。它在某人自己的心中强调这些事件是被自我创作的。意识意志的经验还有进一步的用途，就是，它给予我们能够与其他人进行交流的某种东西——做某事的一种感觉，我们能够以之告诉别人我们相信自己已经做了什么。意识到某种行为意志，

①　Wegner D. Self is magic[A]//Kaufman J B J C, Baumeister R F. Are We Free[C]. Oxford：Oxford University Press，2008：237.

②　Wegner D. Self is magic[A]//Kaufman J B J C, Baumeister R F. Are We Free[C]. Oxford：Oxford University Press，2008：239.

并形成我们将要做什么的思想，使人们能够社会性地认领相应的行为，这种自我预测的用途就像告诉我们燃油即将耗尽的仪表盘计量器的用途一样，或告诉我们火鸡正在被烧烤的烤箱温度指示灯的用途一样。"在我们的行为发生之前思考和谈论它们的这种能力，对于社会目的来说是特别有效用的：当其他人告诉我们，他们打算做某种对我们有益或有害的事情时，我们能够告诉他们我们的反应或预先采取措施，因为他们的心灵有自我预测功能，这种功能已经提示他们告诉我们，他们打算做什么。当酒吧中那个愤怒的家伙说他将打碎位于你头顶上的玻璃水缸时，你就得到了将发生什么的信号。这种信号的有益特征是，它们能够使你们两个都避免遭受实际的物理伤害的麻烦。要言之，意向的交流服务于这样的目的：使许多潜在的、价值高昂的社会行为成为不必要的，因为陈述本身引发了避免性的回应。"①

二是社会性任务分派。关于行为倾向的自我知识在帮助我们选择任务中也起着重要作用，这些任务既是对我们有用的，也将是对社会有用的，并因而带给我们社会的福利，如赚取薪水和选择配偶的机会等。为自己的特殊才能找到合适的职业期望，可以被意识意志的经验所促进。在许多社会性动物中，尤其是社会性昆虫中，一个给定的个体在这个社会中所做的工作是由它的遗传形态所决定的。例如，在蚂蚁社会中，蚂蚁的遗传表现型就标志着它们的社会地位和分工：一种头很大的蚂蚁，其社会分工就是作为族群的战士，守卫蚁穴的入口，通过拍打触须的方式放行本族群的蚂蚁，而拒绝入侵者；而普通体型的工蚁则负责觅食等工作。人类没有进化出这样一种在种群内分配任务的系统。取而代之的是，我们发展出了部分地被自我评估技术所决定的任务分派系统。那些认识到他们具有特殊能力的人，常常在社会分工中扮演有利于这种能力的角色。如果一个人经常经验到与特定行为相结合的意志感觉，如挥击棒球或论证观点，那么，作为这种经验所提供的自我知识的结果，他很可能成为一个棒球运动员或一个

---

① Wegner D. Self is magic[A]//Kaufman J B J C, Baumeister R F. Are We Free[C]. Oxford: Oxford University Press, 2008: 240.

律师。简言之，"对行为意志的意识传达了'我能够做这个'的感觉，从而帮助人们进行任务选择，而人类社会组织有利于那些能够选择其任务的人：魔法自我作为一个自然的向导，它随时提醒我们，我们能够做什么和不能做什么"①。

三是社会性行为控制。意识行为意志的另一个社会功能，就是使个体具有接受社会责任的准备。接受个人责任是朝向个体道德行为之社会控制的重要一步。当社会传递它的第三人称的责任判断的时候，当法律说某人是罪犯时，或当父母对孩子的良好行为进行表扬时，个体对责任的第一人称的感觉将使个体倾向于遵从关于责任的这些外部判断。如果我们并不感到我们是那个道德行为的作者，那么，无论是被送进监狱还是被给予人道主义奖励，都将是无用的。事实上，人们经验自由意志的那些行为典型的是这样一些行为：最易于被社会后果所影响而改变的行为。我们知觉为意愿的那些行为也是这样的行为：这些行为是易于受到修改之影响的行为。人们感觉到明显的精神因果的那些事物就是那些需要社会控制的焦点类事物。产生意识意志幻觉的那些精神过程似乎是如下这个机制的构成部分：这种机制创造这样的责任并使行为有着更加开放的修改空间。简言之，意识行为意志的经验给人们提供第一人称的责任经验，使之认领相应的行为及其责任；而接受行为之个人责任是朝向行为之社会控制、维持社会有序运行的基础，正是我们关于行为的内部感觉给予我们负责任地进入社会的执照②。

（7）关于自我魔法的经验，在我们的生物性和社会性进化过程中发挥着至关重要的功能，以至于我们绝对必须把这个魔法安装在我们的头脑中。所以，每一个人都必须理解我们那令人吃惊的行为控制把戏，并使我们的理解适合于一种明智的世界观："学会伴随着魔法生活。"那么，如何伴随着魔法生活？这需要我们对自我魔法和自由意志幻觉作出明智的理解。第

① Wegner D. Self is magic[A]//Kaufman J B J C, Baumeister R F. Are We Free[C]. Oxford: Oxford University Press, 2008: 241.

② Wegner D. Self is magic[A]//Kaufman J B J C, Baumeister R F. Are We Free[C]. Oxford: Oxford University Press, 2008: 242.

一步，承认魔法是我们为自己进行的一种展示。我们有意识地意志某种行为这种感觉，仅仅是心灵的作者身份评估系统的一部分，正如大量实验所表明的，关于意志的经验不仅可能取消，而且可能是完全错误的。第二步是承认，即便它是错误的，我们在内部知觉的这个魔法也胜过自己的心灵中的其他解释。就像关于箭头方向相反的两个线段之长度的视觉幻觉，即便我们知道了那是一种视觉幻觉但它却仍然存在一样，魔法自我亦是如此，它统治着我们的知觉，而且不可能通过对其工作机制的分析来消除。第三步是，弄清楚这种经验在我们的生物的和社会的进化中服务于什么功能，以至于我们绝对必须把这个魔法安装在我们的头脑中。尽管第三步恰恰就是开始，但直到我们采取这一步，才会满足于继续以科学的心理学去理解心灵，并安于这样的认识：关于我们的内部过程的科学发现绝不会使我们对自己的魔法性理解有任何减少①。

不难发现，魏格纳这个理论存在诸多问题，在许多方面陷入了自相矛盾的困境。

其一，以观众对魔术表演的错觉来类比自我感、以魔术师表演魔术的原理来类比自我感的产生原理，从而得出自我是一种魔法幻觉、这个幻觉背后的身体自动机制才是真实情况，是一种无类比附的错误类比。因为自我感与魔术表演引发的错觉是在性质上有着本质区别的两类事物：魔术表演的错觉来自第三人称的他者，而自我感则是属于第一人称的事物。对于魔术表演，我们一开始就知道呈现出来的是假象，那道具后面隐藏着可以合理性地理解外部表象的实际情况；只要魔术师告诉我们其中的细节，我们就能够对"硬币穿透玻璃""电锯腰斩美女"等所有魔术的内在原理作出合理的理解。与此相反，行为过程中的自我操控感，由于其第一人称的独特地位，无论别人作出怎样的解释，无论别人给我们讲了多少生物化学的机制和原理，我们的自我感都依然实实在在地存在着，绝不会因为知道了这些所谓的机制和原理而消失。在意识、自我感方面，那种第三人称的所

---

① Wegner D. Self is magic[A]//Kaufman J B J C, Baumeister R F. Are We Free[C]. Oxford: Oxford University Press, 2008: 243-244.

谓"背后真实"，"我"在原则上无论如何都是无法理解、无法认知的，"我"永远不可能理智地把"我"对行为的操控理解为"假象"。所以，魏格纳最终不得不承认"自我幻觉是永远无法破除的幻觉"。把自我确定为魔术幻觉，然而又认为这种幻觉根本就无法合理地破除，这本身就陷入了矛盾。因为人类原则上永远无法破除的幻觉，至少在人类这个层面就已经不再是幻觉，而是实在。试图通过描述"我"根本就无法觉知、无法理解的自我背后的所谓各种自动机制来揭示自我的真相，正如先蒙住一个人的眼睛，尔后通过讲解各种颜色的波长和频率来让他"认知"颜色一样，根本就是本末倒置。

其二，魏格纳关于自我幻觉之起源和功能的进化论论证，不仅不支持其魔法幻觉论自我观，而且恰恰表明自我有其生物学的实在基础。既然自我幻觉顽固地持续存在，而且原则上永远不可能破除，那么就需要解释其起源和原因。如上所述，魏格纳给出的是进化论的解释：具有意志意识和自我幻觉并相信自我操控行为之幻觉的人，在进化和竞争中取得了成功，而不具有自我幻觉的那些人"在社会竞争、寻找配偶、养育后代中遭到失败，或者由于他们塑造的社会未能有效运转因而未能生存下来"，所以，现存人类的所有成员都具有并相信自我幻觉，并根据这种幻觉来进行社会性信号告知、社会性任务分派和社会性行为控制。这就是说，相信幻觉并根据幻觉生活的生物却生存了下来，而不相信幻觉的生物反而在竞争中遭到失败！这种轮囷离奇之论，恐怕所有相信进化论的科学家都是难以接受的。所谓幻觉，就是不真实的、非实在的、并非事物之实际情况的感觉。在偶然的个别情况中，对事物的特定幻觉、错觉，有可能会"歪打正着"地促进对事物的实际情况的认识。但是，对任何事物的幻觉在绝大多数情况中都是无效的、错误的，必然导致严重的失败后果，而且任何具有正常精神能力的人最终都将认识到对事物那种不真实的感觉是幻觉。然而，对行为的自我操控感这种奇特的"幻觉"，在正常情况下，不仅每次都取得成功，而且原则上不可能把它理解为幻觉。所以，面对魏格纳这个奇特的论证，只有两种选择：要么进化论是错的，要么"自我"根本就不是幻觉，而是一种实在。如果进化论是错的，那么魏格纳将陷入自相矛盾：以进化论论证自我幻觉的进化，而这个论证的结论却证明进化论是错的。所以，魏格纳这个论证恰恰表明：从生物进化论来看，自我感不可能是幻觉，而只能是一种实在，尽管我们至今仍对之不甚了解。

其三，魏格纳的魔法幻觉论得出的两个结论，既难以理解也相互矛盾。如果魔法幻觉论自我理论是正确的，那么正如魏格纳的论证明确指出的，必然得出如下两个结论：一是我们每个人本质上都是由身体自动机制支配的"机器人"；二是我们必须伴随着这种魔法幻觉生活，每天都在表演自欺欺人的魔法。关于第一个结论，魏格纳本人的观点就存在矛盾。他一方面断言，从既定的科学范式看，行为的自我操控感是幻觉，每个人实质上都是由身体自动机制操控运行的机器人；另一方面又声称，因为自我幻想原则上不可能被任何解释所祛除，所以，我们必须基于这种幻想生活，并为他自己没有成为他的邪恶计划的牺牲品而感到幸福："尽管我个人有幻想破碎的惊慌，但我仍然像其他人一样，时刻都受到意识意志之经验的影响。"[1]如果是这样，我们就成了拥有幻想的机器人，而这恰恰是自相矛盾的：既然是"机器人"，怎么能产生"幻想"？既然有"幻想"，又怎么可能是按照既定程序运行的"机器人"？难道我们是"有幻想的机器人"？至于第二个结论更是难以理解：我们一方面需要时刻告诉自己"自我是幻觉""各种行为都是自动运行的"，另一方面又必须时刻要求自己根据这个幻觉的"指令"生活。这种自欺欺人的"精神分裂"型的生活，将会是一种怎样的生活？很难想象我们每天都是基于魔法幻觉"神魂颠倒"地过活。所以，即便仅仅以接受新理论的代价为标准来评判，魔法幻觉论自我观也是不可接受的，因为接受这样的自我理论所要付出的是我们付不起的代价。

---

[1] Wegner D. Self is magic[A]//Kaufman J B J C, Baumeister R F. Are We Free[C]. Oxford：Oxford University Press, 2008：237.

第六节　从潜意识记忆论证自我的幻觉虚构属性

魏格纳对其幻想虚构论的另一种论证，是设计了一些心理学实验，从行为代理者的虚构性、潜意识记忆影响和意向捆绑错觉三个方面，论证自我的虚构性。他试图通过对这些实验结果的分析，确立自我只是潜意识临时雇佣的行为代理者，是对意识、意志或思想进行扭曲的结果，是进行意向捆绑的结果。然而，这些实验和论证也存在很大的问题。先看魏格纳基于相关实验给出的三个论证。

（1）自我只是人们构想出来的行为代理者。魏格纳认为，他们所进行的一些实验已经表明，为了保持自我作为一个理想代理者的幻想，人们实际上以三种方式扭曲了他们的知觉。一是扭曲意向知觉：当我们有意志和行为，但必须推论思想时，我们便通过意向虚构来构造相关行为的思想，从而完成意志—思想—行为的自我代理形式。二是扭曲意志知觉：当我们有思想和行为，并基于此推论行为的原因时，我们便扭曲意志知觉，使意志和行为具有明显的精神因果关联。三是扭曲行为知觉：当我们有意志和思想，但必须推论行为时，我们便把相应的行为错误地知觉为自己的。所有这些过程都引导我们离开实在；它们都涉及在知觉自我方面的变化，而知觉自我则可以裹胁人们远离真实的观点。在极端情况中，在理解自我方面的这些错误和幻觉的资源，可能引起心理错乱和不适当的行为。对于正常的人来说，完美的代理引导着关于自我的推论，但这个自我必须处于实在所提供的那些约束之内。否则，如果为了构造自我的代理地位而过度扭曲知觉，那么，在知觉自我方面的这种过度变化，将导致精神病的各种症状①。

（2）自我的行为作者身份归属来自潜意识记忆。魏格纳等进行的另一些实验则试图验证潜意识记忆在自我幻觉形成中的作用。他们认为，这些

---

① Preston J, Wegner D. Ideal agency: the perception of self as an origin of action[A]//Tesser A, Wood J, Stapel D. On Building, Defending, and Regulating the Self [C]. Hove: Psychology Press, 2005: 103-125.

关于潜意识记忆的心理学实验已经表明，把行为的作者身份归属于自我，是被关于特定代理者的潜意识的记忆所影响的，而且这种记忆的影响可能依赖于人们对代理者的非理性信仰。如果试验者在行为之前思考自我，他就会产生关于自己是行为代理者的这种经验，并往往把行为的原因归属于自我；而如果受试者在行为之前对上帝进行思考，人们则往往会把许多事情的作者身份归属于上帝。魏格纳等进而指出，这项实验研究为如下思想提供了证据：在一个行为之前，潜意识地记忆的关于特定代理者的思想，对那个行为之作者身份的归属发生影响；如果在一个行为之前使被试者形成关于自我的潜意识记忆，就会增加那个行为的本人作者身份感觉；如果受试者潜意识地记忆了计算机是行为的代理者，本人作者身份感觉将会降低；当人们在潜意识中记忆了超自然代理者上帝时，作者身份感觉也会降低。人们在行为之前就已经具有的关于代理者的思想是其在行为作者身份处理期间使用的线索；一个行为的真正作者身份可以并不总是清晰的，我们依赖我们的思想作为线索去识别最可能的演员。因此，相信自我控制身体行为，就像相信上帝控制人的行为一样，完全是在先的一种信念造成的[①]。

（3）意向捆绑（intentional binding）错觉使人们的行为和所推论的结果之间的联系在时间上更加紧密，从而增强了自我作者身份错觉。为了论证意向在虚构自我方面的作用，魏格纳提出了"意向捆绑"这个概念。所谓"意向捆绑"，即这样一种错觉：人们的行为和所推论的结果似乎在时间上比没有这种捆绑时更加紧密。魏格纳认为，他们进行的相应实验表明，意向捆绑是一种错觉，而这种错觉是从关于作者身份的推论中出现的，是在把自我推论为行为之作者这个过程中出现的。所以，这些实验至少表明两点：其一，把自我知觉为行为之作者会引发错误知觉；其二，自我并非行为的真正引发者，自我之作者身份是心灵依赖于各种各样的指示器推论出来的，而推论一个事件的本人作者身份又反过来扭曲他关于时间的知觉，

① Dijksterhuis A，Preston J，Wegner D，et al. Effects of subliminal priming of self and God on self-attribution of authorship for events[J]. Journal of Experimental Social Psychology，2008，44：2-9.

以使本人的行为与推论的结果似乎在时间上更加紧密。因此，这项实验研究从反面表明了自我的幻想虚构本质①。

　　魏格纳与人合作的这三项实验研究，试图以多种心理学实验来支持其关于自我的魔法幻觉理论。然而，笔者认为，这些实验研究并不足以支持其理论。

　　首先，关于人们扭曲知觉以构造自我作为行为代理者的问题。在特定的实验条件下，人们有时候的确会发生知觉扭曲：只是有了相应的行为意志和思想，在即将行为但尚未行为的瞬间，计算机已完成了相应行为，此种情况中，人们很可能会错误地认为是自己无意识地完成了那个行为。但是，这种极端实验室条件下得出的实验结果，对于研究自我与知觉的关系究竟有多大意义呢？尽管这项研究的确从一定方面表明人们在特定条件下会发生知觉扭曲的情况，但不言而喻的是，在自然的情况下，在绝大多数情况下，人们在确认自我引发行为时并未发生知觉扭曲。因此，这项研究根本就不足以论证"自我是人们通过扭曲知觉虚构出来的代理者"这个论断。

　　其次，关于潜意识记忆对行为之作者身份归属的影响问题。让受试者在施行某种行为之前对其进行行为代理者（计算机或上帝）的暗示，可能会使某些受试者对行为主体的判断产生影响或干扰，毕竟世界上许许多多的事件并不是只有"我"才能施行的。尤其在被暗示也有其他主体在进行事件操控时，受试者自然而然地会降低对"我"正在操控该事件的意识和认知。设计特定实验，研究人们的自我归属意识、研究潜意识记忆在行为作者身份归属方面的影响，的确具有一定意义。但以特定实验条件下人们将降低自我作者身份归属为依据，断言人们的行为作者身份的自我归属完全由潜意识记忆决定，则显然犯了论证过多的错误。

　　最后，关于意向捆绑与自我作者身份归属问题。把一个行为归属于自我，自然要把这个行为与"我"的相关意志和思想联系起来。这种联系有可能产生意向捆绑的情况，即把"我"的行为意向与行为结果在时间上更

---

① Ebert J, Wegner D. Time warp: authorship shapes the perceived timing of actions and events[J]. Consciousness and Cognition, 2010, 19: 481-489.

紧密地联系起来。但这根本不足以得出"把'我'知觉为行为的作者是幻觉"这个结论。因为意向捆绑只是在特殊情况下发生，在正常情况下并不发生，而且意向捆绑也只能在极短的瞬间发生。更重要的是，"心灵依赖各种各样的作者身份指示器，来确立某个行为的自我作者身份"这个观点，不仅不支持自我的幻觉虚构论，而且恰恰可以证明自我有其生物学的实在基础。许多探索自我本质的认知神经科学家目前正在致力研究的正是这方面的问题，如一个人知道他正在作某事需要借助于内感受器对身体在行为之前和之后所发生变化的感知、人们如何借助于这种身体上的前馈和反馈系统对视觉和听觉反馈的辅助来实现这种感觉等[①]。

第七节 简要评价和结论

魏格纳以行为、意志和意识之间的关系为切入点，试图通过设计相应的心理学实验去探索自我的本质，的确开拓了一条探索自我问题的重要路径。但他否认自我感的实在基础，把实实在在存在的自我感强行解释为魔法幻觉，则完全陷入了误区。概而言之，对其理论的以上考察表明，魔法幻觉论自我理论至少存在五个方面的问题：其一，把自我根据其行为意志操控行为的感觉定性为幻觉是错误的，因为其相关论证并不成立。其二，他基于在先性原则、一致性原则和排他性原则对自我的幻觉虚构本质的论证也不能成立，因为他所进行的实验都是特设性的，而且对实验结果所作的解释也并不能令人信服。人们也完全可以对这些实验资料作出不同甚至相反的解释，而得出自我具有实在性的结论。其三，他以一切人类行为都建基于身体内部基础层次的自动机制为根据否定意向、意志在自愿行为中具有作用的论证也不能成立，而且与他把人类行为区分为"自动行为"和"自愿行为"的基本观点也相矛盾。其四，既认为自我是魔法幻觉，又认为这种魔法幻觉人类永远不可能破除，这本身就是矛盾。而要求人类学会基于这种魔法幻觉生活，更是不可思议。其五，他基于潜意识记忆实验等对自我的幻觉属性的论证也是似是而非的，这些实验并不能必然得出他所主张的观点。

其实，在其著作的许多地方，出于论证的需要，魏格纳也不得不承认"意志经验"和"行为作者身份经验"有其实在基础。比如，在以进化论论证自我幻觉的起源时，他就明确地认为："意志经验是对创生行为的那些通常过程的一种附加——一个搭建在行为在其中创作的那个主库房旁边的小屋。这个附加物是心灵的作者身份模块，其作用就是暂时留宿我们行为的作者身份经验，而我们行为的其他方面则并不生成这种经验。我们所做的许多事情是在没有作者身份经验的情况下发生的，事实的确如此，很大范围内的行为都被我们描述为自动的。"①魏格纳在这里不仅断定心灵有一个"作者身份模块"，而且为这个模块建了一个"小屋"。这与当代心灵科学哲学中某些自我实在论者的看法如出一辙。

是的，在所有身体行为的过程中，的确有很大范围的物理-化学活动在我们意识之前已经开始，而且原则上不能成为意识的。但是，这些活动引发的身体在特定方面的变化，至少在高等动物中，是必须以特定的方式被意识的，而且从意识介入的时刻起，这些低层次的活动将"升格"为高层次的活动，并受到意识的控制。所以，从生物有机体的层面来看，把施行一个行为的思想或愿望看作从自我到行为之联系的发端，把行为过程看作由自我引发和控制，是自然而又必然的结论。当然，正如许多心灵科学哲学家正在进行的，这个过程的细节还面临诸多难题，需要我们深入研究。但无论如何，把行为过程的自我操控感处理为魔法幻觉都不可能是正确的。

一定意义上讲，自我在人类精神世界的地位和理解问题，就如光速不变原理在宇宙之时空世界中的地位和理解问题。按照光速不变原理，无论你奔跑的速度是每秒 10 千米，还是每秒 100 千米，光相对于你的速度都永

---

① Wegner D. Self is magic[A]//Kaufman J B J C, Baumeister R F. Are We Free[C]. Oxford: Oxford University Press, 2008: 239.

远是每秒 30 万千米。这在经典科学理论的思维范式中，无论如何是无法理解的。如果要强行以传统的科学思维范式来解释光速不变的道理，恐怕也只能被认为是自欺欺人的幻想。同样，若把传统科学的公共可观察性、客观性、可重复性等标准作为不可逾越的铁律，"自我"也只能成为无法理解的幻想。其实，承认自我的实在性绝不像某些哲学家想象的那么可怕，倒是想方设法消除自我的各种匪夷所思所导致的那些轮困离奇的结论，更加不可思议。

第三章
塞尔的生物自然主义自我理论评析

与前述的虚构编造论和魔法幻觉论断然否定自我概念的意义、把"自我"处理为彻头彻尾的虚构编造或魔法幻觉不同，生物自然主义则从元认识论和生物自然现象的视角研究自我问题，建立了生物自然主义的自我理论。要言之，这种自我理论试图从三个层次对自我的实在性进行论证。一是从元认识论视角把自我确定为人类认识中不可或缺的"形而上主体"：人类认识要能够发生，就必须存在一个认识得以发生的"主体"，所以，自我至少是我们必须设定的形而上主体。二是从生物生存的自然属性视角把自我确定为生物自身得以认识世界并在其中进行各种活动的原点：对于像人类这样的高等生物而言，它必须有自我概念才能确定它所在的位置、它到达目标的路线等。三是基于前两点确立并论证自我在神经生物学层次的实在性。当代西方心灵哲学中持有这种观点的哲学家包括塞尔、黑尔（J. Heil）、肯尼（A. J. Kenny）等。本章主要通过考察塞尔的相关理论对生物自然主义自我理论进行研究和评析。

第一节　塞尔心灵哲学思想概述

约翰·塞尔（John Rogers Searle，1932—），美国著名的语言哲学家和心灵哲学家，加利福尼亚大学伯克利分校荣誉退休教授。塞尔是当代最重要的哲学家之一，在语言哲学、心灵哲学和社会哲学等领域均作出了许多重要贡献，曾获"简·尼考德奖"（2000年）（心灵哲学领域的重要奖项）、"国家人文科学勋章"（2004年）、"心灵与脑奖"（2006年）等。塞尔最初入威斯康星大学学习，随后获得牛津大学罗茨奖学金，进入牛津大学学习，并在牛津大学获得学士、硕士和哲学博士学位。1959年入加利福尼亚大学任教，直至退休。塞尔也是关心社会和政治问题的哲学家，曾是威斯康星大学"学生反对麦卡锡主义"运动的主要领导者之一，也曾是第一个加入"言论自由运动"（1964～1965年）的终身教授。

　　塞尔在牛津大学攻读博士时，追随奥斯汀（J. L. Austin）研究语言哲学，在日常语言哲学领域作出重要贡献，是后期语言哲学的首要代表人物。出版的语言哲学著作有《言语行为》（1969 年）、《语言哲学文选》（编辑）（1971 年）、《表达和意义：言语行为理论研究》（1979 年）、《言语行为理论与语用学》（合编，1980 年）等。其关于"专名"和"隐喻"等方面的哲学研究都产生了广泛的影响。但塞尔在语言哲学方面最重要的贡献则是发展和整合奥斯汀、后期维特根斯坦等的相关思想，系统地建立了言语行为理论，明确地提出了语力的概念，明确地区分了以言表意行为（locutionary act）、以言行事行为（illocutionary act）和以言取效行为（perlocutionary act），把语言哲学研究推向了人类行为的层面[①]。

　　虽然塞尔以日常语言哲学研究和系统建立言语行为理论，而在语言分析哲学领域占有重要地位，但与达米特（M. Dummett）等语言分析传统的其他哲学家迥然不同的是，塞尔没有囿于语言哲学的藩篱，不仅以"打破砂锅问到底"的精神把语言意义的本源追根究底到心灵，而且是当代西方心灵哲学的重要开拓者和代表人物之一。早在 1975 年塞尔就已经从语言意义问题深入到心灵哲学问题的研究。在他看来，如果把"语言怎样表征实在"的语言意义问题深入下去，就必然要研究心灵与语言之间的关系，就必须进行心灵哲学研究。他甚至把语言哲学定位于心灵哲学的一个分支。不仅如此，他此时甚至已经形成了他独具特色的心灵哲学研究路径和范式："心灵哲学的关键问题是：我们的精神状态怎样表征世界上事物的状态……这就是精神状态的指向性或关于性问题，也就是'意向性'（intentionality）问题。"[②]此后的数十年间，塞尔正是以意向性问题为切入点，开展了他波澜壮阔的心灵哲学研究，并建立了他独树一帜的生物自然主义的心灵哲学理论和自我理论。

　　20 世纪 70 年代后期，塞尔以意向性问题为切入点转入心灵哲学领域后，发表了大量心灵哲学著作，是最具影响的当代心灵哲学家之一。塞尔在心灵哲学方面的主要著作有:《意向性:论心灵哲学》(1983年)、《心、脑和科学》(1984年)、《心灵的再发现》(1992年)、《意识的奥秘》(1997年)、《心灵、语言和社会:实在世界的哲学》(1998年)、《意识和语言》(2002年)、《心灵:纲要性导论》(2004年)、《自由和神经生物学》(2007年)、《意向行为与习以为常的事实》(2007年)、《新世纪的哲学:论文选集》(2008年)、《创造社会世界:人类文明的结构》(2010年)、《以其所是看事物:一种知觉理论》(2015年)等。此外,塞尔还发表了数百篇心灵哲学方面的论文,围绕意向性、意识、主观性、人工智能、心理因果、自我等论题,提出许多独创性的理论观点。尤其是1980年发表于《行为与脑科学》杂志的《心、脑与程序》一文,可以说是心灵哲学问题的崇论闳议之作,正是在该文中,塞尔首次明确提出了他此后进行心灵哲学研究的独特路径和理论纲领。后来出版的许多关于心灵哲学、认知科学、人工智能专题的文献选读类著作,大多都收录有该文,据不完全统计,该文至少被此类经典文献选读收录24次。尤其值得注意的是,2006年比克雷(B. Beakley)和拉德劳(P. Ludlow)编辑出版的从柏拉图迄今的大型心灵哲学文献《心灵哲学:经典难题/当代争论》,也把该文收录其中,列为当代心灵哲学研究必读经典文献之一。

塞尔在当代心灵哲学领域的巨大影响主要来自他独具特色的三个理论论证:一是他提出的生物自然主义心灵哲学理论;二是以中文屋思想试验对心/脑同一论、心灵/计算程序同一论的有力反驳,以及对精神现象独特属性及其实在论地位的论证;三是在主观经验和自我本质问题上旗帜鲜明地提出和坚持自我实在论。下面,我们先扼要论述塞尔的生物自然主义心灵理论,在此基础上,着重研究评述他的生物自然主义的自我理论。

第二节 生物自然主义的心灵理论

虽然生物自然主义(biological naturalism)是塞尔后来才对其心灵

哲学理论使用的名称①，但生物自然主义心灵哲学理论的基本思想纲领，却是早在其 1980 年发表的《心、脑与程序》中就已经奠立的。在该文中，塞尔针对精神现象的意向性特征指出："无论意向性是什么，它都是一种生物性现象，而且它因果地依赖于作为其来源的特殊生物化学过程，就像分泌乳汁、光合作用或任何其他生物性现象一样。"②在 1984 年出版的《心、脑与科学》中，塞尔又从精神现象的四个独特属性（意识性、意向性、主观性和精神因果性）论述了精神现象作为生物自然现象的本质。其后来的整个心灵哲学研究，始终贯彻着这种以生物自然过程解释精神现象的生物自然主义纲领。

按照塞尔后来在《生物自然主义》③一文中的论述，所谓生物自然主义，首先是一种研究心灵问题的方法。作为研究方法，其要旨就在于，在研究心-身问题、意识问题等有关精神现象的问题时，"要力图忘掉相关问题的哲学历史，并提醒你自己你所知道的事实是什么"④。其次，生物自然主义还是关于精神现象之特征、属性、地位、结构等的一种心灵理论，是对意识、意向性等精神现象提供了独特解释，因而不同于各种物质主义心灵理论的一种新的心灵理论。生物自然主义的核心观点可概括为两点：①从疼痛、发痒到最深奥思想的所有精神现象都是被脑中更低层次的神经生物学过程所引发的；②精神现象是脑的更高层次的特征，因而脑过程对精神现象并不具有因果决定性。根据塞尔的论述，生物自然主义心灵理论的具体内容，可析解为如下七个主要观点。

第一，接受物理科学和进化论生物学关于宇宙和生命所揭示的基本事实。我们关于宇宙之起源、演化和基本结构的科学理论是真实的：我们的

①　据笔者所见，塞尔最早在其 1992 年出版的《心灵的再发现》中把他的心灵哲学理论称为"生物自然主义"（Biological Naturalism）。

②　Searle J. Minds, brains, and programs[A]//Berkley B, Ludlow P. The Philosophy of Mind[C]. Cambridge：The MIT Press, 2006：147.

③　Searle J. Biological naturalism[A]//Velmans M, Schneider S. The Blackwell Companion with Consciousness[C]. Oxford：Blackwell, 2007：325-334.

④　Searle J. Biological naturalism[A]. http：//ist-socrates. berkeley. edu/~jsearle/BiologicalNaturalism Oct04. doc [2017-06-05].

宇宙起源于大爆炸，我们能够以原子物理学和化学理解关于宇宙之构造的大量事物；宇宙完全由物质粒子构成，这些粒子存在于力场之中而且被组织在各种系统之中。

第二，我们关于地球上各种生命之起源和进化的理论是真实的：现今地球上所有形式的生命，都起源于大约 30 亿年前的原始生命，包括人类在内的现今所有生命形式都是由 30 亿年前的原始生命进化而来的。"物质的原子理论和生命进化理论所给定的这些，都是最重要的基本事实。"①

第三，意识和意向性都是出自上述基本事实的自然的产物。原始生命在演化为多种生命形式的过程中，某些生命形式逐渐进化出了神经系统，乃至中枢神经系统和大脑，从而使这些生命形式具有了意向性、意识等精神现象，精神现象是自然世界的一部分。"把人类大脑看作像其他器官一样的一个器官、一个生物系统。就我们关注的心灵问题而言，其与其他生物器官显著不同的独特特征，是它产生和维持我们各种各样的意识生活的能力。"②

第四，意识等精神现象由脑神经元活动所引发并在脑中实现。高级神经系统（或脑神经系统）的某些状态具有意向性（指向或关涉外在事物的属性）、意识性（主观的、质性的感觉状态），这是生命进化过程中自然而然地产生的一种实际存在的现象。意识、意向性、自由意志、精神因果、知觉、意向行为等心灵的所有方面都是自然界的构成部分，它们是像光合作用和消化作用一样的自然界的构成部分。

第五，对精神现象的因果解释所使用的工具与对自然现象进行因果解释所使用的工具是一样的。只不过我们解释精神现象的那个层次是生物层次，而不是亚原子物理学的层次。意识、意志等精神现象具有因果力，它们作为原因能够引起人类身体的特定行为。尽管我们至今对具体细节所知甚少。

---

① Searle J. Freedom and Neur Obiology[M]. New York：Columbia University Press，2007：4.

② Searle J. The Rediscovery of the Mind[M]. Cambridge：The MIT Press，1992：227.

第六，精神状态和精神过程不能还原为脑的物理状态和物理过程；精神现象是一种不可还原的实在。"意识和意向性都具有第一人称的本体论地位，它们只是作为被人类或动物主体所经验的东西而存在，因而不可能被还原为具有第三人称本体论的某种东西，诸如行为或脑状态。"①但是，意识等精神现象又是完全由脑中的神经过程所引发而且是在脑中被实现的，而绝不是超越于物质实体之外的另一种实体。意识和其他精神现象就是生物现象。

第七，虽然精神现象是不可还原的实在，但它们并不是独立于物理实体的另外的实体，并不存在二元论所断言的那另一个所谓精神世界。生物自然主义心灵理论的要旨就在于：一方面它拒绝物质主义及其伴随物还原论和同一论；另一方面，它也拒绝任何形式的二元论。它认为："只存在一个世界，我们所要做的就是描述它怎样运行以及我们在其中的地位。就我们迄今所知，这个世界的最基本的原理由原子物理学和进化论生物学给出。任何此类研究都必须建基其上的两个基本原理就是：（Ⅰ）实在中的最基础的实体就是原子物理学所描述的那些实体；（Ⅱ）我们，像其他兽类一样，是长期进化的产物，这个进化时期或许有 50 亿年。一旦我们接受这些观点，关于人类心灵的那些问题就会获得相当简单的哲学回答，尽管这并不意味着它们获得简单的神经生物学回答。"②

这里需要指出的是，塞尔的生物自然主义心灵理论与当代心灵哲学中一些哲学家主张的"自然化"（naturalizing）心灵是完全不同的两个概念。正如塞尔本人所辨析的："当一些哲学家讨论'自然化意向性'或'自然化意识'时，他们所说的'自然化'意味着否定所讨论现象的存在。这样，所谓自然化意向性就是要表明并不存在不可还原的、不可消除的意向性这样的东西。而自然化意识就是要表明意识作为不可还原的现象实际上并不存在。这并不是我所说的自然化的含义。我所断定的是：承认意识、合理性、语言等的实际固有特征，并同时把他们看作自然界的一部分，是完全

---

① Searle J. Freedom and Neur Obiology[M]. New York: Columbia University Press, 2007: 20.

② Searle J. Mind: A Brief Introduction[M]. Oxford: Oxford University Press, 2004: 208-209.

可能的。"①

塞尔对其生物自然主义心灵哲学理论的正确性，以及解决各种心灵哲学难题的有效性，深信不疑。在2004年出版的《心灵：纲要性导论》中，他对当代西方心灵哲学的研究状况作出这样的评价："我读到的几乎所有著作，都接受了同一套历史地继承的范畴来描述精神现象，尤其是意识；伴随这些范畴一起接受的还有一组关于意识和其他精神现象怎样相关，以及它们如何与世界的其余部分相关的假定。而这些假定都是错的……各种不同的观点在一套错误的假定中被论述。其结果就是，心灵哲学成了当代诸多哲学学科中唯一的这种学科：所有最著名的和最有影响的理论都是假的。我意指的这些理论包括所有其名称中带'主义'（'ism'）的任何东西。包括二元论（性质二元论和实体二元论）、物质主义（materialism）、物理主义（physicalism）、计算主义、功能主义、行为主义、副现象论（epiphenomenalism）、认知主义、取消主义、泛心论（pan psychism）、双方面理论（dual-aspect theory）、突现论（emergentism），它们都标准地是想象的东西。"②虽然对其他心灵哲学理论的这一评价未必允当，但也足见塞尔对其自出机杼之心灵理论的自信。那么，生物自然主义究竟对各种心灵哲学论题作出了怎样的回答？

按照塞尔的看法，当代心灵哲学研究的众多论题可归纳为12个问题，而其中最基本、最重要的"大问题"（the big questions）则是如下三个问题：①心-身问题：像疼痛这样的意识经验怎么能够在完全由物理粒子构成的世界中存在？你脑中的某些物理粒子的活动怎么能够引起精神经验？②精神因果问题：以意识为根本特征的那些主观的、非物质的、非物理的精神状态，怎么能够引起物理世界中的事件？你的并非物理世界之构成部分的主观意向怎么能够引起你的手臂移动？③意向性问题：你头脑中的那些思想怎么能够指称或关涉遥远距离外的客体和事态？③下面我们就以塞尔对这

---

① Searle J. Freedom and Neur Obiology[M]. New York：Columbia University Press，2007：19.

② Searle J. Mind：A Brief Introduction[M]. Oxford：Oxford University Press，2004：1.

③ Searle J. Mind：A Brief Introduction[M]. Oxford：Oxford University Press，2004：3.

三个大问题的回答为线索，对生物自然主义心灵理论的主要理论观点加以评述。

一、对意向性问题的生物自然主义解释

意向性问题虽然在当代心灵哲学中居于重要地位，但其作为独立哲学论题的历史却极为短暂。说起来令人吃惊，虽然自苏格拉底以来，西方哲学便开始在"心灵-世界"的漩涡中上下求索，但直到 19 世纪中期，作为独立哲学论题的意向性问题，才由德国哲学家、心理学家布伦塔诺（Frants Brentano，1838—1917）在其 1874 年出版的《从经验的观点看心理学》中首次明确提出。19 世纪中后期正是作为科学的心理学在哲学母腹中躁动生成的时期，如何科学地研究心理现象成为当时众多哲学家探索的重要问题。而要科学地研究心理现象，就必须首先对心理现象进行界定，就必须首先回答"精神心理现象区别于物质物理现象的根本特征是什么"的问题。正是在这一问题的探索中，布伦塔诺从中世纪哲学中借用了关于"意向"和"意动"的概念，首次塑造了当代哲学的"意向性"论题。按照布伦塔诺的研究，精神心理现象区别于物质物理现象的根本特征就在于心理现象具有"意向性"特征："每一种心理现象的特征，就是中世纪经院哲学家称之为对象的意向的（和心理的）内在存在的那种东西，也就是我们现在称之为对内容的指向、对对象（我们不应把对象理解为实在）的指向或者内在的对象性的那种东西，尽管这些术语并不是完全清楚明白的。每种心理现象都包含把自身之内的某种东西作为对象，尽管方式各不相同。在表征中，总有某种东西被表征了；在判断中，总有某种东西被肯定了或被否定了；在爱中，总有某种东西被爱了；在恨中，总有某种东西被恨了；在愿望中，总有某种东西被期望，如此等等。意向的这种内在存在性是心理现象独有的特征。因此，我们可以这样给心理现象下定义：心理现象是那种在自身中以意向的方式涉及对象的现象。"①

---

① Brentano F. Psychology from an Empirical Standpoint[M]. New York：Routledge，1995：24.

众所周知，布伦塔诺的上述思想后来主要由他的学生胡塞尔（Edmund Husserl，1859—1938）沿着现象学哲学路线发扬光大。在 20 世纪 70 年代之前，意向性论题也一直是气势磅礴的现象学哲学的主要研究领域之一。然而，20 世纪 70 年代后，随着西方哲学的心灵转向、随着当代心灵哲学的崛起，意向性问题也日益成为心灵哲学家关注的重要论题。因为，"精神心理现象区别于物质物理现象的根本特征是什么"也是心灵哲学中处于第一层级的问题。如前所述，塞尔就是经由意向性问题从语言哲学而转向心灵哲学研究的。不言而喻，塞尔要以意向性为基点进行各种心灵哲学问题的研究，他就必须基于当代哲学背景建立系统的意向性理论，对意向性的性质、特征、地位和意义等问题作出新的研究和解答。塞尔的第一部心灵哲学著作《意向性：论心灵哲学》就是基于当代哲学背景对意向性问题进行系统、深入探讨的著作。在这部著作中，塞尔初步建立了他的生物自然主义的意向性理论。其主要理论观点可归纳为如下六个方面。

1. 意向性的生物自然主义界定

按照塞尔的看法，意向性就是某些心灵状态所固有的一种生物性自然属性。布伦塔诺虽然对精神现象的意向性作出了现代哲学意义上的原初描述，但远不是清晰、充分的，而且受制于当时的哲学-科学背景的局限，存在许多问题。塞尔则基于当代哲学-科学背景，对意向性作出了新的界定。在塞尔看来，"意向性就是许多精神状态和事件所具有的这样一种属性，由于这种属性，这些精神状态和事件指向、关于或涉及世界上的对象和事态。"① 可以看出，塞尔对意向性的这个界定与布伦塔诺的描述有很大的不同，他突出地明晰了意向性的如下三个本质属性：①意向性虽然是精神现象区别于物理现象的根本特征之一，但不是唯一特征，甚至不是最重要的特征；②把意向性明晰为人类心灵所具有的一类状态或事件，诸如相信、愿望、恐惧、希望等精神状态；③把意向性心灵状态所指向或关于的对象确定为外部世界的对象或事态，而不是某种隐晦的中介性心理实体。在此基础上，

---

① Searle J. Intentionality: An Essay in the Philosophy of Mind[M]. Cambridge: Cambridge Uni. Press, 1983: 1.

塞尔进一步指出："诸如口渴这样的意向性精神状态就是被中枢神经系统，尤其是下丘脑的一系列事件所引发的，并在下丘脑中被实现。口渴就是具有饮水的愿望。所以，口渴是一种意向状态：它具有内容；它的内容决定着它在什么条件下被满足；它具有一般意向状态的所有特征。……揭示意向性之奥秘的方法就是尽可能详细地描述，当这种现象在生物系统中被实现时，它怎样同时被生物过程所引发。"①不难发现，塞尔对意向性采取的完全是一种生物自然主义的立场。

2. 对意向性基本属性的生物自然主义描述

塞尔主要从以下五个方面描述了意向性的基本属性。第一，意向性只是某些精神状态和精神事件所具有的性质，并不是所有的精神状态和事件都具有意向性。就是说，有些精神状态具有意向性，如相信、愿望等；有些精神状态不具有意向性，如某种形式的紧张、得意等。

第二，意向性与意识并不是同一的，许多意识状态并不是意向的，如突然的兴奋感；而许多意向状态则又不是当下意识的，如我们的许多此时并未呈现于意识中的信念。具体地说，意识状态与意向性精神状态是交叉重叠的关系：有些意向状态是意识到的，有些意向状态是没有意识到的；同时，有些意识状态是意向性的，有些意识状态则不是意向性的。

第三，意向状态与它所指向或关于的对象或事态之间是表征（represent）关系，心灵所处的某种意向状态就是对某对象或事态的表征状态。

第四，心灵的意向性是心灵固有的、自本源的意向性，而不是被外在地赋予。与此相反，语言、指号等的意向性则不是自本源的，而是被赋予的；心灵的意向性是语言之意向性的根源。这有两层含义：一是说心灵的意向性先于语言，没有语言也可以有意向性，如婴儿和许多动物；二是认为语言的意向性导源于心灵的意向性，语言的关于性来自心理状态的关于性。

第五，意向性或意向状态有其逻辑结构："每一意向状态都由处于一种

① Searle J. Mind, Brain and Science[M]. London: British Broadcasting Corporation, 1984: 24.

心理模式（psychological mode）的一个表征内容（representative content）构成。"①就是说，从逻辑上看，意向状态由心理模式和表征内容两方面构成，可以用符号表示为"S（r）"，如"相信（天在下雨）"等。

3. 对意向性与世界事态关系的生物自然主义描述

塞尔主要从两个方面描述这种关系。第一，意向性或意向状态与世界事态之间有两种不同方向的适合关系。从意向性或意向状态与世界事态的适合关系来看，心灵的意向状态可分为三种类型：一是以意向状态匹配（match）世界，这种意向状态不是在世界上创造一种变化，而是去符合某种独立存在的实在。如果意向状态的表征内容与世界的状况不符合，我们就需要修正我们的意向内容使之与世界相符合。例如，"相信""记忆""感知"这些意向状态，如果我们的信念与世界的状况不符合，需要修正的是我们的信念，而不是世界上的事态。这类意向状态有着"心灵到世界"的适合方向。二是以世界匹配意向内容的意向状态，这种意向状态的目标是让世界事态朝着意向内容发生变化。对于这类意向状态来说，如果世界上的事态与其表征内容不一致，我们并不归咎于意向状态，而是说其意向内容没有被实现。例如，允诺、意图、期望这类意向状态，如果我们允诺的事情没有出现，那么只是表明我们的允诺没有被履行或没有被实现，而并不能说我们的允诺与实在一致或不一致。这类意向状态有着"世界到心灵"的适合方向。三是没有适合方向的意向状态。例如，遗憾、高兴这些意向状态，它们既不可能像信念那样是真的或假的，也不可能像允诺那样或被履行或没有被履行。这里所描述的是意向性与世界之间的关系。

第二，有适合方向的意向状态有其满足条件。"仅当世界上的事物是像我们相信的那样时，我们的信念才被满足；仅当我们的愿望被实现，我们的愿望才被满足。"②塞尔在这里实际上是要阐明意向状态的表征问题。按照他的看法，意向状态对对象的表征既不是一种图像（picture），也不是维

① Searle J. Intentionality：An Essay in the Philosophy of Mind[M]. Cambridge：Cambridge University. Press, 1983：12.

② Searle J. Intentionality：An Essay in the Philosophy of Mind[M]. Cambridge：Cambridge University. Press, 1983：10.

特根斯坦在《逻辑哲学论》中对意义的那种解释，更不是对某种东西的简单再现（re-present）。在这里，说一个信念是一个表征，就是说它有一个命题内容和一种心理模式，它的命题内容在一些特定方面决定一组满足条件，而它的心理模式则决定它的命题内容的一个适合方向。简言之，"一个表征是被它的内容和它的模式所定义，而不是被它的形式结构所定义"①。因此，如果我们有"天在下雨"的信念，那么我们的信念的内容就是：天在下雨。其满足条件也是：天在下雨。而不是，例如，地是湿的或水正在从天上落下来。这是塞尔通过意向性与世界之间的关系来描述意向性的生物自然属性。

4. 对意向性运行机制的生物自然主义描述

既然意向性是一种生物自然属性，那么，作为对世界事态之表征状态的意向状态，就必定是一种整体性的建构，而不可能是各自独立、互不相关的。塞尔对意向性心灵状态的建构和运行机制，也给出了生物自然主义的回答。

第一，心灵的各个意向状态并不是孤立的而是组成一个完整的意向状态网络（network of intentional states），每个意向状态都是依赖于这个网络而存在并发挥其功能。例如，某人意图竞选美国总统的这个意向状态，它的产生及其发挥作用必然要植根于如下意向状态构成的网络：美国是一个民主共和国、有定期的总统选举、这选举一般是在两大政党的候选人之间进行但任何公民个人也可参加竞选等。但是，必须注意的是，每个意向状态只有其唯一的满足条件，而这满足条件则唯一地由该意向状态所决定。也就是说，"意向状态是意向状态网的一般组成部分，但又唯一地拥有与它们在网络中的位置相对应的满足条件"②。

第二，形成意向状态及意向状态发挥作用的最后根据，在于人所特有的非表征的精神能力背景（background of nonrepresentational mental capacities），

---

① Searle J. Intentionality: An Essay in the Philosophy of Mind[M]. Cambridge: Cambridge University. Press, 1983: 12.

② Searle J. Intentionality: An Essay in the Philosophy of Mind[M]. Cambridge: Cambridge University. Press, 1983: 20-21.

这背景就是生活实践背景，是人作为"在"的那种能力，是一些先于意向的设定（preintentional assumptions），它们自身既不是意向状态，也不是意向状态的满足条件。具体地说，非表征的精神能力背景就是："做事情的某些确定的基本方式，以及还知道事情怎样以这种方式运作的某些确定的认知种类，这是被任何此类形式的意向性所预先拥有的。"①诸如认出朋友的能力、打开家门的能力等，都属于非表征的精神能力。但是，这些例子本身已不再是这种背景能力的组成部分，因为它们已经涉及表征。这些能力并不是它们自己的进一步的表征，并不是命题性的东西。质言之，塞尔所说的"非表征的精神能力背景"，实际上就相当于海德格尔讨论人的存在时所说的那种"在世间的"（worldly）存在方式；也相当于维特根斯坦所说的那种"既不能确定也不能怀疑"的生活形式。

第三，意向状态作为原因会导致相应事情的发生，也就是说，"它们（意向状态）通过意向的因果关系能导致一种符合，即导致它们所表征的事态，导致它们自己的满足条件"②。例如，我有了做一个飞机模型的愿望，而且我真的因此去做了一个飞机模型，这里就是意向状态导致了事情的发生。维特根斯坦在《哲学研究》中关于心理意向曾提出了如下这个著名的问题："当'我举起我的手臂'时，是我的手臂往上去了。于是产生了这样的问题：如果从我举起我的手臂这一事实中去掉我的手臂升起这一事实，那留下的是什么呢？（这些运动感觉就是我的意向吗？）"③从塞尔的意向因果论来看，这一问题的答案就是：留下的东西是处于一个特定心理模式（即意向模式）的意向内容——我的手臂升起就是这个行为意向的一个结果。"精神因果问题"是当代心灵哲学的焦点问题之一，至今仍是众说纷纭，莫衷一是。塞尔在这里实际上是从意向性层面给出了他关于精神因果问题的基本观点：精神状态（心理意向）作为最后的原因，能够引起物质世界的某种结果。后面还将较为详细地讨论这个问题。

---

① Searle J. Intentionality: An Essay in the Philosophy of Mind[M]. Cambridge: Cambridge Uni. Press, 1983: 20.

② J. 塞尔. 心、脑与科学[M]. 杨音莱，译. 上海：上海译文出版社，1991：51.

③ 维特根斯坦. 哲学研究[M]. 李步楼，译. 北京：商务印书馆，1996：第一部分第 621 节.

5. 对意向性本体论地位的生物自然主义论证

所谓意向性的本体论地位问题，就是意向性究竟在世界上处于何种地位的问题，即心理意向性或意向性心理状态究竟有没有不可还原的实在地位？是否可以或必须把它还原或化约为其他的属性或功能？对于这一问题，当代心灵哲学的各个学派都根据各自的理论给出了自己的回答。物理主义认为，心理状态其实就是一种物理状态；行为主义则认为，意向心理状态只不过是人类有机体的一系列刺激—反应机制；物质主义又认为，物理学的陈述和心理学的陈述只不过是谈论同一事实的两种不同方式；某些人工智能和认知科学理论则提出，具有意向状态的心就是像计算机程序那样的某种抽象的东西；功能主义则认为，疼痛或者说处于疼痛的状态，是整个有机体的功能状态；如此等等。这些回答尽管看上去各不相同，但却有一点是共同的，这就是：它们最终都要否认世界上存在着内在的精神特征，否认心理意向性是世界上的一种实在属性。正如斯马特（J. J. C. Smart）所明确表述的："我不承认存在任何这样的 P 属性（即妨碍我们用物理主义体系中的属性去定义'感觉'的那种感觉属性）。"[①]

与上述这种彻底否定的态度相反，另一类哲学家则通过断言我们确实拥有一系列有意识的心理状态这一事实，进而坚决主张某种形式的二元论。比如，波普尔（K. Popper）就坚持认为"世界至少包括三个在本体论上泾渭分明的次世界"，"第一世界是物理世界或物理状态的世界；第二世界是精神世界或精神状态的世界；第三世界是概念东西的世界，即客观意义上的观念的世界"[②]。而斯特劳森在《个体：论描述的形而上学》中也主张，"人的概念是这样一种实体概念：赋予意识状态的属性和赋予身体特征的属性，赋予物理状况的属性等等都同样适用于这一一种类的单独个体"[③]。

前一类哲学家认为他们是在保卫科学的进步，在反对残存的迷信；后一类哲学家则认为他们断定了明显的事实。那么，问题究竟出在哪里呢？

---

① J. 塞尔. 心、脑与科学[M]. 杨音莱，译. 上海：上海译文出版社，1991：117.
② K. 波普尔. 客观知识[M]. 舒伟光，等译. 上海：上海译文出版社，1987：164-165.
③ Strawson P. Individuals: An Essay in Descriptive Metaphysics[M]. London: Methuen, 1959: 102.

塞尔认为，问题就在于，这两类哲学家都接受了朴素心理主义与朴素物理主义二者绝不相容这一假定，他们都接受了对世界的一种纯物理的描述不能涉及任何心理客体这一假定；而研究意向性问题的首要前提就是要超越这一错误的传统假定，把物理主义与心理主义从本体论和认识论的层面上有机地统一起来，使二者从相互对立的关系走向互补和融通的关系。基于这一立场，塞尔对意向性在自然界的地位作出了如下生物自然主义的论述。

第一，意向性现象或意向心理状态，就像其他现象一样，是世界上的一种客观存在。意向状态和意向事件是确实存在于行为者的心脑之中的，"对这个世界来说，它是一个客观事实：这个世界包含一些系统，即脑，这些系统有着主观精神状态，并且，这样的系统有精神特征是一个物理事实（physical fact）"[①]。显而易见，塞尔在这里对心灵的意向性乃至所有精神现象之实在性的本体论地位给出了坚定不移的回答。

第二，意向性或意向心理现象是生物进化的一个结果，是我们自然生命史进化过程的一个组成部分。感觉口渴、具有视觉经验、怀有愿望、恐惧和期待，与呼吸、消化、睡眠一样，都是一个人生物生命史的组成部分。意向现象与其他生物现象一样，是某些生物机体的真实内在特征，也就是说，它们与有丝分裂、减数分裂、胆汁分泌一样是某些生物机体的真实内在特征。因此，人们不是以某种方式使用他的各种信念和愿望，而是直接地拥有它们。"信念、愿望以及其他意向状态不是，例如，句法客体，它们的表征能力不是强加的，而是内在的。"[②]

第三，心理意向性现象有其生物学的基础。从当代科学所取得的成就来看，我们已经可以有根据地断定：内在的心理意向性现象是由脑的过程所引起并在脑的结构中实现的。"意向状态与神经生理状态具有因果关系（当然，也处于与其他意向状态的因果关系中），意向状态就是在脑的神经

① Searle J. Intentionality：An Essay in the Philosophy of Mind[M]. Cambridge：Cambridge University. Press，1983：ix.

② Searle J. Intentionality：An Essay in the Philosophy of Mind[M]. Cambridge：Cambridge University. Press，1983：viii.

生理过程中实现的。"①在自然界中普遍存在着较高系统层次的特征由较低层次的微观客体的行为所导致,并在微观客体的结构中体现出来这种情况。例如,水的液体性特征就是由水分子的行为和结构所导致的一种现象。同样,包括人类在内的某些生物体具有内在的意向状态和意向事件,这也是由这些生物体神经元系统中的过程导致的,并且它们就体现在这些神经元系统的结构之中。

第四,意向心理现象不可还原或化约。在当代心灵哲学中,无论是物理主义、行为主义,还是功能主义、计算主义,由于都认为承认精神现象的实在性地位也就等于承认了某些非物理神秘现象的存在,承认了在物理科学的彼岸存在着某种理论的悬置物,因而最终都走向了还原论或化约论,即把人的心理意向等精神现象还原或化约为物理现象或人的行为等。与此不同,塞尔则在承认心理意向现象"是某些生物化学系统即脑的某种活动状态引起"的同时,坚决认为心理意向现象不可还原和化约,它们本身就是世界上的一种客观实在。

第五,心灵的意向状态和意向事件不是独立于现实物理世界的某种精神实体,并不存在与物理世界相对应的另一个精神世界,也不存在与物理实体相对应的精神实体。意向状态并不是某种处于奇怪的精神媒介中的奇怪的、不可思议的实体。精神现象就是脑的特征,而不是独立于脑的另外的东西。思想并不是没有重量的虚无缥缈的东西。当你进行某种思想时,你的脑就在进行着特定的活动。

第六,正因为心理状态是脑的特征,所以对心理状态有两个层次上的描述:一种是较高层次的使用心理术语的描述;另一种是较低层次的使用生理术语的描述。但这只是表明脑系统中完全一样的因果力可以分别在两种不同的层次上进行描述,而不意味着它们对应于两种不同的实体或任何其他的东西。塞尔在这里要强调的是,承认意向状态的实在性地位,但并不必然陷入二元论。塞尔这个观点十分重要,后来的许多心灵哲学家实际

---

① Searle J. Intentionality: An Essay in the Philosophy of Mind[M]. Cambridge: Cambridge University. Press, 1983: 15.

上都自觉不自觉地论述了这个观点。

可以看出，塞尔的意向性理论实质上就是以意向性为支点的一种独特的心灵哲学理论。这种心灵理论既不同于物理主义、功能主义、计算主义等物质主义一元论，也不同于波普尔等人所主张的当代二元论；而是以意向性开疆拓土，创立了一种别出心裁的心灵理论。其根本特征就在于：试图以意向性为支点，超越笛卡儿以来关于物质实体、精神实体、二元结构、相互作用，以及其他这类问题的无休止的争论，从而以一种新的方式来解决精神意识现象的本质和地位问题。

6. 以意向性的生物自然属性论证心灵精神过程的非程序性本质

当代关于人类认知和心灵问题的研究，是伴随着关于思维机器、人工智能的理论和实践展开的，很大程度上甚至是在计算隐喻的思想范式中进行的。这种研究的确能够在一定层面揭示出人类认知和心灵的某些特征。但是，许多人工智能学家和心灵哲学家却过高地估计了计算机的程序计算理论对人类认知和心灵的模拟程度，甚至认为计算机的那种认知与人类的认知完全是同一的，并进而认为人类心灵的精神过程完全是计算机所进行的那种形式计算过程。这种计算主义思想由纽韦尔（A. Newell）和西蒙（H. Simon）于 1963 年首先明确提出[①]，此后的很长时间内广为传播，产生了深远影响，成为该研究领域的主流研究纲领之一，直到最近仍然为一些学者所坚持[②]。

那么，对于认知、智能和心灵研究领域这种以计算机原理为基底来研究人类认知和心灵的研究纲领，从哲学层面应如何评价？塞尔认为，计算机科学的原理在人类心灵问题的研究中的确给予我们一种十分强大的工

---

① Newell A, Simon H. GPS, A program that simulates human thought[A]//Feigebaum E A, Feldman J. Computation and Cognition[C]. Cambridge：The MIT Press，1995：279-293.

② 国内也有一些学者倡导计算主义，甚至提出"自然界这本大书是用算法语言写的！""宇宙是一个巨大的计算系统！"之类更加激进的主张［参见李建会. 走向计算主义[J]. 自然辩证法研究，2001,（3）：31-36］。作为一种修辞性夸张、一种隐喻式的表达，这种说法当然也有其相应的启发性意义，正如伽利略断言"宇宙这本书是用数学语言写的"、罗密欧声称"朱丽叶就是太阳"一样。但是，必须注意的是，断言"能够用计算（或数学）的方法来研究和揭示宇宙中的许多规律"与断言"宇宙是一个巨大的计算系统"，有着本质区别；而更重要的是，若是在"计算""算法语言""计算系统"等概念的字面的、严格的学术研究含义上进行这种断定，那就只能是无稽之谈。

具，能够帮助我们以更加严密、更加精确的方式形成和检测各种假说；但是，如果认为计算机不仅是研究人类心灵的一种路径和工具，认为有着适当程序的计算机实际上就是一颗心灵，就具有人类心灵所具有的理解等认知状态，则是完全错误的。他主要从以下三个方面进行了反驳。

第一，以"中文屋"思想实验论证任何计算机程序都不可能具有意向性精神状态。为了反驳能够通过图灵测验（Turing test）的"适当的计算机程序也具有人类心灵一样的理解状态""机器及其程序在测验中所做的事情解释了人类理解故事及回答相关问题的能力"这种观点，塞尔构想了中文屋（chinese room）思想实验：把一个完全不懂中文，甚至不能把中文字句与无意义符号相区分的人，比如说他自己，与一本用英文写作的如何操作每一个中文字符的书，一起锁闭在一个房间中，然后通过传递中文字条的方式，让他以中文回答问题。可以想见，借助于那本英文书，塞尔能够正确地回答传递给他的每一个中文问题。现在的问题是：我们能够因此而断定塞尔"理解"传递给他的问题吗？他在进行中文字符操作的过程中存在关于相应问题的"理解"吗？显然，答案是否定的。那么"适当的"计算机程序会在其运作过程中产生"理解"状态吗？答案也同样是否定的。因为在这个思想实验中塞尔就相当于那个计算机程序。进而，既然复杂如塞尔这样的人类，在这个过程中都没有"理解"状态，那么，一个人造的计算机程序，无论如何复杂、如何适当，又怎么会在其程序运作过程中产生"理解"状态呢？这个思想实验的要旨在于："无论你把什么样的形式原理安装到计算机中，它都不足以形成理解，因为一个人类个体将能够跟随这些形式原理进行操作但却不理解任何东西。"①因此，仅仅进行符号操作的任何计算机程序都绝不可能产生人类心灵所具有的那种"理解"状态。

既然计算机在进行符号操作的运行过程中，根本就不可能产生人类心灵所具有的那种"理解""意图"等精神状态，那么，人类心灵所具有的那些"理解""感知"等精神过程当然也就不可能是程序计算，至少不仅仅是

---

① Searle J. Minds, brains, and programs[A]//Berkley B, Ludlow P. The Philosophy of Mind[C]. Cambridge: The MIT Press, 2006: 136.

计算机类型的形式计算，而必定还存在着另外的东西。这另外的东西的根源，在塞尔看来，就是意向性。进而言之，既然心灵的运作过程与计算机程序的运作过程有着实质性不同，那么，许多物质主义心灵哲学家所坚持的"心灵与脑的关系就相当于计算机程序与硬件的关系"，当然也就不攻自破了。所以，认为装备适当程序的计算机就具有"理解"状态，这样的理论根本上不可能成为关于心灵本质的理论。

第二，心灵能够产生表征状态的根源在于其固有的意向性特征。为什么一个懂英文的人能够对英文语句形成相应的"理解"精神状态，但却不能对他不懂的（比如）中文语句形成相应的"理解"精神状态？而进行形式符号操作的计算机则根本就不可能形成"理解"状态？究竟是什么东西使他能够对英文语句形成理解状态？进而，我们为什么不可能把人所具有的这种东西给予一架机器？使心灵与电话机、计算机等机器区别开的东西究竟是什么？塞尔认为，人类具有而机器不可能具有的这个东西就是"意向性"。如前所述，意向性是心灵所具有的那种指向、关于或涉及世界上的对象的那种属性；而心灵的所有意向性状态，如信念状态，都必然伴随着适合方向、命题内容和满足条件这三个自然生物性要素，正是这些自然生物性的要素决定了特定的意向状态；而温度计、电话机或计算机等机器，无论进行怎样的形式符号处理，都不可能形成这三个要素。

第三，心灵的意向性有其生物根源。我们有没有可能把意向性置入计算机而使之具有精神状态呢？塞尔毫不犹豫地给出了否定性回答。因为，我们具有意向性乃在于我们是某种生物机体，具有某种生物的（即特定的生物-化学的）结构，这种结构在一定条件下能够因果地产生知觉、行为、理解、学习和其他意向性现象。所以，我们不可能把意向性这样的东西给予仅仅根据计算过程来定义、按照计算程序运作的机器。因此，任何符号操作自身都不可能具有任何意向性。"只有那些具有这种因果力的事物，才能够具有意向性……没有任何纯形式的模型仅仅靠它自己就足以产生意向性，因为这些形式属性并不是它自己通过意向性构成的。"①所以，任何人造机器所能模拟的只能是脑神经元激活顺序的形式结构，而不可能模拟脑的生物性因果属性及其产生意向状态的能力；本然地具有意向性的脑是历史地、生物地形成的。实际上的人类精神现象是依赖于实际人脑特有的物理-化学属性的。把软件程序与其物理实现相分离，把心灵看作脑的运行程序，并进而认为心灵既可以在生物的脑中实现，也可以通过其他物理形式实现，这本身就是一个严重的错误。它将导致一种不折不扣的强版本二元论：如果心灵就是形式程序，那么它理所当然能够独立于原生物质系统而存在。

塞尔在这里提出了一个非常重要的哲学问题：一个人的心灵是否可以离开其原生脑而存在于某种超级计算机中？这个问题实际上并不仅仅是一个抽象的哲学问题。许多科幻小说、科幻电影，如好莱坞科幻大片《阿凡达》，都有这样的故事情节：把一个人的心灵"吸入"一台机器中暂存，适当时候再把这个心灵"注入"另一个人的身体中。显然，按照塞尔的论证，这样的情况是"原则上"不可能发生的。既然是原则上不可能发生的，即便是"科幻"，似乎也不应出现这样的情节。当然，这样的情节可能更符合商业目的。关于是否真的能够造出像人一样的机器人的问题，正如塞尔所指出的，如果我们人工地生产的机器有着与我们一样的神经系统、与我们一样的具有轴突和树突的神经元、与我们一样的其他部分，那么，这种机器将的确可能产生意识、意向性。然而，尽管这在逻辑上可能，但在实践上则是不可能的。不过，这已经是另外一个问题，而不再是可否以计算程序来理解人类心灵的问题了。这里不再深入。

二、对心-身问题的生物自然主义回答

所谓心-身问题就是"人们的心灵与物理世界，尤其是他的身体，是什么关系"的问题。心-身问题是一个历史悠久的哲学难题。包括亚里士多德、

---

① Searle J. Minds，brains，and programs[A]//Berkley B，Ludlow P. The Philosophy of Mind[C]. Cambridge：The MIT Press，2006：144.

笛卡儿在内的众多哲学家都曾从不同哲学基底上探讨过这个问题。不言而喻，心-身问题也是当代心灵哲学着力探讨的核心问题之一。当代心灵哲学对心-身问题的种种不同回答可归结为三类：一是物质主义的回答，认为心就是脑，包括各种功能主义、各种还原式物质主义、各种消除式物质主义等；二是从第一人称问题、意识经验的主体性特征等方面来探讨心-身问题的各种心灵理论，认为意识经验、感受性具有本体论上不可还原的实在性地位；三是神秘不可知论，认为心-身问题超出了人类的能力，我们根本不可能理解心-身问题的神秘性。解答心-身问题就是"试图理解奇迹怎样被创造"，"试图思考那不可思考的属性，因而这种努力遭到失败是可理解的"。所以，心-身问题的唯一解决方案，就是丢弃这个问题①。

众所周知，迄今为止，这三种解决路径的各种理论均面临无法克服的困难，都未能对心-身问题给出令人满意的回答。各种物质主义理论面临的共同困境是，如果把心等同于脑，根本上无法解释有关心灵的各种现象。各种非物质主义理论的共同困境则在于，如果承认世界上只有物质实体、世界在物理上是因果闭合的，那么就无法回答作为精神的"心"和物质的"身"，如何相互作用。神秘不可知论的回答倒是清楚明白、一役毕功，然而，如果严肃地对待这种回答，真的把心-身关系看作宇宙中的一种神秘事件，将会带来其他更加严重的问题。

从各种理论所面临的困难来看，解决心-身问题的正确路径就在于：如何把世界的物质统一性与精神现象的实在性有机地统一起来。塞尔以意向性为基点，对心-身问题作出的生物自然主义解释，正是朝着这种方向努力的一个结果。其关于心-身问题的主要理论观点可归结为如下三个要点。

1. 关于心、物的传统哲学术语及其假定是造成心-身难题的根源

在塞尔看来，心-身问题之所以在既有的心灵哲学框架中几乎成为一个无解的问题，原因就在于，当代心灵哲学主流仍然承袭了传统哲学关于心、物的那些专门哲学术语，以及基于这些术语的某些假定。许多心灵哲学家

①　Mcginn C. Can we solve the mind-body problem?[A]//Berkley B，Ludlow P. The Philosophy of Mind [C]. Cambridge：The MIT Press，2006：321-336.

在讨论心-身问题时，仍然拘泥于传统哲学的意义使用"心灵"和"身体"、"精神的"和"物质的"（或"物理的"），以及"还原""因果""同一性"等哲学术语，然而，这些术语的传统哲学意义不仅不是解决问题的工具，反而是造成困难的根源。所以，要解决心-身问题，就必须放弃这些术语的传统哲学含义，放弃基于这些含义的那些哲学假定。塞尔从四个方面分析了这些假定存在的问题。

第一，假定"精神的"和"物理的"（physical）相互排他地命名本体论范畴：如果某种东西是精神的，它就不可能在任何方面是物理的；如果它是物理的，那么它就不可能在任何方面是精神的。因此，如果我们认为世界终究是物理的，那么我们不能设想在其中还存在精神的东西。这样，精神的东西就必须还原为物理的东西，精神的东西终究只能是物理的东西。接受并坚持这个假定的心灵哲学家自认为他们克服了二元论，但实际上必将陷于更大的困境。因为这个假定本身就是错误的：物质的脑能够产生精神现象、精神事件能够引发物理事件，这本身就是自然界的一个事实。

第二，假定精神到物理的还原就像自然科学中的还原一样，是清晰明白的。在物理科学中还原是一个重要概念，而且有着较为清晰的含义：当人们要把 A 现象还原为 B 现象时，就是要表明 A 现象仅仅是 B 现象。例如，宏观物质客体能够被还原为分子，乃是因为物质客体仅仅是分子的集合。当代心灵哲学的许多理论把科学中的这种还原概念运用于精神现象到物理现象的还原，认为，如果意识能够被还原为脑过程，那么，意识就仅仅是脑过程。然而，从传统科学移植的这个还原模型，却并不适合于研究精神现象和物理现象的关系。它认为，就像可以表明物质客体仅仅是粒子的集合一样，科学也将表明意识仅是神经元激活或计算机程序，却恰恰是错误的。因为还原可以分为不同的类型，而不同类型的还原有着本质区别。例如，消除式还原和非消除式还原、因果还原与本体还原就有着本质区别。消除式还原是消除某种错觉的还原。例如，把"日落"现象还原为地球的自转，还原后，"日落"便成为实际上不存在的错觉。而非消除式还原则并不能消除原有现象的存在。例如，把宏观物质客体还原为分子集合就并不能消除原物质客体的存在。所以，不加区别地把各种还原都看作等同关系，从而把意识等同于脑过程，是完全错误的。

第三，假定因果关系就是具体事件之间的时间次序关系，作为原因的事件先于作为结果的事件，并进而假定因果关系的各种特例必定是宇宙因果律的例示。然而，由休谟从哲学上明确提出的这种因果观念却是有大问题的。就我们目前关注的心灵哲学问题而言，不难发现，这个假定与第一个假定结合在一起，必然导致二元论：如果脑事件引起精神事件，作为具有因果关系的两个事件，它们必然是共存的；而脑事件是物理的东西，精神事件却又是精神性的东西。

第四，假定同一性就是明晰而简单的等同。然而，这个假定也是错误的，因为在哲学和科学中，实际上有着两种同一性，存在着两种不同用法的同一性。一种是对象同一性，如晨星与暮星的同一性关系就是对象同一性。另一种则是构成同一性，如水和 H_2O 的同一性关系就是构成同一性。就这里讨论的问题而言，当一个心灵哲学家断言"精神状态同一于脑的神经生理状态"时，他必须说明他说的是对象等同同一性，还是构成同一性。如果他说的是对象等同的同一性，就会陷入二元论的困境；而如果他说的是精神状态由脑的神经生理状态构成，那么就要面临许多新的问题需要研究。要言之，关于精神现象，绝不是不明就里地断言精神状态与脑的神经生理状态具有同一性就解决了一切问题。

塞尔认为，正是这些错误的假定阻挠着人们形成正确的、符合事实的心-身关系图画，要想正确地研究和解答心-身关系问题，就必须抛开这些既有的错误概念和假定，摘掉有色眼镜，"暂时忘记关于心-身问题的研究历史、方法和理论，以一种基于事实的自然态度来面对心-身问题"[1]。塞尔在这里对心-身问题的四个核心概念和假定进行了深入而明晰的语言哲学分析，这种分析及其揭示的问题是令人信服的；而他提出的生物自然主

---

[1] Searle J. Mind：A Brief Introduction[M]. Oxford：Oxford University Press，2004：77.

义方法实质上类似于现象学的"朝向事物本身"这一重要的哲学方法。显然，在关于心灵问题，尤其是心-身问题的研究中，采用这种生物自然主义方法是一个正确的选择。

2. 对心-身问题的生物自然主义解答

在塞尔看来，只要我们抛开传统哲学在心-身问题上的那些错误观念和假定，而对意识和意向性采取生物自然主义的态度，从原初事实出发，如其本然地看待意识和意向性的属性和地位，我们就能够很好地解答心-身关系问题。

其一，从自然主义的原初立场来看，意识状态具有第一人称的本体论地位，是一种被主体所经验的实在。比如，"我"感觉口渴的这种意识状态，当"我"感觉口渴时，这个意识状态对"我"来说就是实际存在的，就是"我"正在经验的一种实在。这是一个显然的事实。当然，"这种意识状态，像所有其他意识状态一样，都只是作为被人类主体或动物主体所经验的东西而存在，而且正是在这个意义上它具有一种主体的或第一人称的本体论"①。像口渴的感觉等所有意识状态，其存在都必定依赖于一个主体，都必须被一个主体、一个"我"所经验。然而，即便意识状态是一种依赖于主体经验的实在，即便它们不具有传统科学所要求的公共可观察性，但也仍然是一种实在。

其二，意识状态的实在性与物理世界的实在性并非相互否定的关系，而是相容的关系。如果意识状态是实在的，那么，诸如"口渴"这样的感觉状态又如何与世界的其余部分，即物理世界相适应呢？塞尔仍然以生物自然主义给出回答：首先，"'我'感到口渴"是一个实在的现象，是实在世界的一个组成部分，而且这个意识状态在"我"的行为中因果地起作用（"我"之所以进行喝水的行为，是因为"我"口渴），这是一个必须坚持的基本事实；其次，必须承认，"我"口渴的感觉（及其他意识状态）完全是"我"的脑中的神经生物过程引起的：如果"我"的生命系统在运行中出现

①　Searle J. Mind: A Brief Introduction[M]. Oxford: Oxford University Press, 2004: 78.

了水缺乏的情况，这种缺乏就会激发一系列复杂的神经生物学的现象，正是这些现象最终引发了"我"的口渴感觉，而感觉口渴的意识状态则进一步引发"我"的喝水行为。

其三，关于口渴的意识性感觉就是脑系统中正在进行的一个过程。口渴的感觉等精神现象并不是什么神秘的东西，它们就是脑中正在进行的意识过程。产生口渴的感觉等意识性精神现象就是脑的特征，尽管它们是在比神经元和神经键更高的层次上产生的特征。至于物理的脑过程引发渴感等精神状态的方式，塞尔基于既有的科学理论作如下描述：如果一个动物在其生命系统中出现了水分缺乏，那么，水的不足必将在该系统中引发"盐度失衡"，即盐对水的比率过高；进而，盐度过高将会激发肾脏的某种活动，并分泌高血压蛋白原酶，而高血压蛋白原酶将合成一种被称为血管紧缩素的物质；然后，血管紧缩素进入到丘脑并影响神经元激活的概率，而神经元激活的这个特定概率则引发这个动物感觉口渴。依赖于主体而存在的包括口渴在内的各种意识性感觉、各种主观经验，就是以这样的方式适合于物理世界的。

综上所述，塞尔对心-身问题作出的回答就是：所有形式的意识都是被神经元的行为所引发的，并在脑神经系统中实现；所有的意识状态都由脑中更低层次的神经过程所引发；我们具有意识性思想和感觉，而这些也是被脑中的神经生物学过程所引发的；所有这些精神现象都作为脑系统的生物性特征而存在。塞尔把他的这种心-身观称为"生物自然主义"心-身理论，"因为它对传统的心-身问题提供了一种自然主义的解答，这种解答既强调了精神状态的生物性特征，也避免了物质主义的困境和二元论的难题"①。

应该说，塞尔解答心-身关系问题的理论范式、研究路径是完全正确的，其对心-身关系的概要性解释也是令人信服的。当然，这种心-身理论也存在一些有待深入研究的问题，如意识性精神现象引发身体行为的控制问题、

① Searle J. Mind: A Brief Introduction[M]. Oxford: Oxford University Press, 2004: 79.

意识性精神现象的分类问题等,所有这些都有待进一步的深入研究和完善。

3. 生物自然主义的意识理论

如前所述,意向性问题和意识问题既是当代心灵哲学的两个重要论题,也是其探索心灵本质的两个重要切入点。如果说意向性是精神现象区别于物理现象的第一层级特征,那么,意识则是各种精神现象之主体特征的直接体现。塞尔对意向性问题作出了生物自然主义的解释,又以渴感为例对心-身问题给出了生物自然主义的说明。然而,心-身问题实际上具体体现为意识问题,即包括感觉在内的各种意识性精神状态如何产生、处于何种本体论地位又如何因果地对身体行为发挥作用的问题。因此,在回答心-身问题后,还需要进一步阐明意识的属性、特征和地位等问题。在塞尔看来,"意识是人类和某些动物的大脑的一种生物特征。这种特征被神经生物学过程所引发,而且是生物自然秩序的一部分,就像光合作用、消化和细胞有丝分裂等任何其他生物特征是生物自然秩序的一部分一样"[1]。塞尔对意识本质的生物自然主义论证,可概括为如下四点。

第一,意识状态及其主观的、第一人称的本体论,是实在世界中的实在现象。我们不可能对意识进行消除式还原,以表明它仅仅是一种错觉。我们也不可能把意识还原为其神经生物学层次的物质活动,因为,这样一种第三人称的还原将丢失意识的第一人称本体论。

第二,意识状态完全由脑中更低层次的神经生物学过程所引发。意识状态因而在因果上可还原为神经生物学层次的过程。就是说,它们是特定神经生物学过程产生的结果。它们绝对没有自己的、独立于神经生物学过程的属性。因果地讲,它们并不是"超越或高于"神经生物学过程的某种东西。

第三,意识状态是作为脑系统的特征,在脑中被实现的,并因而在比神经元和神经键更高的层次上存在。尽管单个神经元并不是意识的,但是,由神经元构成的脑系统的某些部分却可以是意识的。也就是说,当某些脑

---

[1] Searle J. The Rediscovery of the Mind[M]. Cambridge: The MIT Press, 1992: 90.

区的若干神经元构成的系统以某种方式共同活动时，就会产生意识现象。

第四，因为意识状态是实在世界的实在特征，所以，意识状态能够因果地发挥作用。例如，关于口渴的意识就引发人们去喝水的行为。因为有了口渴的意识状态，所以施行了喝水的行为。也就是说，作为精神事件的意识，能够作为原因在物理世界中引发某种结果[①]。

塞尔从上述四个方面简明扼要地刻画了他的生物自然主义的意识理论。第一点确定了意识是一种不可还原的实在，具有第一人称的本体论地位；第二点则给出了意识的神经生物学基础和根源，从而消除了意识作为非物质实在的神秘性；第三点又进一步对脑神经系统与意识的关系进行了说明，意在申明产生意识的脑神经机制；第四点则对作为精神实在的意识如何因果地对身体发挥作用给出了言简意赅的断定。笔者认为，塞尔关于意识之属性、地位和作用的这个基本论断是正确的，但过于简略，每一个论点都还需要深入研究和完善。

三、对精神因果问题的生物自然主义回答

精神因果（mental causation）问题也是当代心灵哲学中最为重要的基础性问题之一，有关心灵的许多问题都本质地与精神因果问题相关。简单地说，所谓精神因果问题，就是精神状态怎样具有因果力的问题，即心灵怎样影响身体以及身体怎样影响心灵的问题。自笛卡儿以来这一直是最为棘手的哲学问题之一。当代心灵科学哲学关于精神因果问题的各种回答可归为两类：一是认为精神状态根本没有任何因果力，物理世界在因果上是闭合的，即没有任何物理因素以外的因素能够在物理世界内部具有因果作用，所以，身体的行为完全是唯一地由物理过程因果地决定的。其代表人物包括吉姆（Jaegwon Kim）、索伯（Elliot Sober）等。二是肯定精神状态具有因果作用的各种理论，其代表人物包括杰克森（Frank Jackson）、佩蒂特（Philip Pettit）、福多（Jerry Fodor）等，当然也包括塞尔。虽然他们都对精神因果给出了肯定回答，但其论证却各不相同。塞尔给出的则是生物自然主义的

---

① Searle J. Mind：A Brief Introduction[M]. Oxford：Oxford University Press，2004：79.

论证。塞尔的论证可概括为如下三点。

1. 事件间的因果关系是能够经验的

塞尔认为，从原因与结果是否涉及精神因素而言，因果关系可分为两类：涉及精神因素的精神因果关系（如基于某个意向而施行的身体行为）和不涉及精神因素的物理因果关系（如心脏的跳动与血液的循环、月球的运动位置与地球潮汐的变化）。精神因果是因果关系的一个类型。事件之间的因果关系究竟意指什么，是一个极其复杂的问题。西方哲学史上对此进行最为深入、系统研究的哲学家当属休谟。休谟在《人性论》中通过深入细致的分析，得出的结论是：从经验的观点看，事件之间的因果关系实质上不过是在先性和连续性关系；所谓原因与结果之间的必然联系，只是我们的错觉；因为这种所谓的必然联系既不能合逻辑地加以证明，也不能为我们的经验所知觉。显然，如果休谟是正确的，人们通常所说的以必然联系为要旨的因果关系也就不复存在了。既然世界上根本就没有因果关系，当然也就无所谓精神因果问题了。皮之不存，毛将焉附。

那么，休谟的观点是无可置疑的吗？虽然休谟关于因果关系的这个观点对此后的研究产生了重大影响，但质疑、反驳和相反的观点却也一直存在。休谟的因果观点及对这种观点的质疑、反驳，也在当代心灵哲学中发出它相应的回响：否定精神因果的哲学家往往会援引休谟的论证和观点，而肯定精神因果的哲学家则往往也从反驳和批判休谟的观点开始。塞尔关于精神因果的生物自然主义论证也针对着休谟的相应观点展开。他提出和论证的第一个论点就是：体现事件之间必然联系的因果关系是我们知觉上可以经验的。这个观点显然与休谟的观点针锋相对。塞尔对他的这种观点主要给出了如下两方面的论证。

第一，作为精神现象区别于物理现象之基本特征的意向性，本然地有其满足条件，而其满足条件中包括因果条件。按照塞尔的看法，当我们具有知觉经验时或当我们施行自愿行为时，在这些意向现象的满足条件中有一个因果地自指的（self-referential）条件。因为行为意向只有在它引起了身体行为时才被满足，知觉经验也只有在它由被知觉的那个对象所引发时才被满足。行为意向本然地具有的这种满足条件表明，它就是随后发生的身体行为的原因；而知觉经验本然地具有的满足条件也表明，所知觉的那个对象就是知觉经验的原因。在这两种情况中，"我们都实际地经验到，作为一方的这种经验与作为另一方的世界上的对象和事态之间的因果联系"①。

　　显然，只要接受塞尔的意向性理论，就必然接受他的这个论证。因为，事实的确是，你抬起手臂的意向只有在引发了抬起手臂的行为时，才被满足；抬起手臂的意向就是抬起手臂的原因，而这种因果关系又的确是主体知觉上可经验的。众所周知，在你根据自己的意向抬起手臂与别人抬起你的手臂之间，你的知觉经验是完全不同的。神经医学的一些案例也支持塞尔的上述观点。例如，神经外科医生潘菲尔德（Wilder Penfield）的发现：能够通过微电极刺激病人的运动皮层神经而引发病人手臂的移动，然而，所有的被试者都对其手臂移动作出了"我手臂的移动不是我施行的，是你施行的"这种断定②。显然，基于意向自愿地抬起手臂的经验，与非意向的外部刺激导致手臂抬起的经验是不同的。这种不同就在于，在前一种行为中人们经验到了作为行为之原因的意向，而在后一种情况中我们没有经验到抬起手臂的意向。

　　第二，从我们的知觉经验与实在世界之间的这种（精神）因果关系，可以得出物理世界的事物或事态之间也可以具有建立于必然联系基础上的因果关系。塞尔对此给出的论证是，就像经验我们的行为意向与行为之间的因果关系一样，我们也能够以同样的方式经验到外部事物或事态之间的因果关系。例如，当我通过推动汽车而引起汽车移动时，我所创造的这个结果是我能够观察的结果；而你推动汽车时，我也同样能够观察到这个结果。无论是我推动这台汽车还是我观察你推动这台汽车，其中的因果关系是同样的。进而言之，如果我看到一辆从斜坡上滑下来的汽车撞上了另一辆汽车，从而导致了第二辆汽车的移动，我看到就是第一辆汽车的物理力

① Searle J. Mind：A Brief Introduction[M]. Oxford：Oxford University Press，2004：143.

② Penfield W. The Mystery of the Mind[M]. Princeton：Princeton University Press，1975：76.

量引起了第二辆汽车的移动。要言之，"当我们使某种事情发生时或当某种事情使某种事情发生时，我们所经验的那同一种关系都能够被知觉为存在，即使在这种因果关系中没有经验被涉及"①。所以，具有必然联系性质的因果关系并不局限于精神领域，而且可以顺理成章地扩展到物理世界。也就是说，物理世界也存在因果关系。

显而易见，塞尔在这里是试图对作为必然联系之因果关系的存在提供完全的辩护。因为，仅仅论证作为精神现象的行为意向可以导致行为的发生、可以引发相应的结果，还只是论证了精神因果的存在，并未辩明物理世界也存在这样的因果关系。而如果物理世界不存在因果关系，那么，精神因果的属性、地位也难以得到有力辩护，而且这样的因果理论也是不完全的。所以，他还需要进一步辩明作为必然联系的物理因果的存在。笔者以为，塞尔对物理因果之存在的这个论证是成立的。

2. 精神因果与物理因果是同一原因的不同描述层次

对于反驳以休谟为代表的否定因果关系是事物之间必然联系的哲学家而言，应该说，上述论证是有力的。但就当代心灵哲学关注的问题而言，这样的论证还远远不够。因为当代心灵哲学在此问题上争论的焦点恰恰在于，精神因果如何与物理因果相协调。所以，要想真正确立精神因果的存在，还必须对精神因果与物理因果的内在统一性作出合理的辩护和论证。

承认意识状态是一种非物理的实在，又承认精神因果的实在性，就必须要面临这样一个问题：非物理的意识怎么能够导致诸如身体的移动这种物理的结果？这个问题的另一个方面则是这样的问题：究竟什么是"我"的手臂举起的原因？人们通常给出的解释是，当"我"有意识地决定举起手臂时，"我"的手臂就举起来了，"我"的举起手臂的行为意向就是"我"举起手臂的原因；然而，我们也可以给出另一种神经生理学层次的解释：运动皮层的神经元激活→刺激肌肉纤维细胞→最终导致手臂举起。而更重要的是，这两种解释似乎是不同甚至对立的，而且似乎又都是正确的。这

---

① Searle J. Mind：A Brief Introduction[M]. Oxford：Oxford University Press，2004：144.

样，显然的问题就是：如何把这两种解释统一起来？在塞尔看来，人们之所以认为这两种解释是分立甚至对立的，乃是由于人们把精神和物理分离为两个完全无关的领域，而这种把心与身相对立的传统观点是错误的。消除这种错误的方法就是以自然主义态度处理精神和物理的关系：意识的实在性和不可还原性并不意味着它是"高于和超越于"它在其中实现的那些脑过程的某种不同类型的实在或属性；脑中的意识并不是不同的实体或属性，它就是脑的那个状态；意识与脑过程的关系就像活塞的固体性与金属分子的行为的关系、水的液体性与 H_2O 分子的行为的关系。

所以，"当我说我举起手臂的意识引发了我手臂的升起时，我并不是说除了神经元的行为之外还有另外的原因；我是在整个神经生物系统的层次上，而不是在某个微观层次上，对整个系统进行描述。这类似于对发动机气缸中爆炸的描述。人们可以说气缸中油气的爆炸引发了活塞的运动，也可以说，烃分子的氧化燃烧释放了热能，从而对那个金属物件（活塞）的分子结构施加了压力。这显然不是对两个独立原因的独立描述，而是从两个不同的层次上描述一个复杂的系统。……这里的关键问题是，我们必须放弃'精神现象的不可还原性就意味着它是超越于物理的某种东西，而不是物理世界的一部分'这个假定。只要我们放弃了这个错误的假定，我们就会发现，精神现象就是脑的物理结构在整个系统层次上的一种特征，并不存在意识性努力和神经元激活两种独立的现象。所存在的只有脑那一个系统，而这个脑系统有两个描述层次：在一个层次上正在发生神经元激活，而在另一个层次上，在整个系统的层次上，这个系统的确是意识的而且的确是有意识地力图举起它的手臂" ①。

塞尔关于精神因果与物理因果之同一性的这个论证，笔者认为，其基本理路是正确的。但也存在需要进一步研究的问题。其一，把人类行为的两个解释层次与气缸工作的两个解释层次相类比并不能完全解决问题，因为烃燃烧爆炸的实在性与意识的实在性有一个根本区别：意识的实在性是

---

① Searle J. Mind：A Brief Introduction[M]. Oxford：Oxford University Press，2004：146-147.

依赖于一个主体、一个"我"的。其二，如果精神原因与神经生物学层次的原因是同一个原因，只是当我们从整个系统层次描述行为时把其原因归结为行为意向，当我们从神经生物学层次描述行为时则把其原因归结为神经元的活动，那么，所谓的精神原因也就不具有实质性意义了。如果意识、意向不能作为行为之原因的构成部分发挥作用，那么，我们为什么还要形成意向、意识等精神状态？难道是为了（如魏格纳所说的）自我欺骗？这实际上已经陷入丹尼特的意向立场理论所主张的观点，实质上已经否定了精神原因的实在性。其三，如果行为的神经生物学原因是神经元的相关活动，而这种活动又是被物理–化学的规律决定的，那么，在系统层次上形成的意识又是如何参与其中发挥作用的？对此，塞尔含混不清地回答说："顶层表明行为意向引发身体行为，而底层则表明它在神经元和生理装置中怎样运行。"①那么，究竟是顶层的行为意向决定了那个行为的发生，还是底层的神经生物学过程决定了那个行为的发生？顶层的行为意向如何返回到底层发挥作用？显然，这并不是一个令人满意的回答。精神原因要想在行为中发挥实质性作用，它就必须作为一个环节介入身体的神经生物学过程中。这里实际上涉及"自我"问题，必须一个具有生物实在性的"自我"参与其中，两种因果才能真正统一起来。就塞尔的理论框架而言，他必须把生物自然主义立场贯彻到底、贯彻到自我问题的研究，才可能最终对此问题给出令人满意的解答。由于塞尔此时还局限于一种"形而上主体"的自我观，所以，他对此问题也只能避而不论、不了了之。更明确地讲，他在这里对行为之精神因果与物理因果之内在关系的说明实际上是错误的，与其以意向等精神原因来解释人类行为的原初宗旨也是相背离的。

3. 对人类行为的精神因果解释

众所周知，精神因果问题与人类行为的解释问题本质地相关，精神因果问题也正是在解释人类行为之原因的争论中出现的问题。坚持精神因果论的哲学家认为人类行为是行为意向等精神原因引发的，而坚持物理因果

---

① Searle J. Mind：A Brief Introduction[M]. Oxford：Oxford University Press，2004：147-148.

论的哲学家则认为人类行为完全是由神经生物学层次的物理-化学过程所决定的。不言而喻，坚持精神因果论的哲学家必须给出精神因果在人类行为中发挥作用的机制，必须说明精神原因怎样引发物理结果。那么，精神因果在人类行为中究竟如何发挥作用呢？在对精神因果的实在性及其与物理因果的关系作出了上述论断后，塞尔基于他所提出的这种生物自然主义理论对人类行为问题给出了相应的解释。

按照塞尔的看法，虽然精神因果与物理因果表征的都是事件之间的必然联系，但二者也有着本质区别：对它们进行解释的逻辑形式是完全不同的。物理因果的解释必须具备三个要素：出现某种结果的充分条件、不涉及目的或目标之类的范畴、描述原因现象之语言的意向内容并不作为原因发挥作用。例如，对"雷电引发森林大火"这个因果事件的解释，就需要从这三个方面进行说明。与此相反，对人类行为的因果解释则不需要这三个要素，而是需要另外三个要素：行为的自由性、必须以特定的目的或动机来解释某个行为、意向原因必须作为解释机制的一部分发挥作用。例如，对"张三选择 A 大学而不是 B 大学"之原因的解释。塞尔认为，理解这两种因果的这些实质性不同、理解人类行为之因果解释与自然现象之因果解释有着根本不同的逻辑形式，对于把我们理解为人类存在者是绝对本质性的，因为自愿性的人类行为必定是基于某些理由的，而且这些理由必定是因果地发挥作用的；而"至关重要的，是要明白，人类意向性之发挥作用，要求把合理性作为整个系统在结构上具有本质性的一个组织原理"[①]。

塞尔对人类行为之因果解释与自然现象之因果解释的这个区分，与其前面关于精神因果与物理因果之关系的说明，并不完全一致。因为他在这里既肯定了意向是不同于物理原因的另一种因素，又把人类行为的原因（至少是部分原因）归为了行为意向这个精神性的因素。如以上指出的，这种不一致性也根源于他未能把意识状态等精神现象的实在性贯彻到底。

---

① Searle J. Mind: A Brief Introduction[M]. Oxford: Oxford University Press, 2004: 150.

从以上塞尔生物自然主义心灵理论的基本内容不难发现，塞尔所提出的这种生物自然主义心灵哲学理论对精神现象所给出的解释，既不同于当代心灵哲学中占主导地位的各种物质主义理论，也不同于各种二元论。尽管这种心灵哲学理论在许多问题上还有待进一步研究和完善，但与其他理论相比，生物自然主义心灵理论对意向性问题、心-身问题、精神因果问题等心灵现象的解释，的确是更加合理的。然而，自我本质问题则是心灵哲学中最为艰深的核心问题，也是任何心灵哲学理论都必须回答的问题，因为这个问题关系到其他问题的最终解决。那么，生物自然主义理论将对自我问题作出怎样的解答？下面，我们考察塞尔基于生物自然主义心灵理论对自我本质问题的解答。

第三节 从意向性问题到自我问题

塞尔探索自我问题的历程大致可分为两个阶段：第一阶段为 1980～2004 年，是从意向性问题、意识问题等逐渐深入到自我问题的阶段；第二阶段则以 2004 年出版《心灵：纲要性导论》为标志，塞尔明确地把自我问题确立为心灵哲学的重要论题开展研究，并在《心灵：纲要性导论》以及此后发表的《哲学和神经生物学中的自我问题》(2005 年)、《自由与神经生物学》(2007 年) 等论著中，系统地论述了他的生物自然主义的自我理论。本部分先论述塞尔从意向性、意识等问题的研究逐渐深入到自我问题的内在逻辑。

如我们在导论中已经指出的，有关心灵的各种问题，无论是意向性问题、意识问题，还是心-身问题、心理因果问题，都本质地与自我问题相关，其最终解决也依赖于自我问题的解决。所以，尽管大多数当代心灵哲学家最初关注的并不是自我问题，而是相对简单并易于研究的意向性问题、意识问题、心理因果问题或表征问题等，但随着研究的深入，几乎所有的心灵哲学家最终都自然而又必然地转向自我问题的探讨。塞尔的心灵哲学研究路线也是如此。塞尔以意向性问题为切入点进入心灵哲学问题研究，进而扩展到意识、精神因果等问题。但是，要想真正阐明意向性问题，就必定涉及"意义和理解问题"。要想真正阐明关于意识的各种问题，就必然涉及"精神现象的主观性问题""第一人称的特殊地位问题"等。而所有这些问题都与自我问题本质地相关。因此，要想真正解决这些问题就必须进一步研究和解决自我问题。

塞尔的第一篇心灵哲学代表作是发表于 1980 年的《心、脑与程序》。塞尔写作该文的目的，是以心灵的内在意向性特征批判强人工智能的如下观点："被恰当地设计程序的计算机实际上就是一颗心灵，就是说，被给予正确程序的计算机能够在字面意义上说成是能够理解的并具有其他认知状态。"①塞尔批判这种强人工智能论断的方法就是他所构想的那个著名的"中文屋"思想试验。他给出的论证是：即便所设计的计算机程序能够像人类个体一样回答问题，它的回答也只是进行形式符号操作的结果，而绝不可能对问题有任何理解；与计算机通过形式符号的运作回答问题不同，人类则是基于理解来回答问题的；人类之所以能够"理解"，乃在于他拥有意向性精神状态；而计算机之所以不能"理解"，乃是"因为形式符号操作本身并不具有任何意向性；它们是完全无意义的……它们只有语法，没有语义"②。这就是说，心灵的理解能力来源于其意向性，心灵的意向状态就是一种"意义"和"理解"状态，是一种对脑的生物化学状态赋予特定意义的状态。如果是这样，紧接着的问题就是，心灵意向状态的"意义"和"理解"来自何处？是如何形成的？因此，昭然若揭的就是：要想真正阐明意向性的本质，就必须进一步探讨"意向状态之意义的来源、条件和形成机制"等问题，就必须探索和回答自我问题。后来塞尔又发表《谁正在用脑进行计算？》（1990 年）一文，针对把心灵解释为计算程序的观点，提出了"谁正在用脑进行计算"的问题，意在表明，心灵的所有活动都是必须有一

① Searle J. Minds, brains, and programs[A]//Berkley B, Ludlow P. The Philosophy of Mind[C]. Cambridge: The MIT Press, 2006: 133.

② Searle J. Minds, brains, and programs[A]//Berkley B, Ludlow P. The Philosophy of Mind[C]. Cambridge: The MIT Press, 2006: 144-145.

个"主体"的：如果一定要把心灵过程理解为计算过程，那么也必须回答"谁在用脑计算"的问题。

在其 1984 年出版的《心、脑与科学》中，塞尔在意向性特征的基础上又进一步指出，意识性、意向性、主观性和精神因果是心灵的四个本质特征，正是这四个特征使精神现象似乎成为不符合于我们关于世界由物质粒子构成的"科学"概念，因而也成为心灵哲学必须首先加以研究和解决的问题①。塞尔在这里已经把精神状态的主观性（subjectivity）特征列为难以与关于实在的科学概念相融合的心灵的根本特征，而主观性显然只能是一个"主体"、一个"自我"所具有的特征。所以，要研究和解决主观性问题，就必然涉及自我问题。按照塞尔的说法："这种主观性是被这样的事实所标志的：我能够感觉我的疼痛，而你却不可能。我从我的观察点看世界；你从你的观察点看世界。我觉知我自己和我的内部精神状态，与觉知其他人的自我和精神状态是十分不同的。"②显然，主观性与自我本质地相关。不过，由于在该书中塞尔主要是解决心灵的主观性特征的自然实在性问题、论证心灵之主观性特征的生物性自然实在地位，因而只是论述主观性特征是神经元活动在脑神经系统的宏观层面表现出来的实在特征，并未深入研究主观性特征的来源和机制。但毫无疑问的是，按照塞尔的生物自然主义理路，若要真正解决主观性的来源和机制等问题，是必须引入和研究自我问题的。

意识被塞尔看作是心灵的四个特征中最为重要的特征，也是他后来着力研究的主要问题之一，也正是在以生物自然主义纲领解答意识问题之后，自我问题被塞尔确立为心灵哲学的 12 个难题之一，并展开了对自我问题的研究。如前所述，塞尔在对意识进行自然主义解释时，主要基于两点理由：一是把意识与"我"本质地关联起来，二是从第一人称的主观经验性论证意识的不可还原性。按照塞尔的看法，意识的根本特征就在于其对特定主体的依赖性："意识状态总是某人的意识状态。正如我和我的意识状态有一

---

① Searle J. Mind，Brain and Science[M]. London：British Broadcasting Corporation，1984：15.
② Searle J. Mind，Brain and Science[M]. London：British Broadcasting Corporation，1984：16.

种特殊关系，正如这种关系和我与他人的意识状态的关系不同一样，他人则与他们的意识状态有一种特殊关系，而且这种关系和我与他们意识状态的关系也不一样……世界本身没有观点，但我通过我的意识状态进入世界的通路却总是有观点的，总是从我的观点看。"①他认为，意识必然与"我"融合在一起，因此所有的意识都是"自我意识"（自我的意识）。而意识之所以是一种自然的生物特征，还在于意识因其第一人称特征而具有的不可还原性："为什么意识不可像液体性和固体性可以还原一样还原为其他的独立于观察者的属性？为什么我们不可能采取把固体性还原为分子的行为那种方式把意识还原为神经元的行为？其答案就是：意识有一种第一人称的或主观的本体论，因而不可能被还原为具有第三人称的或客观的本体论的任何东西。如果你为了支持一个而试图还原或消除另一个，那你就会遗漏某种东西。说意识具有第一人称的本体论，我所意指的就是：生物的脑拥有一种卓越的产生经验的生物能力，而且，只有在这些经验被某个人类或动物主体（agent）感觉时，它们才存在。你不可能把这种第一人称的主观的经验还原为第三人称的现象，因为同一理由，你也不可能把第三人称的现象还原为主观的经验。你既不可能把神经元激活还原为感觉，也不可能把感觉还原为神经元激活，因为进行这种还原你将遗漏所讨论的客观性或主观性。"②总之，意识不可能以其他生物属性可还原的那种方式进行还原，因为它具有第一人称的本体论，仅仅在它被如此这般经验时才存在。如果意识的根本特征就在于意识与"我"的内在同一性，如果它的不可还原的本体论地位就在于它的第一人称特征，那么，探索和解答自我问题就是真正阐明意识所必需的了。

此外，塞尔所主张的生物自然主义心灵理论也是促使他最终必然研究自我问题的重要根源。因为所有拒绝二元论、拒绝精神现象具有独立实在性的理论，最终都必须回答自我问题。按照塞尔独特的生物自然主义心灵

---

① Searle J. The Rediscovery of the Mind[M]. Cambridge: The MIT Press, 1992: 94-95.
② Searle J. The Mystery of Consciousness[M]. New York: The New York Review of Books, 1997: 211-212.

理论，意向性、意识等精神现象虽然是不可还原的自然实在，但却不是与物质相对的另一种实在，而是依赖于神经生物过程的实在。所以，正如他一再强调的，他是一个坚决拒绝和批判二元论的物质一元论者。既然精神现象不是独立于物质现象的实在，那么就必须对"自我"这种精神现象的本质进行研究和回答。用塞尔本人的话说就是："对于我们这些拒绝二元论的人来说，仍然面临着一个严肃的问题：自我究竟是什么？关于我的什么事实使得我成为我？"①

其实，生物自然主义心灵理论所面临的最大难题就是自我问题。生物自然主义的核心思想有三：一是承认粒子物理学、化学、现代宇宙学和进化论生物学关于宇宙、生命的起源、进化、结构和属性等所描述的东西是基本事实；二是承认意识、意向性等精神现象是宇宙中的一种自然现象，由脑中神经元的活动所引起并在脑中实现，而不是脱离于基本事实的神秘现象；三是认为意识、意向性等精神现象虽然由脑活动引发并在脑中实现，但它们不能还原为脑过程，是一种不可还原的实在。简言之，生物自然主义"一方面拒斥通常所理解的物质主义及其随从还原论和消除论，另一方面也拒斥任何形式的二元论或三个世界理论，以及任何否定基本事实之普适性的神秘理论"②。与当代心灵哲学中的各种物质主义理论、各种二元论和各种带有神秘色彩的理论相比，塞尔的生物自然主义心灵理论的确胜出一筹：既承认当代科学所建立起来的各种基本事实，又与我们关于精神意识现象的各种日常经验相一致。因而，它既克服了各种物质主义理论的难题，也克服了各种二元论的难题。

各自孤立地看，生物自然主义的这三个基本观点似乎都毫无问题。然而，如果把这三个观点结合在一起，就会陷入一个巨大的难题：如何使科学所建立的那些基本事实与我们拥有的自我概念协调一致。正如塞尔所指出的，一方面我们有着关于自由的经验，另一方面我们又很难放弃这样的观点：每一事件都有一个原因，而人类行为也是事件，所以它们也必须有

① Searle J. Mind: A Brief Introduction[M]. Oxford: Oxford University Press, 2004: 192.

② Searle J. Freedom and Neurobiology[M]. New York: Columbia University Press, 2007: 19-20.

充分的因果解释，就像对地震和暴风雨的因果解释一样。"虽然自我概念部分地来自我们的文化遗产，但它主要来源于我们自己的经验。我们有一个关于我们自己的概念：作为意识的、意向性的、合理性的、社会的、建构惯例的、政治的、履行言语行为的、伦理的和拥有自由意志的主体这个概念。现在的问题是，我们怎样把我们那作为有心灵的、创造意义的、自由的、合理性的主体的自我概念，与一个完全由无心灵的、无意义的、非自由的、非理性的、原始的物理粒子构成的宇宙整合一致？"①

当然，我们可以简短地回答说，意识与基本事实的一致性就在于，意识状态完全由脑神经元的过程所引发并在脑中实现。然而，这样的回答却仍然遗留了大量难题：意识怎样因果地发挥作用从而引发我们的身体行为？脑究竟是怎样产生意识经验的？这些经验又是怎样在脑中实现的？意向状态究竟怎样被脑过程所引发？怎样发挥作用？生物自然主义作为一种心灵理论必须回答这些问题。而解答这些问题的关键就在于：进一步从生物自然主义立场研究自我的属性、地位和本质，而不能仅仅断定自我是意识不可或缺的主体。

不过，虽然探索和回答自我问题有其理论的内在逻辑必然性，虽然由于意向性问题、主观性问题、意识问题本身与自我问题的内在相关性，塞尔在研究这些问题时也"不由自主"地以一定方式涉及和提到自我问题，但他真正明确地把"自我本质问题"作为当代心灵哲学的一个重要论题来研究，则是从其 2004 年出版《心灵：纲要性导论》开始的，正是在这部著作以及稍后发表的《哲学和神经生物学的自我问题》《自由与神经生物学》等著作中，塞尔系统地论述了他的生物自然主义的自我理论。

第四节　作为同一性人格的自我

在塞尔看来，当代心灵哲学所要探讨的自我问题实际上可分为三个层

---

① Searle J. Freedom and Neurobiology[M]. New York：Columbia University Press，2007：5.

次的问题：人格同一性问题、主体自我的本质问题和自我的社会性问题。一提到自我问题，我们首先自然而然要面对的问题就是人格同一性（personal identity）问题：究竟是什么使每个人都有着自我同一性？认为自我始终是同一个自我？其次是主体自我的本质问题：我们把各种精神属性归于它的那个主体自我究竟是什么？最后一个问题则涉及自我的社会层面：究竟是什么使"我"成为"我"所是的这个人？第一个问题是自我问题在个体人层面的反映，第二个问题则是自我问题在神经生物学和心理层面的反映，第三个问题则涉及自我问题的社会层面。应该说，塞尔把自我问题分解为这三个层面的问题是完全正确的，因为解答自我问题本质上就是研究和回答这三个问题，缺少任何一个方面，都不是对自我问题的完整解决。但这三个问题中，主体自我的本质则是自我问题的核心所在，决定着其他两个问题的解决。本部分先讨论塞尔关于人格同一性问题的观点。

人格同一性问题（也称个人同一性问题）也是一个历史悠久的哲学难题。所谓个人同一性问题，也就是每个人都具有的那种跨时空的同一性的标准问题：究竟是什么使我们能够认为现在的"我"与（比如）10年前的"我"是同一个人？究竟是什么使我们认为他人具有跨时空的同一性，认为（比如）现在的奥巴马与30年前的奥巴马是同一个人？毫无疑问，10年前的"我"与现在的"我"、30年前的奥巴马与现在的奥巴马，在样貌、身体、心智、生活等方面都发生了巨大变化，那么，我们究竟是以什么标准来判断现在的"我"与10年前的"我"、现在的奥巴马与30年前的奥巴马是同一个人？显然，我们用以判断"本人"的个人同一性的标准和用以判断他人的个人同一性的标准是不同的。但"本人"的个人同一性问题居于更加基本的地位，所以，个人同一性问题的核心是"本人"的个人同一性问题。用第一人称来表述就是：我们断定现在的"我"与10年前的"我"是同一个人的标准是什么？

塞尔认为，个人同一性问题是比逻辑和哲学中讨论的对象同一性问题更加复杂的问题，因为个人同一性问题的关键点在于其第一人称经验具有实质性的重要地位：在个人同一性问题上，"第一人称的经验是本质性的，而在某种程度上第三人称的现象则或多或少地是附带的……即使我们的身体整体上变形成了另一种很不相同的形象，我们也知道，我们是以前占据另一个不同躯体的那同一个人，即便没有其他人相信这一点"①。当然，这并不是说个人同一性问题不涉及第三人称维度，而是说第一人称维度处于更加重要的地位。

那么，个人同一性的标准究竟是什么？塞尔认为，我们的个人同一性概念至少要求如下四个条件。这些条件既涉及第一人称的观点，也涉及第三人称的观点。

第一，身体的时空连续性条件。这个条件要求（例如）奥巴马的身体从几十年前出生的那个婴儿开始，一直是连续的。其他人正是依赖于其身体的这种时空连续性而把不同时期的奥巴马看作同一个人。当然，身体的时空连续性指的是个体人的层面，而非细胞或分子的层面。

第二，身体结构的跨时空的相对恒定性条件。尽管人们的身体在数十年间会发生很大的变化——身高、体重等都会发生很大的变化，但是身体的基本结构则必须保持相对稳定；否则，如果某人的身体，就像卡夫卡的《变形记》描述的那样，有一天突然变成了一只大甲虫，在他人看来，其个人同一性恐将不复存在。

第三，记忆建立的意识经验的连续性条件。前两个条件显然是从第三人称立场出发的，是第三人称的条件。而个人同一性更加本质的方面是第一人称的维度。从"我"的观点来看，个人同一性的核心是对意识经验之连续性的记忆。"我"一觉醒来之所以认为今天的"我"与昨天的"我"是同一个人，乃是因为"我"拥有关于睡觉前的"我"的各种记忆；"我"之所以认为今天的"我"与 10 年前的"我"是同一个人，乃是因为"我"这 10 年来对"我"的（至少是那些重要的）意识经验有着连续性的记忆。可以说，自传式记忆是个人同一性的本质要素，可以想象，即便"我"早晨

---

① Searle J. Mind: A Brief Introduction[M]. Oxford: Oxford University Press, 2004: 195.

醒来发现自己的身体发生了重大变形，从"我"的观点来看"我"仍然是昨天的"我"。所以，"我的被记忆捆绑在一起的意识状态系列对于我感到我作为一个特定个体而存在来说是本质性的"①。如果没有记忆的连续性，那么就正像莱布尼茨当年曾经举的一个例子：设想你成了中国的皇帝，但你却失去了关于你过去的各种记忆的所有痕迹。设想这一情形和设想你不再存在而一个新的中国皇帝开始存在之间没有区别。

第四，人格的相对连续性条件。虽然人们的个性和性情在其漫长生命历程中会发生一定的变化，但是一个人的个性和性情应具有相对连续性，其个性和性情的主要方面应该是连续的。如果一个人的人格、个性和性情发生了剧烈变化，人们就很难仍然把他当作同一个人。正如某些案例所表明的，那些脑部受到重创而活下来的人，在行为方式等方面往往判若两人。人格同一性的这第四个条件没有前面三个条件重要。

可以看出，第一和第二个条件是第三人称立场的，而第三个条件则是第一人称立场的，第四个条件则兼具两种立场。塞尔认为其中第三个条件，即标志主体自我的意识经验的连续性条件，是最为根本的条件。应该说，塞尔给出的关于人格同一性的这四个条件是合理的。另外，还需指出，塞尔把人格同一性问题确立为自我问题的重要方面，对全面理解和研究自我本质问题具有重要意义。探索自我问题的当代心灵哲学家大多忽视了自我问题的这个方面，而聚焦于亚个体的心理、意识维度或超个体的社会维度。个人同一性这个个体维度则恰恰能够把心理维度与社会维度统一起来。

第五节　作为形而上主体的自我

在生活中我们自然而又必然地把各种各样的精神属性都归于"我"，如"我感觉很伤心""我相信生物进化论""我知道那个事件的真相"等。意向、意识等精神活动的背后似乎总有一个无法回避的主体，似乎必须追溯到一

---

① Searle J. Mind: A Brief Introduction[M]. Oxford: Oxford University Press, 2004: 197.

个主体，我们才能对关于心灵的各种问题作出令人满意的解释。那么，我们把各种精神属性都归于其上的这个主体、这个"自我"究竟是什么？对此，不同倾向的心灵哲学家往往给出迥然不同的回答。如前面两章所看到的，丹尼特给出的是编造虚构论的回答，而魏格纳又给出了魔法幻觉论的回答。塞尔则认为，自我绝不是什么幻想，从人类认识论上看，自我至少必须以"形而上实体"的形式存在；从生物自然属性看，自我必有其在脑中的实在基础。

塞尔对主体自我之本质问题的解答，是从分析休谟关于自我问题的著名论述开始的。休谟在《人性论》一书中基于其彻底经验主义观点提出，哲学家们所谈论的自我并没有经验基础，除了头疼、口渴等各种具体的感觉经验外，我们从来没有关于自我的任何直接经验，无论如何都不可能像经验冷热、爱恨那样经验到自我，因此，设想存在超越于经验的自我，完全是一种幻想①。塞尔在分析了休谟基于经验的自我幻想论观点之后，指出：休谟的论证在他所指向的经验层次上无疑是正确的，因为我们的确无论如何都无法直接经验到自我的存在；但是，"休谟遗漏了某种东西……除了我们的身体和经验的连续性之外，我们还需要设定某种东西吗？我得出的结论是：是的，除了经验的连续性之外，我们绝对地需要设定一个自我"②。对此，塞尔给出了如下三个方面的论证。

其一，虽然我们每个人都依赖于各种各样的经验而体验存在，如通过各种视觉经验、味觉经验等而体验相应事物的存在，虽然经验在我们每个人的生活中都具有基础性的地位，但是，我们的各种瞬时经验并不是无序的，更不是各不相关的碎片，在任何瞬间所具有的经验都是作为唯一的、统一的意识场的一部分被经验的。这个意识场实际上就是某人自己的意识的连续物。更重要的是，这个意识场不仅具有跨时间的连续性，而且这个意识场的跨时间连续性能够被这个意识场的拥有者所经验。也就是说，我们并不是把"我"5分钟以前甚或5年以前的意识，作为与我们现在的意

---

① 休谟. 人性论[M]. 关文运, 译. 北京：商务印书馆, 1980：281-282.
② Searle J. Mind：A Brief Introduction[M]. Oxford：Oxford University Press, 2004：201.

识无关的东西来经验的，而是作为被睡眠间隔的连续的意识来经验的。简言之，我们具有一种被睡眠间隔的连续的意识的经验，虽然这个意识场本身不能被直接经验，但它显然是存在的。休谟在强调意识的经验性的时候，所漏掉的正是这一点：所有的经验实际上都是在一个统一的意识场中被经验的，而这个意识场是连续的，而且其连续性是可以经验的。应该说，塞尔对休谟基于近代经验论的幻想论自我观的这个反驳，是令人信服的。塞尔在这里实际上已经把自我断定为那个经验连续性意识场的存在了。

其二，即便自我不能直接经验，但也绝不是幻想，因为我们至少必须设定一个自我的形式概念，才可能对合理性、作出决策、行为的理由等问题进行解释。我们每天都需要对许多事情作出决定、需要施行许多行为，那么，人们为什么作出了这样的决定而不是那样的决定？施行了这样的行为而不是那样的行为？为什么选择 A 而不是选择 B 作民意代表？如果前面关于精神因果与物理因果的观点是正确的，那么，以解释物理因果的充分条件逻辑形式来解释人类行为就不是适当的。因为根据某种理由行动与某种事情因果地发生有着根本不同，理由只是依赖于主体而存在，而因果则是一种物理机制。要想对人类行为作出合理的解释，"我们就不得不设定一个能够自由地行动并能够为行为负责的合理性的自我或代理主体（agent）。正是自由行动、解释、责任和理由这些概念的复杂性，使我们除了经验的结果和在其中发生经验的身体之外，还要再设定某种东西的存在。更确切地说，为了解释自由、合理性行为，我们不得不设定：存在着某个一体性实体 X，使得 X 是意识的（以及意识所隐含的所有东西），X 持续地穿越时间，X 在合理性的约束下阐明并反映行动的理由，X 预设在自由的条件下能够决定、启动和贯彻行为，X 至少能够为它的某些行为负责"①。

其三，自我是由意识能力、意识知觉经验和其他意向状态的能力、反思其意向状态和合理性行为的能力构成的一个形式概念，但又必须是一个实体。塞尔认为，休谟关于自我不可像经验冷热那样被经验的观点是绝对

---

① Searle J. Mind：A Brief Introduction[M]. Oxford：Oxford University Press，2004：202-203.

正确的，但他同时又认为我们至少必须设定这样一个自我实体。那么，这个不可经验而又必须存在的自我究竟是什么？又以何种方式存在？按照塞尔的观点，这个自我既是一个形式概念，又必须是一个实体。他问道：如果我们要设计一种有意识的、能够全部复制人类理性能力的机器人，即一个能够反思行动的理由、作出决定、在它自己的自由预设条件下行动的机器人，那么，我们必须把什么东西置入这个机器人之中？他认为，要制造这样一个机器人，我们至少必须把三种东西置入其中：一是认知型意识：它必须能够领会知觉输入、有意识地处理从知觉导出的信息，并在基于信息进行行为的这个基础上进行推理；二是它必须具有创始（initiate）行为的能力，能够创生行为；三是它必须能够从事我们称为根据理由行动的某种东西，而不是一切都由物理因果决定。然而，如果我们把意识能力、意识知觉经验和其他意向状态的能力、反思其意向状态和合理性行为的能力一起置入我们的机器人中，我们实际上就已经创造了一个自我。所以，自我是一个形式概念，它涉及的是在合理性的约束下以如下方式组织其意向性的能力：采取自愿的、意向的行为。这就犹如我们的视知觉的观察点：我们需要用它来实施我们的视觉经验的可理解性，但这个观察点本身没有实质性特征，而只具有一种形式的限制。当然，"自我概念要更复杂一些，它必须是一个实体，而且这个实体要具有意识、知觉、合理性、采取行动的能力、组织知觉和理由的能力，以便按照预设的自由完成意愿的行为"①。

从以上论证可以看出，尽管塞尔在这里也提出了"自我必须是一个实体（entity）"等论断，但他也仅仅把自我处理为一种类似于观察点的纯形式的实体。较之魏格纳的魔法幻觉论和丹尼特的编造虚构论，这种自我理论虽然从一定层面肯定了自我的实在性，但它终究仍然把自我处理为一个形式性的概念而不是实质性的概念。这显然与他的生物自然主义的心灵理论不够一致。因为生物自然主义心灵理论的要旨就在于："要力图忘掉相关问

① Searle J. Mind：A Brief Introduction[M]. Oxford：Oxford University Press，2004：204.

题的哲学历史，并提醒你自己你所知道的事实是什么。"①正如我们以上所看到的，塞尔在研究意向性问题、心-身问题、意识问题和心理因果问题时，的确贯彻了生物自然主义纲领。然而，如果我们把这一纲领贯彻到自我问题，显然就不能仅仅得出自我是一个形式概念的结论。因为我们在各种精神生活（尤其在主观的意识经验）中、在意愿行为中，的确感觉到有一个操控我们精神活动的主体自我这个事实。或许正是由于察觉到关于自我的这种形式主体论的说明与其生物自然主义心灵理论不够一致，在进行了上述讨论后，塞尔又意味深远地指出：

"尽管休谟的不存在作为我们之经验对象的自我这个观点是正确的，但为了能够理解我们的经验的特征，却存在如下这种形式的或逻辑的要求：要求我们把一个自我设定为除了经验之外的某种东西。就目前的这个论证而言，我对它并不满意。对我来说它似乎远远不够，而我又不知道实际上怎样完成它。我有两个相关的担心：第一，休谟观点的潜在困难是他关于经验的原子主义概念。他认为经验总是以他所称的'印象'和'观念'这种分离的单元到达我们。然而，我们知道这是错误的。我们知道，正如我力图强调的，我们具有一个整体的、统一的意识场域（conscious field），而且在这个意识场域中我们的经验既在任何给定的点上，又是跨时间地被组织为十分有序和复杂的结构。关于我们的知觉经验的这种非原子的而是整体的特征，格式塔心理学家们已经给予我们大量的证据。我的第二个担心是，我不知道怎样说明如下事实：我们的经验的一个重要特征是人们称之为'自我感觉'（sense of self）的东西。也就是说，肯定存在某种东西，它感觉起来就像是我。使你自己理解这一点的另一种方法就是：力图想象你自己是某个整体上不同的人，感觉起来像什么。想象你是希特勒或拿破仑或华盛顿，感觉起来像什么。注意，这里并不是想象你处于希特勒等人的情形或扮演希特勒等人是像什么，而是想象你就是希特勒、拿破仑等人，感觉起来是像什么。如果你进行这样的想象，你就会明白，你想象了这样

---

① Searle J. Biological naturalism[A]. http://ist-socrates.berkeley.edu/~jsearle/Biological naturalism Oct04.doc[2017-06-05].

的一种经验：这种经验与你正常地拥有的你的作为这个自我而不是某个
其他自我的那种经验，非常不同……我的自我感肯定存在，尽管它并不
解决人格同一性问题，尽管它也并未充实反驳休谟时必须设定的那个纯
形式的概念。所以，尽管本章是讨论自我的一个开始，但它也仅仅是一个
开始。"①

正是基于对上述问题的思考，在出版《心灵：纲要性导论》一书后不
久，塞尔又发表了《哲学和神经生物学中的自我问题》和《自由与神经生
物学》等论文和著作，进一步从生物自然主义立场论述了他的自我理论。
虽然这些论述仍然与其生物自然主义研究纲领不够一致，但的确从神经生
物学的层面作出了某种推进。

第六节　自我本质的生物自然主义解释

从以上论述可以看出，塞尔虽然从常识性解释的视角把自我问题分解
为个人同一性问题、主体自我的本质问题和特定自我的形成问题，但他明
确地指出了第一人称维度的主体自我问题则是自我问题的核心所在。关于
个人同一性问题，如上所述，塞尔认为第一人称的维度、"我"的维度是更
为本质的方面。因此，解决人格同一性问题必须设定一个超越于身体及在
身体中发生的连续经验的主体自我。至于特定自我的形成问题、"'我'何
以成为'我'所是的这个人"的问题，显然也必须预设一个主体自我才可
能进行研究和回答。那么，这个主体自我究竟是什么？塞尔反驳了休谟的
幻想论，并基于元认识论断定：自我至少是一个形式实体。但是，如果仅
仅把自我断定为一种形式实体、一种形而上的设定，那么就不仅与他关于
个人同一性标准的论述不一致，而且与他的生物自然主义的心灵哲学研究
纲领也相抵牾。因为他在这里所设定的是一个"非自然的"、不能以生物自
然属性解释的形而上的实体。所以，要真正解决自我问题，他就必须进一

---

① Searle J. Mind：A Brief Introduction[M]. Oxford：Oxford University Press，2004：205-206.

步从生物自然主义视角对自我的本质作出解释。

为了对自我问题作出符合生物自然主义纲领的解答，塞尔进一步从意识的维度对自我问题进行了研究，试图基于意识阐明自我的本质。按照塞尔的定义，"意识是由感觉、感知或觉知这样的状态构成的，只要我们从无梦睡眠中醒来，这些状态就开始存在，而且持续存在着，直到这些感觉停止，即直到我们再次睡眠、昏迷、死亡或进入其他'无意识'状态"①。基于这样的定义，塞尔认为，意识状态有三个最根本特征：①所有的意识状态都是质性的（qualitative），就是说，当处于某种意识状态时总是有着处于这种意识状态中是像什么的某种质性的感受；②所有的意识状态都是主观的，即它们仅仅作为被一个人类主体或动物主体（subject）所经验的东西而存在，就是说，意识状态为其存在要求一个主体；③所有的意识状态都是作为一个统一的意识场（a unified conscious field）的构成部分出现的，就是说，意识状态是被一个统一的意识场塑造的，是依托这个场而存在的。意识状态的质性、主观性、统一性这三个特征并不是相互独立的，而是紧密相关的，是意识的一般本质特征的不同方面。

显然，意识的这三个根本特征都与自我本质地相关。尤其是主观性特征，更是被塞尔解释为："意识有一种'第一人称的本体论'。'第一人称'意指，必须存在一个'主我'（I），经验那个意识的某个主体。'本体论'则是指某种事物所具有的存在模式。"②这实际上就是从意识层面表述的自我问题。所以，塞尔说："人类意识的本性要求设定一个非休谟的自我。"③现在的问题是：如何基于意识的这三个特征对自我作出生物自然主义范式的解释。

在塞尔看来，意识的同一性特征典型地体现着自我问题，因而应从意识的同一性特征来解释自我问题。他首先指出了统一的意识场的一个重要

①　Searle J. The self as a problem in philosophy and neurobiology[A]//Searle J. Philosophy in a New Century: Selected Essays[C]. Cambridge: Cambridge University Press, 2008: 141.

②　Searle J. The self as a problem in philosophy and neurobiology[A]//Searle J. Philosophy in a New Century: Selected Essays[C]. Cambridge: Cambridge University Press, 2008: 142.

③　Searle J. The self as a problem in philosophy and neurobiology[A]//Searle J. Philosophy in a New Century: Selected Essays[C]. Cambridge: Cambridge University Press, 2008: 140.

特征：我们能够在这个场中根据意志改变我们的注意，我们能够在头、眼不动甚至闭着眼睛的情况下，完全根据意志把我们的注意从一个事物转向另一个事物。那么，意识性的意志在这个过程中做了什么？换言之，当我说我能够按照我的意志转换我的注意时，是谁在进行这种转换？为什么在我的意识生活中会存在比一个意识场更多的东西？这个更多的东西又存在于何处？显然，如果不接受二元论，就必须从神经生物学、生物自然属性为这些问题寻求解释。

关于意识的这些问题，也一直是神经生物学致力研究的问题。神经生物学的目标就是要确定意识的神经相关物（the neuronal correlate of consciousness），并最终建立一个一般性理论，对这种关联在有机体的生命中因果地发挥作用的机制作出解释。当前的这种研究主要有两种进路：一是"建立区块进路"（the "building block approach"），即研究不同意识状态对应的脑区；二是"统一场进路"（the "unified field approach"），即把具体的意识状态看作统一的意识场中的一个事件，这种研究进路首先关注脑怎样成为意识的，而不是关注特定的意识经验由哪些脑区引起。塞尔认为，第二种路径才是研究意识的正确路径，因为众所周知，关于红颜色的意识经验是以已经存在一个意识性主体为条件的。事实上，尽管神经生物学家已经发现了许多意识状态的神经关联物，但意识的根本问题，即"究竟是什么使脑成为意识的？"依然严峻地矗立着。

按照塞尔的看法，由于第二种进路把意识状态看作统一的意识场中的一个事件，所以，如果第二种研究进路是正确的，事情看上去就是：关于红颜色经验的神经关联物并没有给予我们意识经验，相反，它给予我们的是在一个预先存在的意识场内的一个特殊模式的神经关联物。因此，"按照统一场研究路线，知觉并不是创造意识，而是修改预先存在于意识场的意识"①。这样，"脑怎样产生意识状态"的问题就成为"脑怎样产生意识场"的问题，而"意识状态与一个主体的相关性"问题也就成为"一个统一的

① Searle J. The self as a problem in philosophy and neurobiology[A]//Searle J. Philosophy in a New Century: Selected Essays[C]. Cambridge: Cambridge University Press, 2008: 145.

意识场与一个主体的相关性"问题。那么，统一的意识场与自我究竟是什么关系？究竟怎样以统一的意识场解释自我？塞尔认为，对此必须从哲学和神经生物学两个层次进行解释，而对自我问题的哲学解释将影响甚至决定着神经生物学层次的解释。

要言之，塞尔生物自然主义自我理论的主要论点可概括为如下六个方面。

（1）意识场的构成成分并不是中性的，它们并不是作为独立的现象给予我们，而是展示出三种特殊的特征。首先，那个被给予的意识场正是我能够按照意志转换注意的同一个意识场。在一个恒定的意识场内转换注意就是我们能够按照意志做的事情。其次，我们能够通过做不同的事情而按照意志改变整个意识场，如思考另一个不同的问题。我们有做事情的能力这个事实是正常人类意识场的本质的部分。当从事意识上自愿的行为时，我们会有一种自由的感觉。最后，我们事实上的确拥有关于我们自己的这样一种感觉：我们是伴随着一套特定的经验和记忆、处于历史的特定时间和地点的一个特定的人。

（2）我们需要把这三个特征融合到一起来说明自我，神经生物学所要研究的关于自我的那些问题必须建基于关于自我的上述描述。换言之，神经生物学所要建立的自我理论，必须能够说明上述的那三个特征，而不是放弃它们。

（3）我们的确能够按照意志转换我们的注意，我们也的确能够按照意志创生一个行为，那么，自然而又必然地呈现出来的问题就是：谁做了那个转换？谁创生了那个行为？尽管认为我们的头脑中有一个进行观察和指挥的小矮人是一种错误，但仍然存在如下这个十分严酷的问题："如果我们仅仅把我们的意识经验看作被现在的记忆经验所关联的一系列事件和统一的意识场的一部分，我们就不可能理解我们的意识经验。因此，我们至少需要设定一个创生行为的场所。我的决定和行为不仅仅是所发生的事件，而且是我决定和我行为。"①

---

① Searle J. The self as a problem in philosophy and neurobiology[A]//Searle J. Philosophy in a New Century: Selected Essays[C]. Cambridge: Cambridge University Press, 2008: 148.

（4）设定一个类似于小矮人的自我，是我们的一般意识经验所具有的那种深刻特征所必需的。我们不可能理解我们的意识经验，除非我们假定它们对一个自我发生，即使这个自我并不是意识上可经验的。但是，设定自我并不是设定一个与意识场相分离的实体，自我就是意识场的形式特征。就像视知觉的观察点一样，自我就是意识经验的基点。

（5）不可还原的、精神的、统一的意识场是脑的一种生物的特征，因而是脑的"物理的"和"自然的"特征。我们拥有脑的身体能够引起和维持一个统一的意识场，而且这个统一的意识场是质性的和主观的。这个统一的意识场虽然能够通过记忆给予我们一种持续性的身份感觉，但却不足以说明关于我们的经验的那些事实，所以，我们需要假定一个纯形式的自我。要言之，"为了理解意识场，我们必须设定一个既非意识场之构成部分、亦非意识之对象的自我"①。这就是哲学对自我问题所能给出的说明。

（6）至于在神经生物学层次上脑怎样产生意识的那些（质性、主观性等）特征，即关于自我的神经生物学理论，则是神经生物学所要研究和解答的问题。所以，"关于意识的神经生物学说明不能停留于确定意识的神经关联物，也不能停留于神经关联物在产生意识中的因果作用。为了对意识作出科学说明，我们不仅需要说明脑怎样产生关于感觉和觉知的主观状态，我们还需要知道，脑怎样产生表达自我之存在的、经验的这种特殊经验的组织……正如在视觉研究中我们通过研究盲视、在记忆研究中我们通过除去双边海马而取得了许多成果一样，在关于自我的研究中，我们可以从研究某些异常状态开始而取得突破"②。塞尔进一步通过如下这段话简洁而明晰地给出了他关于自我之神经生物学实在性的基本观点："具体而言，我认为，一个生物要拥有一个自我，它需要三个要素：首先，它必须拥有一个统一的意识场（a unified field of consciousness）；其次，它必须有在理由方面深思熟虑的能力，这不仅涉及关于知觉和记忆的认知能力，而且涉及

① Searle J. The self as a problem in philosophy and neurobiology[A]//Searle J. Philosophy in a New Century: Selected Essays[C]. Cambridge: Cambridge University Press, 2008: 150.

② Searle J. The self as a problem in philosophy and neurobiology[A]//Searle J. Philosophy in a New Century: Selected Essays[C]. Cambridge: Cambridge University Press, 2008: 150-151.

协调意向状态以进行合理决策的能力；最后，这个生物还必须能够创生和贯彻行为（用老式的行话来说，它必须具有'意志'）。因此，关于自我没有什么额外的形而上学难题。只要你能够表明脑怎样创造了一个能够合理地行为的意识的统一场，那么，你就已经解决了关于自我的神经生物学难题。"[1]

不难发现，塞尔实际上把自我问题的解决分为哲学层次和神经生物学层次两个层次。哲学层次从哲学思辩的视角对自我的本质属性、本体地位、存在形式等问题进行解答，而神经生物学则从神经和生物的层次对自我的实在性、产生自我经验的那个特殊组织的情况等进行研究。笔者认为，塞尔的这个"分工"是行不通的，对"自我的本质"这个极其特殊的问题，根本不可能进行纯粹的哲学研究或纯粹的神经生物学研究，而是必须把二者以及其他学科的研究有机地融合起来才可能使自我问题最终得以解决。当然，这并不否定先进行分层次研究，然后再进行融通整合来解决自我本质问题的这种研究进路。

第七节　简要评价和结论

对于塞尔的这种生物自然主义自我理论，笔者想结合他关于自由意志的论证，从以下四个方面加以简要评价。

一、关于意识和意向经验的第一人称的本体论地位问题

休谟以是否能够直接经验为标准，判定所谓自我只是一种幻想，因为自我根本不可能直接经验。塞尔则在承认自我的确不能像普通知觉那样被直接经验的前提下，进一步从元认识论层面追问各种知觉经验何以可能的问题。于是，他得出两点重要结论：其一，虽然自我不可像知觉冷热那样被经验，但我们至少必须把自我设定为一种形式实体、一种形而上的存在，

---

[1]　Searle J. Freedom and Neurobiology[M]. New York：Columbia University Press，2007：72-73.

否则，知觉经验便无从着落、无法理解，也没有意义；其二，"我们实际上的确具有各种意识经验和意向经验，诸如感觉口渴、思考天气状况等等。这些经验具有第一人称的本体论地位，因为它们只是作为某个人类主体或某个动物主体的经验而存在，并因而不能被还原为诸如行为或脑状态这种具有第三人称本体论的东西"①。也就是说，塞尔认为，正是自我为意识和意向经验的实在性提供着最后的支撑。

然而，承认意识经验的第一人称本体论地位就是断定，从第一人称、从"我"的观点看，意识经验就是一种本体性、实质性的存在，就是像我们看到空调机而断定空调机之存在、以手指触摸手机而断定手机之存在于口袋中一样。如果是这样，自我就不能仅仅是一种形式性的存在，而必须是一种实质性的存在。如果自我仅仅是一种形式性的实体，意识和意向的经验就不可能是一种本体性的存在。所以，如果承认意识和意向经验具有第一人称的本体论地位，就必须承认自我是一种实质性的存在，是一个实质性的实体。但塞尔对自我之实质实在性地位问题始终是游移不定的，并未给出明确的肯定。总体上他更倾向于把自我看作一种形式的实体，而不是看作实质性实体。这与他要求神经生物学研究发挥自我功能的那个特殊组织的观点也是不一致的。换言之，如果自我在哲学上不具有本体论的实在性，那么它也不可能在神经生物学层次具有实在性；反之，如果自我在神经生物学层次具有实在性，那么它就必定在哲学层次也具有实在性。这是塞尔不彻底的生物自然主义自我理论的一个矛盾。

二、关于意志性意识和知觉性意识的区别问题

为了对自由意志问题作出生物自然主义的解释，塞尔区分了意志性意识（volitional consciousness）和知觉性意识（perceptual consciousness），并从意志性意识所具有的不同于知觉性意识的特征，来论证自由意志的存在。然而，进行这种区分并基于这种区分论证自由意志，实际上也是从意志性意识和自由意志的层面论证了自我的实质性实体的地位。但是，尽管塞尔

---

① Searle J. Freedom and Neurobiology[M]. New York: Columbia University Press, 2007: 20.

进行了这个论证，他却仍然没有明确承认自我的实质性实体地位。这显然也是一个矛盾。

按照塞尔的描述，所谓知觉性意识，就是人们通过感官被动地知觉、表征外部对象的意识。所谓意志性意识，则是体现了某种行为意志的意识。知觉性意识具有被动性特征，而意志性意识则具有活动性、主动性的特征。例如，如果你站在公园里看一棵树，你将会有一种感觉，在这种感觉中经验什么并不是由你决定的，它由世界的状况和你的知觉器官的状况来决定。但是，如果你决定离开公园或举起你的手臂或把头转过去，那么，你将发现你有一种实施自由的、自愿的行为的经验，而这个经验特征在你的知觉性意识中并不出现。这个特征就是：你并未感觉到先于你的行为的诸如信念和愿望这种理由形式的原因，在因果上足以充分地决定你的行为。要言之，在作出决策、进行某种行为的这类过程中，你将感觉到每一阶段的原因都与后续阶段的结果之间存在缺口。也就是说，在自愿行为过程中，前一阶段的意识状态并不能因果地决定下一阶段的意识状态，上一个意识状态并不被经验为足以强制发生下一个意识状态。塞尔断言，这个缺口是我们的意识性的、自愿的行为的一个显著特征，正是关于这个缺口的意识经验给予我们自由的信念。如果没有关于自由的、自愿的和合理的行为之独特特征的意识经验，没有关于物理因果之缺口的意识经验，就不存在自由意志问题①。

塞尔进行这个论证的直接目的，是意图通过区分意志性意识和知觉性意识来论证自由意志的存在。然而，如果我们把塞尔的这个论证深入下去就会发现，这个论证实际上也证明了自我的实在性。如果在自愿行为中上一个意识状态并不足以因果地决定下一个意识状态是什么，那么，人们自然会问：究竟是什么决定着自愿行为中下一个意志性意识状态的形成？这一系列的意志性意识状态究竟是如何形成的？如果我们有自由行为的经验，那么，这种经验对应于经验本身以外的某种实在的东西吗？当然，我

① Searle J. Freedom and Neurobiology[M]. New York：Columbia University Press，2007：42-43.

们的行为有着在先的原因，但是，那些在先的原因足以决定这个行为吗？是否在某些情况中在先的原因不足以决定这个行为的施行？如果是，我们又怎样对这种情况进行解释？按照生物自然主义"意识由脑活动引发并在脑中实现"的观点，意志性意识状态也必定是由某种脑神经活动模式所引发的。如果上一个意识状态不能因果地决定下一个意识状态，而下一个意识状态又不是完全随机的偶然事件或神秘事件，那么，就必定是脑中未被意识的某种更高层级的神经活动介入了其中，并引导了相应的下一个意识状态的形成。这个介入并发挥作用的过程应该就是塞尔所说的经验自由意志的过程。而这个更高层次的未被意识的神经活动模式，应该就是当代心灵哲学致力探索的那个"自我"的神经基础。显然，从上述关于自由意志的论证得出自我的实在性，完全是自然而又必然的。然而，塞尔却只是指出行为过程中两个意识状态之间有一个因果决定链的缺口，并认为正是对这个缺口的意识经验使我们有了自由意志的信念，而没有进一步考虑如何弥补这个缺口，因而与确立自我的实在性地位擦肩而过。在此，如果对这个缺口稍加探索，而又拒斥心-身二元论和神秘主义，那么就必须以生物自然主义的方式来解决这个问题。而如果以生物自然主义的方式来弥补这个缺口，实际上就必须从哲学上确认自我的实质性实体地位，承认自我有着脑中的神经生物学的基础，承认自我感就是某种更高层级的脑活动模式引发的，而不仅仅是一种形式实体。

其实，塞尔关于"我们具有自由意志的信念是从意识经验的某种弥漫特征（pervasive feature）中出现的"[①]这一观点，也蕴含着同样的结论。什么是意识经验的"弥漫特征"？质言之，无非就是某些脑神经系统的进一步的协同性活动。也就是说，某些脑神经系统的某种协同性活动，引发了我们的自由意志感觉和行为的自我操控感觉。换言之，某些脑神经系统的这种协同性活动就是我们的自我的神经生物学基础，自我感就是某些脑神经系统的特定活动模式生成的。所以，塞尔关于意志性意识与知觉性意识

---

① Searle J. Freedom and Neurobiology[M]. New York：Columbia University Press，2007：41.

相区分的观点、关于存在自由意志的论证，实际上也是关于自我之实在性的论证，但遗憾的是他始终没有明确给出这个结论。

三、关于自我与人类行为的解释问题

塞尔对自我之形式实在性的另一个论证，则基于人类行为的解释问题展开。塞尔认为，虽然对人类行为的解释和对自然现象的解释都是回答"为什么"的问题，但是，对人类行为的解释与对自然现象的解释有着不同的逻辑模式。对各种自然现象的解释所采用的是因果解释模式：A 现象引起 B 现象，或者，A 现象是 B 现象的原因。例如，解释太阳每天东升西落的现象，就是要回答太阳每天从东方升起又从西边落下的原因：因为地球每天自西向东自转一周，地球的这种自转是太阳东升西落的原因。然而，在人类行为的解释中，我们却必须采用另一种有着不同逻辑结构的模式：某甲基于理由 R 而施行了行为 A，R 是某甲施行行为 A 的理由。这两种解释之所以有着不同的逻辑结构，原因就在于，在关于自然现象的因果解释中，其前提条件作为原因能够必然地决定将出现的结果。只要温度降到 0℃以下，水就必然结冰。而在人类行为的解释中，某个行为的物理和心理前件却不足以因果地决定某个行为必然发生。那么，究竟是什么最后决定了是这个行为发生而不是另一个行为发生？

塞尔认为，在关于人类行为的解释中我们必须假定一个自我，其解释模式是：一个自我 S 施行行为 A，而且在施行 A 时，S 基于理由 R 而行动。合理性解释的这种逻辑形式与标准的因果解释的模式很不相同。人类行为的这种解释模式并不是给出因果上充分的条件，而是引用主体基于其施行某个行动的那个理由。如果是这样，那么，在合理性行为的解释中，除了一系列事件外，我们还必须假定一个不可还原的自我的存在[①]。

塞尔还通过分析理由解释在行为解释中的适当性及其与因果解释的实质性区别，而推导出自我的存在。人们通常都知道施行一个行为的确切理

---

① Searle J. Freedom and Neurobiology[M]. New York: Columbia University Press, 2007: 53.

由是什么，而且知道印证这些理由的解释是适当的，因为人们知道其实际上就是基于而且是仅仅基于那些理由而行动的。所以，以理由来解释人们的行为是完全适当的。而如果把理由解释归为一般因果解释，将会陷入矛盾。因为在因果解释中前件必然决定某个特定结果，而在行为解释中前件并不能决定某个特定结果。为了避免矛盾，我们就必须承认理由解释不同于因果解释，进而，必须承认理由解释并不是给出一个事件的充分原因，相反，它要阐明的是，一个有意识的、合理性的自我怎样基于一个理由行动，或者，一个主体怎样制造一个在其上自由行动的理由。简言之，"理由解释要求我们承认，必定在因果链的缺口处存在一个实体—— 一个合理的主体、一个自我。而假定一个不可还原的、非休谟的自我之运作的必要性，既是我们的自愿行为的实际经验的一个特征，也是通过给出理由来解释我们的自愿行为这种实践的一个特征"①。

　　塞尔关于人类行为的解释实际上可归结为两个要点：其一，人类行为不可用物理事件的因果模式进行解释，因为我们确立为原因的那些前件不足以决定某个行为必然发生；其二，在人类行为的解释中必须引入一个主体、一个自我，正是这个自我的特定作用，才使某个行为最终得以发生。不难发现，按照塞尔生物自然主义意识理论及其关于行为过程的分析，这个自我要想在行为中发挥作用，就必须在神经生物学层面对意识状态产生影响，而要对由神经元活动形成的意识状态产生影响，它自身就必须是一种神经活动，即这个自我必须有其神经生物学的基础。也就是说，这个自我必须是一种特定的神经活动方式，即便是一种即时形成的神经活动方式。原因很简单：如果自我不是某种特定的神经活动方式，它就不可能对由神经元活动形成的意识状态产生影响。所以，只要不接受某种神秘主义或二元论，就必须承认自我在脑中有其神经生物学的实在基础，而不仅仅是一种形式实体。

---

① Searle J. Freedom and Neurobiology[M]. New York：Columbia University Press，2007：56.

四、自由意志的实在性与自我的实在性问题

自由意志问题与自我问题密切相关，探讨自由意志问题必然涉及自我问题。在当代心灵哲学中，哲学家们关于自由意志的态度与其关于自我的态度是一致的，有什么样的自由意志理论就会有什么样的自我理论：如果认为自由意志具有实在性，则必然坚持自我实在论；如果认为自由意志是幻想，则必然也同时把自我处理为幻想。反之亦然。塞尔要探讨和解答自由意志问题，当然也要涉及自我问题。但是，塞尔的自由意志理论与其自我理论却并不完全一致：他虽然坚持并论证了自由意志在神经生物学层次的实在性，但却并未因此确定自我具有神经生物学层次的实体实在性。

按照塞尔的生物自然主义心灵理论，意识、意向等精神现象都具有神经生物学层次的实在性：它们都由特定脑神经系统的特定活动形成，并在脑神经系统中实现。在塞尔看来，自由意志问题虽然比意识和意向问题更加复杂，但它也同样具有神经生物学层次的实在性。"如果自由意志是世界的一种真实的特征而不是一种幻觉，那么，它就必定具有一种神经生物学的实在性；必定存在脑实现自由意志的某种特征。"[①]塞尔通过探讨意识的神经生物学基础，来论证"在意识中被清楚地表示的自由意志具有一种神经生物学的实在性"。按照他的看法，意识是脑的相关部分构成的整个系统的特征，意识贯穿于在其神经活动中创造和实现意识的脑的那些部分，意识就是脑的那些部分构成的整个系统的特征。用塞尔的话说就是，"意识被定位于脑的某些部分而且对脑的那些部分因果地发挥作用"[②]。这一观点与笛卡儿认为的意识没有空间位置相反，而与达马西奥、巴尔斯等当代认知神经科学家和意识科学家的看法倒是一致。

这样，如果承认有自由意志，如果承认人们能够根据其自由意志行为，而不是认为人类行为被脑神经活动因果地决定，那么，"就必须承认那整个

---

① Searle J. Freedom and Neurobiology[M]. New York：Columbia University Press，2007：58.
② Searle J. Freedom and Neurobiology[M]. New York：Columbia University Press，2007：63.

系统所形成的意志性意识的逻辑特征对组成这个系统的因素具有影响"①。这也就是说，当脑的某些部分的神经元和神经键以特定方式活动而形成某种意志性意识时，这种意识能够反过来再作用于形成这种意识的那些神经元和神经键，指挥或引领这些神经元和神经键以特定方式活动，并通过这些神经元和神经键实现对脑和身体特定部位神经和肌肉的特定活动方式的引领，从而实现所意愿的行为。

显然，塞尔不仅承认而且很好地论证了自由意志的神经生物学实在性。然而，如果承认自由意志具有上述这种神经生物学层次的实在性，就必须承认自我也具有这种神经生物学层次的实在性。因为，要想把自由意志的实在性贯彻到底而不是半途而废，就必须承认意志性意识与相应脑系统之神经元的关系仍然不是因果决定论的。如果意志性意识对相应部分之脑神经元的作用是因果决定论的，那么，就仍然没有自由意志。事实上，众所周知，我们的许多意识性意志即使到了付诸行动的最后关口，也是可以停止的。所以，在意志性意识的背后必定还存在着完成最后工作的某种东西。如果这个分析是正确的，紧接着的问题就是：是什么最终决定了意志性意识最终对神经元系统进行作用并从而使身体施行某个行为？不言而喻，在意志性意识背后完成最后工作的这个"东西"就是自我。而这个自我要想影响意志性意识，按照塞尔的生物自然主义理论，它也必须具有神经生物学层次的实在性。

正因如此，在论述自由意志的实现过程时，塞尔写道："我们得出三点论断。第一，脑在时间 t_1 的状态不足以因果地决定它在时间 t_2 的状态。第二，从 t_1 状态到 t_2 状态的移动只能通过整个系统的特征来解释，尤其要通过进行意识的自我的运作来解释。第三，进行意识的自我在任何给定瞬间的所有特征，都完全由那个瞬间的微观元素、神经元的状态等所决定。在任何给定瞬间这些系统性特征都完全被微观元素所固定，乃是因为，因果上讲，除了那些微观元素外，没有其他东西。神经的状态决定意识的状态。

① Searle J. Freedom and Neurobiology[M]. New York: Columbia University Press, 2007: 63.

但是，任何给定的神经元的/意识的状态都不足以因果地决定下一个状态。从一个状态到下一个状态的这个过渡，通过神经元的/意识的那个最初状态（the initial state）的合理的思维过程来解释。在任何给定瞬间，意识的整体状态都被神经元的行为所决定，但是，这个系统的整体状态却并不足以因果地决定从一个瞬间到下一个瞬间的下一个状态。自由意志，如果存在的话，是一种时间中的现象。"①显然，由此可以得出，而塞尔却没有明确给出的结论就是：那个进行意识的自我在这个过程中很重要。但这个进行意识的自我要在这个过程发挥作用，就必须有其神经生物学层次的实在性，它就不能仅仅是一个形式实体，而必须是一个实质性实体。

最后，再对塞尔提出的生物自然主义自我理论的核心内容作一简要总结：①我们的确永远不可能像经验冷热等知觉一样经验自我，但自我至少是认识论上必须设定的形而上的实体，而绝不是一种虚构或幻想；②主体自我是高等生物所具有的一种自然属性，但自我只是一种形式实体，是认识论上必须设定的一种形式实在，而不是一种实质性的实体；③自我的实在性是通过统一的意识场得以实现的；④神经生物学负责对这种统一的意识场得以建立、运行的脑神经机制进行研究和说明；⑤有一个表达自我之存在这种经验的特殊组织，神经生物学对脑怎样产生这种特殊组织及其运行机制等问题进行研究和阐释。

可以看出，这五个观点之间并不完全一致。这种不一致性使塞尔的自我理论至少面临四个有待深入研究和完善的突出问题：一是虽然明确断言了自我的形式实体地位，但始终没有明确地断定自我的实体实在性地位。二是其对自我实在性的论证主要还是哲学层面和自然主义层面的思辨，科学实证层面的研究和论证不足，需要基于各实证学科领域的相关资料进行研究和完善。三是对自我在神经生物学层次的实在性的研究和论证多是泛泛而论，远远不够充分。对自我在神经生物学层面的存在形式、基本构造、运行机制等问题，基本上都没有涉及。而如果不能对这些问题作出明确的

---

① Searle J. Freedom and Neurobiology[M]. New York: Columbia University Press, 2007: 65.

回答，自我在神经生物学层次的实在性，从而自我的实在性，就仍然不能真正确立。四是没有对自我与意识、意向、意志和行为的关系，以及自我在精神层次的具体运行机制进行深入系统的研究，也没有给出明晰的解决方案，而这个方面恰恰是自我之实在性问题最根本的方面，是自我的第一人称实在性的根据和意义所在。

第四章
巴尔斯的意识语境论自我理论评析

意识语境论自我理论是基于对意识问题的"科学研究"而建立的一种自我理论。意识现象是最直接、最基本的精神现象，是研究各种心灵问题的重要切入点。20 世纪 80 年代后期，"科学地"研究意识问题成为认知科学、认知神经科学等学科的重要论题。然而，随着对意识问题研究的深入，人们发现，要想真正解决意识问题，就必须研究和解决自我问题。意识语境论的自我理论正是一些认知神经科学家在科学地研究意识问题的过程中建立起来的一种自我理论。这种自我理论由美国著名认知神经科学家巴尔斯于 20 世纪 80 年代末期创立，2000 年后意识语境论自我理论日益引起人们的重视，富兰克林（S. Franklin）、德麦罗（S. D'Mello）、瑞马姆赛（U. Ramamerthy）、斯特润（S. Strain）、瑞姆索（T. Ramsøy）等纷纷加入到这种自我理论的研究中，并试图把这种自我理论推进到"机器意识""人工自我"等领域的研究，因而在人工智能领域也产生了较大影响。可以说，意识语境论自我理论是目前最具影响也最有发展前景的自我理论之一。本章主要基于巴尔斯的相关论著研究评价这种自我理论。

第一节 巴尔斯的意识和自我研究概述

波纳德·巴尔斯（Bernard J. Baars，1946—），是美国著名的认知科学家、意识科学家和认知神经学家。巴尔斯 1946 年出生于荷兰阿姆斯特丹，幼年时即移居美国。1970 年本科毕业于加利福尼亚大学（洛杉矶）心理学专业，1977 年于加利福尼亚大学（洛杉矶）获得认知心理学博士学位。随后几年他在加利福尼亚大学圣迭戈分校从事认知科学博士后研究。20 世纪 80 年代他作为访问科学家曾在加利福尼亚大学旧金山分校从事意识和无意识精神过程研究，此后，又先后在纽约州立大学石溪分校、伯克利怀特研究所进行相关教学和研究工作。后来曾在圣迭戈神经科学研究院担任理论神经生物学高级研究员两年。现在仍是该研究院的附属成员。巴尔斯以其对意识经验的脑基础研究，尤其以提出意识的全局工作间理论（一种解释意识和无意识过程的认知科学架构）而著称于世。出版有《心理学的认知革命》（1986 年）、《意识的认知理论》（1988 年）、《人类错误的实验心理学：对自愿控制架构的含义》（1992 年）、《在意识的剧场中：心灵的工作间》（1997 年）、《意识之科学研究的实质性根源》（2001 年）、《认知、脑和意识：认知神经科学导论》（合著，2007 年）等著作，并发表大量关于意识、意志、自我等论题的研究论文。

巴尔斯是最早倡导并开展对意识问题进行科学研究的认知科学家之一，是美国"意识科学研究联合会"创会主席（1994～1996 年），也是该领域第一份世界著名的意识科学研究杂志《意识与认知》的主要创办人。近些年，巴尔斯通过亚利桑那大学意识研究中心，发布了诸多意识和认知神经科学的网络教学材料，还与他人共同创办了网络公报《科学与意识评论》。也正是在他的努力下，意识和脑的相关论题被引入到了美国本科生和研究生的课程体系中。巴尔斯是对意识之科学研究和传播作出巨大贡献的认知神经科学家之一。

巴尔斯长期致力于意识和无意识脑功能问题、自愿控制问题和自我本质问题的研究，在认知、意识和心灵研究方面作出许多重要贡献。其中影响最大的当属创立的意识的"全局工作间理论"（the global workspace theory）和意识语境论自我理论。意识的全局工作间理论不仅是第一个试图对意识问题进行科学解释的理论，而且至今仍然是对意识的本质和机制作出最好解释的理论。巴尔斯也是最早认识到自我问题在意识和认知研究中居于重要地位的认知科学家之一。早在 1988 年出版的《意识的认知理论》中，他就指出，"我们必须引进某种合理的自我概念才能充分探讨意识"①，并基于他建立的意识的全局工作间理论，初步提出了他的语境论的自我理论。此后，他又出版和发表《理解主观性：全局工作间理论与观察的自我的复活》（1996 年）、《在意识的剧场中》（1997 年）、《注意、自我和意识的自我控制》（1998 年）、《脑、意识经验和观察的自我》（2003 年）、《感觉疼痛仅

---

① BaarsB. A Cognitive Theory of Consciousness[M]. Cambridge: Cambridge University Press, 1995, Kindle Edition, 2011: 240.

仅是神经现象学吗？我们的心-脑建构关于我们自己的实在知识》（2009 年）等多部著作和论文，进一步论述了这种自我理论。近些年巴尔斯又与富兰克林等合作，开展了基于全局工作间意识理论和语境论自我理论的人工意识和人工自我问题研究，开拓出一个方兴未艾的新研究领域。

概括地讲，语境论自我理论的核心内容可归纳为以下六个方面：①以全局工作间的认知架构解释意识得以形成的脑基础和机制；②意识经验问题与自我问题密切相关，要想真正解决意识问题，就必须引入一个自我并解决这种自我的脑基础和运行机制问题；③自我就是任何意识及其得以发挥作用的深层精神语境，意识正是这种深层精神语境运作的结果，并依赖于这个语境实现其功能；④作为深层精神语境的自我，有其神经生物学层次的实在性，是以某些脑区为主的特定神经活动模式，自我感、控制感、拥有感等就是这种神经活动模式导致的；⑤作为深层精神语境的自我，是开放的，是可以随着意识经验不断进行重构的，对个体生命和生活具有根本重要性的东西（某些新的意识经验）可以随时成为深层精神语境的内容，而对个体生命和生活不再具有重要性的那些东西（某些旧的意识经验）则会被放弃；⑥作为意识之深层精神语境的自我，只是意识的语境，它本身永远不可能被意识。

下面我们先概要论述他的全局工作间意识理论，进而围绕上述论题对语境论自我理论进行研究和评价，最后，简要评述巴尔斯等把全局工作间意识理论和语境论自我理论应用于人工智能领域的情况，以及开展人工意识和人工自我研究的意义、可行性和限度等问题。

第二节 意识的全局工作间理论概要

一、现代意识研究简史

在心理学诞生以来的百年历史中，意识的命运可谓跌宕起伏、历经坎坷。如前面已经提及的，在冯特和詹姆斯等于 19 世纪末创立科学心理学时，意识曾被确立为心理学的主要对象和核心领域。然而，进入 20 世纪后，随着行为主义心理学的崛起，意识迅速被打入冷宫。华生在其 1913 年发表的《行为主义者眼中的心理学》中，甚至把奉行冯特和詹姆斯路线的研究者称为"捧着'意识'的衣钵，徒劳无功地做着内省工作"[①]。几乎同时兴起的语言分析哲学又坚决地主张以证实原则把心理语言还原为物理语言、通过对语言的逻辑分析清除形而上学。在这两种思潮的冲击下，把意识作为实质性对象的研究路径完全被边缘化。意识问题一度沉寂下去。直到 20 世纪 50 年代，情况才发生了变化。

20 世纪 50 年代中期，纽威尔（A. Newell）、西蒙（H. Simon）、米勒（G. Miller）等发表了一系列开创性论文，对行为主义提出质疑，要求基于新的科学-哲学背景重新研究认知和智能的内部状态。随着这些论文倡导的新研究倾向的传播，心理学领域发生了"认知革命"：在计算机和人工智能理论的鼓舞下，抛开行为主义圭臬，力图通过研究心灵的内部状态、内部过程和内部结构来研究人类的认知和智能问题。这一重大转变使"内部问题"再度成为心理学（认知科学）的核心领域。与此同时，相关哲学领域也在 20 世纪 50 年代萌发出新的端倪：波普尔、普莱斯（U. T. Place）、斯马特（J. J. C. Smart）等，不约而同地对语言分析型的心灵哲学理论提出批判，强烈要求研究语言背后的内部过程，而不是局限于对心理语言的用法分析[②]。心理学领域的这个新趋势在 20 世纪 70 年代初终于导致认知科学的创立，使心理学进入了认知科学时代。与此同时，哲学领域的新思维则在 20 世纪 70 年代引发了西方哲学的心灵转向，从而使心灵哲学取代语言哲学成为当代西方哲学的核心领域。

然而，虽然认知科学把人类认知和智能的内部过程和内部机制确立为研究对象，虽然哲学也发生了朝向心灵的范式转换，为重新研究意识问题

---

① 高峰强，秦金亮. 行为的奥秘——华生的行为主义[M]. 武汉. 湖北教育出版社，2000：82.
② 这些论文包括：波普尔的《语言和身心问题》（1953 年）；普莱斯的《意识是一种脑过程吗？》（1956 年）；斯马特的《感觉和脑过程》（1959 年）等。

带来契机，但意识问题并未立即成为认知科学和心灵哲学的主要论题，"直到 20 世纪 80 年代中期，甚至认知心理学家们也仍然刻意回避着意识"①。当然，这期间也有一些认知心理学家在诸如精神意象、知觉过程、盲视现象、意识和无意识的比较等具体问题研究中，从一定侧面研究和积累了关于意识问题的一些研究资料。但是，第一部基于当代科学-哲学背景严肃而系统地对意识问题进行科学研究，并创立一种重要意识理论的著作，则是巴尔斯于 1988 年首次出版的《意识的认知理论》一书。可以说，正是此书的出版开启了意识和意识经验问题之"科学研究"的新时期，也正是在该书的影响下，才有了众多学者投身于意识问题的科学-哲学研究中，形成了对意识问题进行科学-哲学研究的热潮。

正是在这样的背景下，在巴尔斯等的共同努力下，1992 年创刊出版了第一份研究意识问题的国际性学术期刊《意识与认知：国际杂志》（*Consciousness & Cognition: An International Journal*），1994 年在美国图森召开了以"走向意识科学"（Toward a Science of Consciousness）为主题的第一届关于意识问题的国际研讨会，并于同年又创刊了《意识研究杂志》（*The Journal of Consciousness Studies*）。自此以后，意识问题才成为当代心灵科学哲学领域最为重要的研究论题之一，众多来自不同学科领域的研究者投身其中，从不同层面开展着对意识问题的科学-哲学研究。2005 年，著名的国际科学期刊《科学》杂志甚至把"意识的生物学基础"列为科学中最重要的未解决难题之一。意识问题在当代心灵科学哲学领域的重要性，由此可见一斑。

应该指出的是，虽然许多人因召开第一届意识问题国际研讨会开启了科学研究意识问题的壮阔局面，而把 1994 年称为意识研究的"关键的转折年"②，然而，从这种新的科学研究范式和新的意识理论的创立和发展来看，虽然 1994 年也可以作为当代科学研究意识问题的一个标志性年份，但巴尔

---

① Baars B. A Cognitive Theory of Consciousness[M]. Cambridge: Cambridge University Press, 1995: xvi.

② 汪云九. 意识的科学研究：历史简单回顾、现状和某些进展[J]. 自然杂志, 2015, 37（1）: 35.

斯于 1988 年出版的《意识的认知理论》一书，则是更加具有标志性意义的。因为，正是《意识的认知理论》第一次明确地给出了"意识"的科学定义、第一次给出了科学地研究意识问题的方法论纲领、第一次深入系统地对意识问题开展科学研究，并第一次系统地建立了一种基于认知科学纲领的意识理论：意识的全局工作间理论。当然，在此前的数十年间也有一些心理学家和神经科学家从不同方面对意识问题进行了一些零散的实证研究，但就笔者所见，巴尔斯的《意识的认知理论》的确是第一部基于当代科学-哲学背景研究意识问题并系统地建立一种新的意识理论的著作。

下面我们从意识的科学界定和研究方法、科学地研究意识的基础、意识的全局工作间结构和运行机制三个方面扼要介绍巴尔斯的全局工作间意识理论。

二、意识的科学界定和研究方法

如上所述，由于主流哲学和心理学的影响，直到 20 世纪 80 年代中期，甚至认知心理学家也刻意回避着意识问题。巴尔斯要在这样的背景下严肃而科学地研究意识，首要的任务就是要把作为科学研究对象的意识界定出来。巴尔斯以自然主义的方法来界定意识。在他看来，意识并不是不可进行科学研究的神秘的东西，尽管与科学研究的其他对象很不相同，但仍然可以明晰地界定出来。按照他的看法，作为科学研究对象的意识可作出如下界定。①意识就是人们可知道的东西，可分为两种类型：一是人们在知觉和形成意象时的那种私人经验。我们关于早餐的精神意象、关于牙疼的感觉、你现在阅读这些语句的经验等，都是正在经验的意识，所有的经验性意识或意识经验都是知觉的（perceptual）和意象的（imaginal）。二是那些抽象但却可以随时表达的概念，包括当前可表达的信念、意向、意义、知识、期望等。②两类意识具有不同属性：经验性意识有着诸如颜色、声音、大小、位置、开始、结束等性质，而概念性意识则不具有这些性质。前者可称为质性的意识经验（qualitative conscious experiences）或焦点意识，后者则可称为意识通路（conscious access）或外围意识。③在这两类意识中，质性意识或意识的质性经验具有根本的重要性，是解决所有意识问题的基础，因而是意识研究的核心之所在。④科学地研究意识，其核心就是要回答这样的问题：在某个瞬间这个事件是意识的而那个事件却是非意识的，这意味着什么？意识性事件和非意识性事件之间的区别在神经系统的运行中起什么作用？⑤一个完全的意识理论必须既解释关于意识经验的报告与关于概念意识的报告有何相似之处，也解释二者之间的不同之处。⑥在关于意识的研究中，除了意识经验、意识通路外，还有一个基本要素，这就是作为思考意志问题之方式的意识控制（conscious control），只有对所有这三个方面都进行研究，我们才能够彻底理解意识的作用机制①。

　　巴尔斯的这个界定是对意识的第一次系统性科学界定，也是心理学、认知科学等学科至今使用的界定。培瑞热（A. Pereira）等后来曾更简洁地把意识定义为："'意识'就是活着的个体所经验的那种可报告的内容。"②这个定义虽然更加简洁，但实质性内容并未改变。当然，由于过于简略，这个定义远没有巴尔斯的解释性界定清晰。

　　意识虽然每天都在我们的生活中出现，但却又难以直接观察和验证。我们不可能直接观察其他人的意识经验，我们也不可能以研究岩石或行星的那种方法来研究我们自己的意识经验。简言之，我们不可能以既有的、普遍适用的科学方法来研究意识。正因如此，在20世纪的大半时间中意识作为科学对象的合法性被完全否认，一直作为非科学的东西被拒斥于科学研究的门外。意识问题甚至被看作是对科学心理学的威胁，被认为是科学心理学必须抛弃的概念。所以，巴尔斯对意识作出的这个"科学性的"界定具有重要意义。

　　不难发现，巴尔斯的这个界定表达了关于意识的两个重要观点：首先，意识经验虽然不能被观察，但却是一种能够从可信赖的证据推出的理论性建构，是一个有待解决的基础性问题；其次，虽然愿望、疼痛等都是被推

---

① Baars B. A Cognitive Theory of Consciousness[M]. Cambridge: Cambridge University Press, 1995, Kindle Edition, 2011: 18-19.

② Pereira A, Rieke H. What is Consciousness[J]. Journal of Consciousness Studies, 2009, 16（5）: 28.

论出的建构，只要把它们锚定于具体的可操作的定义并以明晰的理论来表达，但这些推论出的精神实体在科学上是很有用的。关于这种推论性的理论建构和精神实体在科学上的合法性，巴尔斯进一步指出："这种推论性建构并不是心理学所独有的。所有的科学都进行超越可观察物的推论性建构。原子在其存在之初就是一种高度推论性的实体，基因、达尔文的理论所预设的巨大地质学时间等，无不是科学的建构……科学的心理学家们现在正是以这种方式来谈论意义、思维、意象、注意、记忆以及最近才开始的意识和非意识过程。而所有这些被推论的概念都已经在细致的实验中被检验，并被陈述在日益适当的理论中。我们的观点就是，意识和无意识过程都包含来自公共可观察资料的推论性建构。"①

基于对意识经验或经验性意识这个基本属性的认识，巴尔斯认为，我们可通过让实验主体报告其意识经验的方法来研究意识过程的相关问题，这些意识经验包括意识性知觉和精神意象的意识方面；而无意识过程则只能是基于坚实的证据可推论出的，而且必定不是可报告的，如阅读文句时的语法处理就是一个典型的（无意识地进行了相应精神过程的）无意识事件。既然可以有效区分意识性事件和无意识事件、意识过程和无意识过程，我们自然就可以通过对二者进行比较来研究意识。尽管我们是通过吁求个人的意识经验报告来研究意识，但从科学的观点来看，所有的证据则都以完全客观的词项来陈述。我们可以通过为意识事件定义一个客观标准来达到这一点。巴尔斯给出的这个标准就是："我们将认为人们对一个事件是意识的，如果（1）他们能够随即说出他们意识到它并且（2）我们能够独立地确证他们的报告的精确性。当我们给人们提供一只香蕉而不是一只苹果时，如果人们告诉我们他们经验到一只香蕉，我们就会认为他们的确意识到了这只香蕉。可证实性和即时的意识报告，事实上就是当今最普遍使用的标准……我们这里实际上设立了一个比通常的科学要求更高的观察

---

① Baars B. A Cognitive Theory of Consciousness[M]. Cambridge: Cambridge University Press, 1995, Kindle Edition, 2011: 16.

标准。"①

在这里，巴尔斯实际上给出了科学地研究意识问题的三种主要方法。其一是比较分析法。通过比较分析意识某一事件和未意识这一事件（如回忆 A 事件与不回忆 A 事件，回忆 A 事件时 A 事件就成为意识的，不回忆它时它就是非意识的），来研究和解决这样的问题：关于同一事物的意识性表征与非意识性表征之间的区别是什么？阅读某语句时获得的意义与记忆中的同一意义有何区别？当前可进入的观念与理解这一观念所必需但当前又未进入意识的知识之间是什么关系？所有这些问题都可通过比较意识性事件和非意识性事件来研究。其二是多重比较和综合建构的方法，即通过多层次的比较，来研究和揭示意识经验的最基本的属性。意识的特殊性，要求我们对之进行综合、全局的研究，需要以多重证据为基础进行综合建构，而不能仅仅基于局部研究建立理论。其三是基于第一人称的关于意识的报告，来研究意识的属性、特征和运行机制。意识得以存在的根本属性是其第一人称的经验性、可报告性，正是第一人称的报告确定着意识的存在。所以，关于意识之属性、特征的第一人称的各种报告，是意识研究中必须采取的、处于基础地位的研究方法。当然，这些方法既可用于作为意识性刺激之表征的知觉，也可用于作为对内部事件之意识经验的意象②。

三、提出全局工作间理论的思想背景和科学基础

不言而喻，全局工作间意识理论并不是凭空建构的，而是基于此前的理论假说和一些研究资料建立起来的。按照巴尔斯的说法，他所提出的全局工作间理论正是基于此前解释意识现象的四个主要理论假说建立的。这四个假说分别是活动假说、新奇性假说、冰山一角假说和剧场假说。活动假说认为，意识与记忆中某些要素的活动相关，一旦那些活动要素跨越了某个端口，它们就成为意识的。这个假说最早由乔恩·赫巴特（Johann

① Baars B. A Cognitive Theory of Consciousness[M]. Cambridge：Cambridge University Press，1995，Kindle Edition，2011：19-20.

② Baars B. A Cognitive Theory of Consciousness[M]. Cambridge：Cambridge University Press，1995，Kindle Edition，2011：22.

Herbart）于 1824 年提出。20 世纪 80 年代后，有些认知科学家也曾试图沿着这个理路研究意识，但未能成功。因为这个假说有两个根本缺陷：一是活动本身并不足以产生意识经验，二是使活动和意识的关系陷入两难困境。新奇性假说则认为，意识聚焦于误配的、新奇的或违背习惯的情况。这种观点当然也揭示了意识的某种特征，但显然是片面的。冰山一角假说强调意识经验是从大量的无意识事件中出现的。这种观点把意识经验与无意识过程和机制密切关联，这是对的。但仅仅指出这一点只是开始，意识理论的核心任务之一就是给出这种关联的模型和解释。剧场假说有时也被称为"探照灯"（searchlight）假说、"意识之屏"（the screen of consciousness）假说，是全局工作间意识理论提出之前最为流行的意识隐喻。关于意识的这种隐喻，可以追溯到柏拉图的洞穴人寓言。其现代版本则以林德赛（P. H. Lindsay）和诺尔曼（D. A. Norman）的《人类信息处理：心理学导论》（1977年）、克里克的（F. Crick）《视神经网综合体的功能：探照灯假说》（1984年）为代表。剧场假说是关于人类精神意识现象的一种常识性概括，在东西方都具有巨大影响。其核心在于：把意识看作一种"常识"（common sense）、看作人类的一般感知领域，也就是我们的视、听、嗅、味、触五种感官所呈现出来的东西。所以，"常识"是以某种方式与意识、内省能力相关联的。

20 世纪 80 年代后，虽然也有一些认知心理学家基于上述隐喻提出过关于注意和意识的心理学模型，但这些模型都只是针对意识的某个方面提出的，并不能解决其他方面的问题。比如，曼德勒（G. Mandler）对意识经验与"问题解答"之间关系的研究、珀斯纳（M. Posner）为意识经验的许多特殊属性提供的证据等。这些孤立的假说各自为政、互不关联，均不能对意识给出令人满意的整体性解释。

巴尔斯在对广泛存在的四种意识隐喻以及新近的一些意识假说和研究资料进行考察后，认为那四种关于意识的常识性隐喻虽然都具有某些真理性的见解，但都只是未进行深入研究的朴素观点，而新近的一些假说则有待进行深入研究和整合，所以，我们所处时期的任务就是，以一种可实施、可检验的方式，有机整合这些隐喻和假说所包含的真理性因素，建立关于意识的科学理论①。

至于全局工作间理论得以建立的科学基础，巴尔斯主要给出了认知心理学关于意识已经确立的如下十项基本原理。

第一，意识能力的限制性原理：作为意识器官的脑，在意识能力方面有着令人惊异的狭窄限制。这一点从以下三个方面表现出来。一是选择性注意：人们在某段时间只能意识一个紧密连贯的事件流。二是双重任务现象：任何意识性事件都与其他脑事件相竞争，如在边开车边说话时尽可能快地对视觉信号作出反应。三是即时记忆：包括视觉和听觉在内的所有意识经验都将在记忆中迅速衰减。这些原理都得到了大量试验证据的支持，是全局工作间意识理论的重要基础。

第二，大量实验证据表明，心灵之眼（the mind's eye）看到的精神意象（mental imagery）与身体之眼（the body's eye）看到的普通的视知觉具有显著的相似性，虽然精神意象与意识经验不同，但它也是意识的主要模式。

第三，意识具有整合那些可分离的知觉特征的功能。大量实验证据表明，意识的功能就是把那些可分离的知觉（如视觉）特征（如颜色、形状）"黏合"在一起。例如，实验证明，人们知觉到某种东西是红色的只需很短时间，而要知觉到它是一个红色字母 P，则需要稍长一点时间。增加的特征越多，花费的时间就越长。这充分表明，颜色、形状等是分别被知觉的，而意识的功能就是把它们整合到一起。这也就是某些研究者所称的意识的建构功能：意识能够把许多性质不相同的成分统一为一个融贯的整体。

第四，意识能够创建到达位于神经系统的信息处理器的通路。神经系统的绝大多数的信息处理器都是无意识的，我们利用对事件的意识来取得到达这些无意识处理器的通路；而那些没有被意识的事件则不具有这种通路。把意识处理为广泛分离的通路系统的这个观点与把意识处理为整合能

---

① Baars B. A Cognitive Theory of Consciousness[M]. Cambridge：Cambridge University Press，1995，Kindle Edition，2011：32-33.

力的上述观点，显然是不同的。但这两个观点又都有着大量实验证据的支持。怎样解决二者之间的矛盾？巴尔斯认为，这里需要的正是下面将论述的对意识的一种"全局工作间建构"。

第五，人类认知系统是一种伴随着限制性能力通道的分散的（distributed）系统构造。认知心理学的研究表明，认知系统是一个模块性的集团：许多解决难题的能力并不在于它的"行政管理机构"（government），而在于它的个体性的成员。意识的有限能力则被用来反映这样一个系统中的"工作记忆"，即意识的有限能力被用来反映任何情况下的这种瓶颈：迫使个体性模块为了通路而进行竞争或合作的某种瓶颈。认知的分散模型要求我们改变思考人类的通常方式：我们通常把自己看作被一个执行性的"自我"所引导，直觉地相信"我"控制着"我自己"；然而，分散模型却认为认知是非中心化的，各个专门化的部分通常根据它们自己的内部标准自行决定它们将做什么。这一情形就类似于政府在市场经济中的作用：尽管作为整体的市场与全局性的政府影响相互作用，但成千上万的个体交易却是在没有政府干涉的情况下进行的。但是，一个非中心化的系统并未脱离执行性控制，正如市场力量的存在并不脱离政府的监控。简言之，这种模型限制了执行官的控制，而开启了执行官与次级常规因素共同控制的可能性。处理的各种细节一般由集团的各个专门成员进行①。

第六，意识是在许多无意识事件的运作中形成的，而所谓无意识事件就是各种专门化系统自动运行时的功能。存在许多自动运行的无意识事件这一点，可从日常的观察中发现：当我们获得某种技巧或知识之后，对这种技巧（如驾驶汽车）之细节的意识就会变得越来越少。

第七，在认知、意识等精神过程中存在许多无意识表征。所谓表征就是承担了与表征本身之外的某物之抽象相似性的那个理论对象。也就是说，在表征和被表征的事物之间有一种抽象的匹配（match）。人类知识就可以被看作表征世界和我们自己的一种方式。我们可以通过操作关于世界之某

---

① Baars B. A Cognitive Theory of Consciousness[M]. Cambridge：Cambridge University Press，1995，Kindle Edition，2011：33-39.

个部分的表征，而不是直接对实在事物进行操作，来预测其结果。例如，建筑蓝图就是关于一座建筑的表征，人们往往是在蓝图上进行相应的修改、操作来预测结果。知识、知觉、意象、计划、意向和记忆等都可以被认为是表征。认知心理学领域大量关于认知记忆、无意识学习的实验都表明，在精神活动中存在许多无意识表征。

第八，在神经系统中存在许多无意识的专门化处理器。来自神经生理学、心理学领域的大量实验证据表明，在人的精神活动中，有许多处理过程是由专门化的神经系统无意识地自动完成的。也就是说，神经系统中包含许多专门化的处理器，这些处理器主要是无意识地运行的。而所谓处理器也就是那些已经成为自动的、无意识的专门化技巧。神经生理学实验表明，脑中的许多小型神经元集合都有着非常特殊的功能。大脑皮层实际上就是由许多微小区域组成的一张拼图，而这张拼图的每一区域都服务于一个特定的功能，包括感觉区、运动投射区、语言和理解区、空间分析区、计划和情感控制区、人脸识别区等；而紧挨着皮层下面的则是另外一些专业功能区，包括眼动控制区、负责睡眠和苏醒的区域、短时记忆区、血液化学成分的平衡控制区、有关生殖的荷尔蒙控制区、新陈代谢和免疫功能区、愉悦和疼痛中心、身体平衡中心等。这些专门化的神经中心，有些只有少量神经元，而另一些则有数百万神经元。相关研究已经证明，任何实践性任务都将朝着自动化方向发展。

第九，专门处理器具有六种一般属性：一是功能单元化，为服务于特定目的而行动的一个处理器联盟将作为一个单元性处理器而行动；二是整个系统的分散属性，当把神经系统看作由大量专门处理器构成时，处理的具体细节则并不是被一个中心控制系统执行，而是被各个专门处理器自己执行；三是专门处理器的构成部分具有可变性，由若干处理器联合而成的一个专门处理器，可以成为更大的处理器联盟的一个成员；四是能力的限制性与可变性特征，所有专门处理器都在一个比较狭窄的范围内发挥其功能，但是，当条件要求它们适应时，它们必须能够在有限范围内变化其特性、能够分离并重组为新的处理器联合体；五是目标引导属性，处于无意识和自动状态的服务器，是在服务于可通达意识的这个目标中行为的；六是专门化处理器的无意识、非志愿属性，那些专门化功能的控制几乎不会通达到意识性内省。

第十，意识经验所反映的是一个潜在的有限能力系统的运作。意识事件承载非专门的有限能力，但并非所有的有限能力事件都能够被有意识地经验。存在着与明晰的意识性事件相竞争的多个事件，而被明晰地意识的那个事件是胜出者。每一个意识性事件都被那些可称为语境（contexts）的持久性无意识系统所塑造。这里所谓语境就是一个相对持久的神经系统，这个系统塑造意识经验、意识通路和意识控制，但它本身却并不能成为意识的，也可以把语境看作一个已经承诺其处理信息的确定方式的无意识专门处理器联盟。总之，语境是某种无意识的东西，但成为意识的任何东西则都是语境塑造的①。

在吸收及借鉴活动假说、冰山一角假说、新奇假说和剧场假说四种理论假说之合理因素的基础上，通过比较、整合和研究各种分散的实证研究资料，巴尔斯建立了他的全局工作间意识理论。

四、成为意识的就是进入整个脑系统的全局工作间

全局工作间意识理论的核心观点，就是把经验性意识的过程处理为一个"全局工作间系统"（global workspace system）的运行过程，认为意识是在许多其他无意识脑事件基础上产生的，是在整个脑神经系统这个全局中发生并对整个脑神经系统公开的事件。所谓全局工作间（global workspace，GW）就是整个脑神经系统在其中进行信息交流的那个场所。这种交流使神经系统中那些专门化的无意识处理器彼此相互作用，以对信息进行处理。某个脑事件成为意识的，就是进入到了这个全局工作间。质言之，所谓"工作间"就是不同的处理系统在其中能够完成其各种运行的一种意识性记忆，

① Baars B. A Cognitive Theory of Consciousness[M]. Cambridge：Cambridge University Press，1995，Kindle Edition，2011：40-55.

而所谓"全局"则意味着处于这个意识性记忆中的那些信息能够被散布于整个脑神经系统中各种各样的专门处理器；每个处理器可以有其局部的变化和运作，但它也能够回应全局的信息。众多无意识事件为了通达这个全局工作间而相互竞争或相互合作。一旦获得通路，这些事件就成为意识的并把相应信息散布到所有能够理解这个消息的其他无意识专家处理器，从而对信息作出最恰当的处理。所谓意识性事件就是在全局工作间发生的那些事件；而其他与此相关的脑事件则处于无意识状态，并不成为意识性事件。简言之，某个脑事件成为意识的，就相当于这个事件进入了整个脑神经系统这个全局的工作间中①。这个理论可从以下 10 个方面进行解析。

其一，我们的脑每时每刻都在处理来自不同路径的各种信息，这些信息最初都由各种无意识专门处理器处理，专门处理器处理后的信息都试图成为意识的，以便获得进一步处理，因而它们为进入意识而相互竞争。在这种竞争中那个胜出的信息（即当前对有机体最重要的那个信息）最终成为人们意识到的信息。一旦这个信息成为意识的，就相当进入了整个脑系统全局的工作间中，也相当于向整个脑系统发布了招募处理该信息专家的公告，各种相关的无意识处理器纷纷应征，并由最合适的那些处理器对该信息进行处理。从刺激到意识的大致过程是：刺激引发一个简短的常识性的全局消息首先被传布，某些感兴趣的处理器会要求得到更多，因而更长的消息就会被传布，消息也得到更多的支持；这种滚雪球式的积累持续进行，直到这个消息最终长到足以报告为一个意识性事件。

其二，大脑中发生的事件可分为意识性事件和无意识事件两类，大脑中存在大量模块化的无意识专门处理器，专门处理特定种类的信息。大脑所完成的各种无意识功能（如熟练后的无意识驾车过程），都由无意识专门处理器履行。无意识专门处理器的功能是在没有意识介入的情况下进行的，它自动运行，而无视在任务和语境方面的任何变化。无意识处理器是处理已知事物的高效工具。与无意识事件不同，脑中发生的意识性事件则是一

① Baars B. A Cognitive Theory of Consciousness[M]. Cambridge：Cambridge University Press，1995，Kindle Edition，2011：61-62.

个非模块性的处理过程。意识性处理器有着很大的关联能力和语境敏感性。关联能力能够把两个意识性事件相互关联起来，语境敏感性则表明意识性事件将受到事件发生语境的影响。

其三，意识经验必须具有内在的融贯性，意识性处理必须是顺次运行的；而无意识处理器处理的事件则可以是相互矛盾的，各种无意识处理器能够平行地运行。选择性注意等意识性事件必须是内在一致的，我们不可能把有着不同内容的两个谈话意识流混同。而同时运行的两个无意识处理器却可以是相互不一致的，只要这种矛盾信念不同时出现在意识中，我们可以拥有不同甚至矛盾的信念。

其四，意识过程具有有限的能力，而被结合在一起的无意识处理器却拥有十分巨大的能力。意识能力显示出相当大的限制性。例如，在选择性注意中人们只能意识到两个信息流中的一个，双重任务实验则表明同时进行的两个意识性任务是相互抵制的，即时记忆只能使少量信息被保持。至于无意识处理器的巨大能力，从中枢神经系统的规模即可了解：单是大脑皮层就有至少 550 亿个神经元，而每个神经元与其他神经元又有 1 万种联系；一个神经元只需通过 6～7 个中介神经元即可到达任何神经元；当被激活时，每个神经元平均每秒激活 40～1000 次，而且这种活动要持续到脑的所有部分，包括那些当时无意识的部分。

其五，意识与知觉并不是同一的，知觉是意识经验的先驱，意识是在知觉基础上形成的。即便是关于抽象概念的意识通路、关于行为的意识性控制也是被快速的、准知觉的事件居间促成的。所以，意识经验具有强烈的知觉偏见，意识的内容具有朝着知觉和意象的强烈偏向。通常所说的"第一印象""先入为主"所表示的就是知觉对意识的巨大影响。关于知觉整合的大量实验证据表明，把注意迅速整合形成意识经验的这个过程，必须在大约 100 毫秒内完成。这就是说，各种知觉"专家"必须在大约 100 毫秒的时间内进行合作和竞争，来形成意识经验；如果超出了这个时间，这些知觉就不能通过相互竞争或相互合作而创造一个单一的、整合的意识经验。

其六，意识和执行性控制并不是同一的。意识的全局工作间理论只是断定意识是神经系统全局的工作间，但并不认为意识是控制整个系统的执行官。意识类似于一个广播站，而不是管理机构。然而，管理机构却能够使用广播能力训练控制，而且可以假定，执行性处理器可以使用意识去尝试控制其他处理器。毫无疑问的是，为了完成某个行为，意识必须与一个统治性的执行系统相关联。那么，执行性处理系统与意识怎样相互作用？它怎样使用意识去控制其他处理器以达到目标？这就是下面将要讨论的"统治性目标语境"（dominant goal context）。执行官控制系统实际上就是目标语境，尽管它自身并不能被意识①，但正是目标语境塑造和控制着到达意识的通路。

其七，意识和各种无意识专门处理器的关系。脑中的各种无意识专门处理器均是通过意识过程建构、解构和重组的。当我们面临一项新任务（如学习驾驶汽车）时，完成这项任务的所有细节，如挂挡、踩油门、踩刹车、打方向盘等环节，都必须有意识地进行。然而，这个学习的过程实际上也是我们把相关神经系统组合起来建构无意识处理器的过程，一旦这若干个神经系统组合成自动运行的无意识专门处理器，我们也就学会了驾驶汽车的技巧。但是，组成驾驶汽车这一技巧的若干个神经系统，并不是仅仅服务于驾驶汽车这一个技能，而是根据意识性任务的需要可以随时解构和重组。比如，构成驾车技能的运动神经系统在学习驾驶飞机时，又可以与其他的神经系统组合在一起而形成另一个自动运行的无意识专门处理器。当然，在开始学习驾驶飞机时，神经系统之间的新的相互作用方式也需要在全局工作间中完成，即必须有意识地进行。

其八，全局工作间理论的进化论解释。按照全局工作间理论，我们的意识能力是被严格限制的：我们在同一时间只能意识一个事件，而不可能有效地意识两个事件。例如，我们不可能同时有效观看电视机屏幕上的两个节目。为什么是这样？能够同时有效地意识两个或更多事件不是更好

---

① Baars B. A Cognitive Theory of Consciousness[M]. Cambridge：Cambridge University Press，1995，Kindle Edition，2011：88.

吗？其原因就在于，意识是神经系统全局的工作间，要求全局参与来完成相关任务。某个信息在某段时间对作为整体的这个系统有效，这一点对这个生命系统的生存至关重要。既然是全局性的信息，那么它在某段时间内就必须被限制为一个信息，也只有这样，它的所有组成部分才能在同一时间收到同一个信息。尤其是当问题不可能被任何单个"专家"解决时，使信息对作为整体的这个系统都有效就显得更加重要。当然，全局散布信息的代价很昂贵。所以，如果问题能够被指派给专门处理器解决，那么，相应的信息就不会占用全局工作间这个有限的资源。

其九，全局工作间系统的神经基础。按照全局工作间理论，整个脑神经系统是作为一个整体工作的，而意识则是整个系统全局的工作间，意识也以相应部分的神经活动为基础。大量实验表明，意识赖以形成的那个神经系统"全局"包括大脑、丘脑、网状组织、脑干等。系统处于某种意识状态、具有某种意识经验是以脑中某些神经系统的活动为基础的。也就是说，处于某种意识状态与不处于这种意识状态的区别是由某些神经系统是否活动所决定的。神经系统的各个不同部分一定程度上是相互独立地同时运行的，脑是一种平行运行的分散处理的系统。大脑皮层就是专门化的分散处理器的集合。许多研究都表明，在意识过程中神经系统的行为方式正是全局工作间模型所刻画的那种方式。

其十，全局工作间意识理论的实证证据。主要包括三个方面。一是意识性任务的高度竞争性证据：在任何感觉模块中对任何刺激的意识都妨碍对任何其他刺激的意识，而且妨碍任何自愿行为或概念过程的意识通路。这表明，任何被意识或被意识控制的脑事件是与脑中的任何其他事件相互作用的。也就是说，意识必然是与脑等价的那个全局的工作间。二是意识性反馈能够控制任何神经事件的证据：通过意识性反馈，人们甚至能够以很快的速度对广大范围的生理活动进行临时自愿控制，如对血压、心率等自动功能的临时控制。意识性反馈控制要求我们以某种方式把那个被意识的反馈"散播"到全局，因为不同的反馈信息需要不同的专家处理器处理。

三是关于适应性回应的研究表明：涉及神经系统每个主要分支的适应性回应，与意识回应新刺激的属性密切相关。关于丘脑系统之功能的研究表明，脑干和中脑的网状丘脑系统也与意识的功能密切相关。我们对语句之多层次错误（语法的、用词的、语调的、时间、地点、情感等）的无意识监控表明，一个意识性事件的所有方面似乎都被一个无意识的管理系统所监控。

总之，全局工作间理论把意识处理为由分散的专门处理器构成的神经系统全局的一个工作间，是对整个神经系统公开的工作间。巴尔斯认为，他的全局工作间意识理论不仅能够对意识内容的"内在融贯性"和"全局有效性"这两个根本属性作出圆满的解释，更重要的是，它还将对意识问题以及与意识相关的其他心灵问题作出彻底的解决。

五、塑造意识经验的无意识语境的属性和机制

从以上关于全局工作间理论的扼要论述可以看出，巴尔斯以意识为基准把整个脑神经系统的活动分成了两类：一类是进入意识的活动，另一类是没有进入意识的活动。他认为，进入意识的神经活动在进入意识之前也进行着无意识的活动；在新的无意识神经活动进入意识的同时，原来呈现于意识的活动就必定被"挤出"。如果是这样，要想真正解释意识，就必须基于意识进一步研究无意识神经活动的属性和机制。巴尔斯把引起和塑造意识经验的那些无意识神经系统及其活动称为意识的"语境"（context），并基于全局工作间理论论述了这种无意识语境的属性和机制。其核心内容可归纳为如下九个方面。

第一，意识经验是由相关的无意识语境塑造的。虽然意识是全局的工作间，但这并不是说每一个具体的意识经验都要求全局神经系统活动；某种刺激成为意识的只是意味着向全局公告了这个信息，只有对该信息"有兴趣"的专家才会开展处理该信息的活动。同样，一个刺激也只是在相关神经系统的无意识活动的共同作用下才成为某种意识，也就是说，任何具体的意识经验都是某些相关的神经系统的无意识活动塑造的。这些影响意识经验的无意识神经活动，被称为全局工作间的"语境"，即意识的"语境"，

正是不同场景下的这些语境的活动引发和塑造着我们的各种特定的意识经验。从意识的全局工作间模型来看，所谓"语境就是塑造某个意识经验而其自身在当时又未被意识的那个系统"[1]。语境既包括塑造意识经验而当时又未意识的期望，也包括塑造自愿行为而当时无意识的意向。虽然我们不能经验塑造意识的语境，但可以从许多实验资料推证它们对意识经验的影响。在知觉和认知方面的大量研究文献都令人信服地表明，无意识语境对意识经验的塑造无时不有、无处不在。

第二，作为意识基础的语境是由此前的意识经验构造的。塑造意识、作为意识之基础的这种语境，与认知科学中所讨论的各种"知识结构"、"精神表征"、"语义网络"、"图式"、"框架"（frames）、"脚本"等相类似。其不同就在于，语境不仅是精神表征，而且是一种其活动影响另一个精神表征的无意识精神表征。就此而言，语境显然就是塑造我们的意识经验的内部世界，物理环境中的因素也只有被表征在内部世界中才可能影响我们的经验。进而，这种内部语境还维持着来自过去而当前又不需要的那些重要信息：先前的意识经验在成为无意识的记忆之后，作为无意识语境，能够影响此后很久发生的相关意识经验。也可以说，在先的意识经验创造了一个塑造和描述后来意识经验的语境，这些以前的意识经验作为语境预设、塑造此后的意识性意向。许多研究表明，意识经验对语境预期的强烈违背将会使原来未被意识的语境假定成为意识的，当出现这种情况时，人们有时候会改变他们先前作为意识基础的语境假定。

第三，意识的语境有着四种不同的类型。根据意识的不同类型可以把语境分为知觉和意象的语境、概念性思维的语境、引发和塑造行为的目标语境以及人们相互交谈或自我交谈时共有的交流语境四类。大量实验研究表明，意识性知觉经验、意象和概念性思维，都被我们称为语境的无意识系统所塑造和定义。目标语境则在理解意向、解决难题和自愿控制方面发挥作用。需要指出，在任何时间、任何地方，目标都是按其重要性排序的，

---

① Baars B. A Cognitive Theory of Consciousness[M]. Cambridge：Cambridge University Press, 1995, Kindle Edition, 2011：109.

更高的、更重要的目标优先于较低的目标。对任何人来说，存活都是最高的目标，而避害趋利、获得社会地位、生活得更好等则是逐次降低的目标。这种语境性目标层级在对意识性事件的控制中有着重要作用。交流语境是最重要的社会文化语境之一。交流双方必须在概念框架、知觉世界等方面共有某些无意识假定。交流语境与概念语境密切相关。社会的和文化的语境通常也是无意识运作的，只有在原来的语境条件被严重违背时（如进入有着重大区别的社会文化中），这些无意识的社会文化语境才会被意识到。

第四，语境实质上就是若干专门处理器的稳定联合。从信息处理维度看，语境就是若干专门处理器组成的、准备通达全局工作间的一个联合集团。任何专门处理器集团，只要能够联合起来塑造意识经验而且具有处理信息的恒常性的、依规运行的方式，都将倾向于像语境一样起作用。换言之，语境就是这样的一些无意识处理器：它们已经形成了一种处理信息的稳定方式，而且倾向于把全局信息塑造为它们自己形式的组织。语境在一种联合和竞争的过程中随着时间而发展。显然，语境要想塑造意识经验，它就必须能够迅速而容易地与全局工作间信息相互作用，而且，某些相互作用甚至在全局信息到达全局工作间之前就已经发生。也就是说，某些语境系统必须通过全局工作间与潜在的意识性事件相互作用。这套当前运行的语境就是当前的统治性语境体系（the current dominant context hierarchy），简称统治性语境（dominant context）。

第五，当前的统治性语境能够把某些无意识约束强加于即将成为意识的那些活动上。统治性语境在任何时候都是知觉-意象语境、概念语境和目的语境的一种融贯性融合；我们的意识经验在任何时候都被许多相互融贯的语境所控制。在引发某种意识经验的语境系统中，所有的子语境都不可能被意识，尽管它们在引发当前这个意识经验之前几秒、几小时或许多年是意识性的。换言之，我们当前的意识经验可能是由许多年以来所建构的那些不同子语境即时地联合成一个统治性语境而引发的。

第六，语境并不能完全地决定意识经验。虽然语境对意识内容的自由度作出了许多潜在的限制，但它不可能约束其意识经验的所有方面。也就是说，语境对意识的约束并不是完全的、决定性的，意识经验的内容并不是完全被相应的语境所决定，而是有一定程度的自由性。正如大量实验研究所表明的，随着熟练程度的增加，对相应技巧的意识将会越来越弱。所以，如果某种输入是100%可预测的，那么，我们将会习惯于这种输入，并最终使之成为无意识的自动运行机制。既有语境留下的自由度被意识经验降低，直到这种输入成为完全可预期的和无意识的。需要指出的是，虽然我们不可能同时知觉两项意识内容，但两个或多个语境性约束却能够同时支配全局工作间。实际上，任何意识经验都有许多语境性约束：知觉的、概念的和目标的等。

第七，意识经验与新语境的建立。如前所述，凡是吁求意识来处理的刺激，都是无意识专家处理器不能处理的，就是说，意识经验给予我们此前未被意识的新知识的通路。而这种意识通路一旦被掌握，它就转化为塑造此后意识经验的语境。换言之，意识经验的一个主要功能就是更新既有的语境。意识经验主要以两种方式更新既有的语境。一是同化方式：当意识经验的新内容与既有的统治性语境原则一致时，它就被既有统治性语境整合、吸收，成为其构成部分；二是重构统治性语境方式：当新的意识经验与既有统治性语境原则严重冲突时，既有的统治性语境便会被破坏，从而引起统治性语境的重新设立。由于改变高层语境要付出巨大代价，所以作为最高层级的统治性语境实际上就是这样一种系统：尽可能把改变限制于更低的可能层次。

第八，任何可学习的任务都要经过从创设语境到意识性信息，再到无意识进行的适应性周期。当开始学习某种知识时，第一步就是创设语境，定义所要学习的东西；第二步，我们有了理解这个新任务的一个工作语境，这个新任务现在还是信息性的，要有意识地进行处理，刺激性输入则服务于降低这个工作语境内的不确定性；第三步，我们已经完全适应了新任务，并失去了到达这个被学习的任务的意识通路。创立语境涉及对刺激性输入的尝试性的意识性解释或不同层次的意识。适应的过程就是持续地从意识性事件学习并降低它们的选择性。当不确定性降低到零时，所学习的任务就成为无需意识而完成的技能。当然，这些被适应的系统将为以后的意识经验提供新的语境。

第九，目标语境具有层级结构，这种层级反映着不同目标的重要程度。在各种不同的语境类型中，目标语境是对行为直接产生影响的语境。所谓目标语境就是维持意识性目标的语境，也就是维持一个意识性目标持续存在的一个无意识处理器集团。目标语境的首要功能是引发和塑造行为。目标语境使我们能够以一种自然方式处理比意识经验更大范围的各种任务。不仅艺术、科学和数学中的各种创造性过程处于目标语境的控制之下，而且语词搜索、回答问题、模糊语词的解释、行为的控制等短时事件也都由目标语境控制。目标语境的一个重要特征是具有层级结构：按照全局工作间理论，神经系统的目标语境本身有着层级结构，某些目标比其他目标更重要，乃是因为这些目标为其他目标提供了语境预设，"其他目标"正是在这个预设中被定义的。进食、逃避危险等需要预设生存的需要，而寻觅食物则预设进食的需要，如此等等。换言之，生存目标语境高于进食目标语境，而进食目标又决定次一级的觅食行为。不同层次的目标语境等级之间是依据重要程度排序的。当然，这种次序也并非固定不变，在进食之后，其他需要可能就会随时上升到更高的次序中。

六、意志的本质及其对思想和行为的控制机制

意志问题是心理学的核心问题之一。按照常识性理解，所谓"意志"就是朝向某个目标的一种精神力量，而且被认为是战胜其他目标的力量。詹姆斯在创立心理学时首次对意志作出严格而科学的解释和研究。按照他的研究，意志体现于施行意愿性行为的过程，而一个成功的意愿性行为并不是通过激烈的内部斗争实现的：在没有竞争性意象或意向的时候，意愿性行为的意象便出现于意识中，而就在这个意识性行为意象出现于意识的

瞬间，相应的意愿性行为便自动地、自发地、没有斗争地发生①。这是詹姆斯基于其意识流理论对意志做出的解释。在行为主义盛行的 20 世纪前半期，意志问题与意识等问题一起被打入冷宫。在当代心灵哲学、认知神经科学、意识科学等心灵科学哲学分支学科中，意志问题是争论最为激烈的问题之一，实在论和非实在论各执一端，莫衷一是。前文所述的魏格纳就是非实在论的典型代表之一。

在意志问题上，巴尔斯所持有的是一种实在论观点。他认为，当代心理学关于自愿行为和非自愿行为的许多实验资料已经有力证明，人们能够对自愿进行的行为和非自愿进行的行为作出区分，即能够对物理上的同一事件是否在其控制下进行作出区分。这就表明意志是行为中实际存在的一种力量。不仅如此，他还认为"意志是许多基本心理学问题的核心所在。大量研究很好地辩明了意志对于解决心理学的许多基本问题的作用"②。关于意志的基本作用机制，他采纳了詹姆斯所提出的意动理论（ideomotor theory）。按照他的看法，所谓意志就是意识性目标意象引发相应行为的过程：首先是某个特定的目标意象在意识中被明晰出来，当这个明晰的目标意象开始组织和激发自动但却处于目标控制下的行为时，意识便不再干预，整个行为将会自动完成。也就是说，只要一个目标意象战胜其他竞争者而成为明晰的意识，相应的行为就被无意识地组织和创生。至于意志与意识的具体关系、意志在行为中发挥作用的机制等，巴尔斯基于意识的全局工作间框架给出如下的界定和论述。从下述观点不难发现，在关于意志的许多根本问题上巴尔斯都与魏格纳持有恰恰相反的观点。

第一，作为意志之表现的自愿性行为是由意识性目标意象创生的。其过程是：作为全局性、融贯性表征的"意识性目标意象"为大量无意识专门处理器提供信息，从而激活无意识目标结构，进而激发控制特定肌肉系统的局部处理器，以贯彻该目标。需要注意的是，目标意象既能够激发贯

① James W. The Principle of Psychology[M]. 影印本. 北京：中国社会科学出版社，1999，525.
② Baars B. A Cognitive Theory of Consciousness[M]. Cambridge：Cambridge University Press，1995，Kindle Edition，2011：195.

彻这个行为的附属型专门处理器，也能够激发其自身并不成为意识但却约束着计划和执行的那个意象的目标语境。事实上，目标意象自身就来自一个更高层级的目标语境。

第二，体现意识性目标意象的行为，在被执行之前需要通过与其他意识性目标意象竞争。新的意识性思想或意识性意象可能会抵制一个行为计划，并可能把原目标意象从意识中驱除或通过许多不同的意向目标系统对原目标进行编辑。其过程是：第一个目标意象也将激活产生竞争性目标意象的处理器，这些竞争性目标意象将对第一个目标意象进行反驳或提供其他选择；如果某个无意识系统侦测到第一个目标意象中存在错误，它将激发竞争性意象去破坏那个有缺陷的意识性目标，去编辑和纠正它。只有当一个目标意象赢得足够长的意识时间，它才会被执行。意识性目标普遍地被编辑，最有效的竞争则来自统治性目标层级中的目标语境，因为目标语境在行为的准备和执行期间具有到达全局工作间的通路。行为的那些全新的方面原则上能够被旁观处理器监控和编辑，如果它们能够竞争到达全局工作间的通路的话。所有意识性目标意象都被旁观处理器内在地编辑，因此被实际执行的意识性目标也一定是被相关处理器编辑过的。所以，自愿行为实际上就是在执行之前其意识内容已经被悄然编辑的行为。

第三，意识性目标意象招募一组行为图式和效应器执行行为，但由于我们没有到达这些处理器之细节的意识性通路，所以绝大多数的信息处理都是无意识的。随着招募的完成，我们便意识到执行该行为的意愿，也就是说，在执行意志性行为的瞬间我们对该行为的执行是意识的而且是自愿控制的。因为自愿行为与非自愿的自动过程的区别就在于，从属于自动过程的行为其开始是系统自动地可预期的，而自愿行为的开始则不是自动地可预期的，所以，对于自愿行为来说，意识性控制就是必需的。其过程是："我们能够准备好一个自愿性行为但却延迟执行，直到某种'走起'信号被意识的瞬间才开始执行……在这种意义上，人们明晰地具有到达'行为命令'和行为控制的意识性通路"①。也就是说，自愿行为是被约束到一个特定的瞬间并根据一个意识性命令才被执行的。一定意义上说，这个意识性的命令就是意志的某种体现。

第四，确认没有竞争后，目标意象便自动执行。在一个相容的统治性目标语境中，意识性目标倾向于自动执行。用全局工作间理论来说就是：在没有反驳性意识信息相竞争的情况下，专门处理器倾向于自动执行意识性目标意象的内容。除了相反的意识性意象和意向外，没有什么能够停止一个无意识处理器执行一个行为。换言之，只要没有相反的意识性意象和意向，行为就自行运行下去。

第五，来自行为的意识性反馈能够向许多无意识目标系统揭示行为的成功与失败，这些无意识目标系统则采取相应的补救措施。当我们意识到说错了话时，我们通常会迅速修正它。当然，我们不可能意识到这种修正的细节。必须注意的是，如前所述，与较高语境层级的预期相冲突的震惊性事件，可以涉及某个层级语境的破坏，但更高层级的语境一般不会被扰乱。所以，语境性违规的修正可以在比被违背的层次更高的语境层级进行。这样，更高层次的目标系统就能够寻找其他方法来达到它们的目标，最高统治性语境层级被破坏的情况很少发生。

以上就是巴尔斯基于其全局工作间意识理论对意志的本质和运行机制作出的解释。这个解释的核心就在于：承认意志的实在性；把抽象的意志具体化为自愿行为的执行；以意识的全局工作间理论解析意志被贯彻和执行的运行过程。应该说，巴尔斯对意志之本质和机制的解释是合理的。

七、对全局工作间意识理论的剧场隐喻解释和原型解释

在《意识的认知理论》一书中，巴尔斯对意识之本质和机制的研究和论证，主要目标是基于科学精神建立意识的全局工作间模型，可以说主要是一种模型论的研究和论证。不言而喻，这种模型性的论证还需要进一步

---

① Baars B. A Cognitive Theory of Consciousness[M]. Cambridge：Cambridge University Press，1995，Kindle Edition，2011：204.

的实证研究和论证作为支撑。在 1997 年出版的《在意识的剧场中：心灵的工作间》一书中，巴尔斯又进一步以剧场隐喻对全局工作间意识理论进行了解析和论证。概括地讲，该书的突出特征是从如下两个方面发展和完善了全局工作间理论。

其一，以"剧场模型"对意识的本质和机制进行解释：大脑就像一个包括演员、（参与性）观众、舞台、各种幕后配置以及各种剧场设施的剧场。意识的中心工作间就是工作记忆，即脑对当前工作的短时记忆，这个工作间就相当于一个剧场的舞台。舞台上的演员就是意识经验的内容，注意就是聚光灯照射的光亮区[①]。当注意的光斑照向工作记忆舞台上的一个演员时，意识的内容就显现出来。未被意识的剧情编导者在幕后的操作形成了舞台上的事件。广泛地分布于整个大脑的观众，就是未进入意识的那些自动地履行公务的专门化神经网络系统，它们一起工作以贯彻行为的各个细节。换言之，意识就类似于工作记忆舞台上聚光灯照亮的区域，只有这个光亮区是意识的，而剧场的其余部分则都处于黑暗的非意识状态。不同形态的感知性信息在大约 100 毫秒（0.1 秒）的时间内相互竞争，竞争的胜出者随后进入意识中，感知性的意识就是舞台的灯光区。表征相应意识的感觉皮层既能够被内生地激活，也能够被外源地激活，意识性内部谈话和内部意象将导致"内部感觉"。一旦某个意识性的感觉内容被建立，它就被广泛地分布于黑暗剧场中的观众——分散的各种"专家网络"，可假定其所使用的是皮质皮层光纤和皮质丘脑光纤。意识的主要功能就是：把小规模的信息散布于脑中的巨量无意识观众，使自动运行的大量专家型特殊网络的作用一体化，提供这些作用的通道并协调这些作用，使一种剧场建构能够在脑中运行，从而在全脑范围招募内部资源来处理当前面临的任务。

其二，把意识明确地解释为具有众多功能的一种至关重要的生物适应性，并基于认知神经科学的研究，对意识的工作机制及各种功能在脑中的

---

① Baars B. In the Theater of Consciousness: The Workspace of the Mind[M]. Oxford: Oxford University Press, 1997: viii.

区位进行研究和论证。用巴尔斯的话来说就是：全局工作间理论建基于这样的信念：就像人类身体的细胞一样，脑的各项细节性工作是被广泛分布的，不存在告诉每个神经元做什么的中心化的司令部。然而，为了组织这个巨大的被广泛分布的领域，就必须存在一个共同工作以显示意识性事件的一个神经场网络（a network of neural pitches）。就像身体中的每个细胞都被它自身的分子密码所控制一样，脑的那些适应性网络则由它们自身的目标和语境所控制。迄今为止的研究表明，意识经验之所在位置的最佳候选者可能是皮层的感觉投射区，这里是大量来自眼睛、耳朵和身体的神经辐射首先到达脑层面的地方。而中心脑干和中脑的几个微小结构对于意识经验也是本质性的，因为脑中其他地方的大量组织即便受损也并不引起意识经验的丧失。意识的内容则显然是被全局地散布于遍及大脑的巨量网络的，这些网络是无意识的，但却有着随之产生的可观察的意识性后果。本质地讲，意识实际上就是具有众多功能的一种至关重要的生物适应性：意识内容激发大量无意识过程，并被无意识的语境所塑造；意识在整合知觉、思想和行为方面，在适应新环境方面，以及在给一个自我系统提供信息方面，都显然是本质性的；相比之下，那些作为无意识知识资源的大量观众则是孤立的和自动的①。

第三节　自我在全局工作间意识模型中的地位

从巴尔斯以上关于全局工作间意识理论的论述、从其关于意志运行机制的描述，不难发现，巴尔斯所建构的这种全局工作间意识模型，要想对意识的本质和机制作出完全的解释，就必须引入一个最高指挥官、一个最高统领者，即必须引入一个主体、一个"自我"。正如巴尔斯自己所说，在

① Baars B. In the Theater of Consciousness: The Workspace of the Mind[M]. Oxford: Oxford University Press, 1997: ix-x.

这样的意识模型中，"意识内在地需要与一个自我系统相互作用"①。正因为自我是全局工作间意识模型得以运行的不可或缺的要素，巴尔斯也因而成为最早深入到自我问题并系统地创立一种自我理论的认知科学家。为了更好地理解巴尔斯的自我理论，我们需要对"自我"之于全局工作间意识模型的必要性略作论述。

第一，全局工作间意识理论所建构的意识运行机制内在地要求一个"自我"。因为必须有一个自我，关于意识的这个建构才能运行。全局工作间意识理论的基本预设是：脑是由各种专门化信息处理器组成的一个巨大集合，各种处理器在处理相关信息的过程中为了取得到达意识（即全局工作间）的通路，而相互竞争或合作。一旦某个或某些处理器的信息获得意识通路而成为意识的，它们便向全局发布该信息，以招募感兴趣的系统对之进行处理。任何意识经验都是从位于脑中的不同输入处理器之间的合作和竞争中出现的。而所谓全局工作间实质上就是神经系统的公开机构（publicity organ），某信息成为意识的就是向全局公开的。显然，这样一个建构要想运行，就必须有一个掌控全局的主体，即自我。

第二，按照巴尔斯的界定，所有意识都是经验性的，既然把意识与经验本质地联系起来，既然意识的本质就是经验性，那么就必须阐明经验的实质，因而就必然牵出一个主体：谁在经验？这也就是查尔默斯所凸显的意识的"难问题"所蕴含的意义：当我们认知或知觉的时候，既存在着处理相关信息的意识活动，也存在着对相应意识的经验性、感受性或主观方面。为什么脑处理信息的所有过程都被一个经验性的内部生命所感受？产生这种主观经验性和感受性的意义是什么②？其答案就是：整个生命体的意识和行为需要一个主体、一个自我来统一协调和指挥。事实上，人们关于任何意识经验的所有陈述都必须使用人称代词，都必须让一个主体来

① Baars B. A Cognitive Theory of Consciousness[M]. Cambridge：Cambridge University Press，1995，Kindle Edition，2011：253.

② Chalmers D. Facing up to the problem of consciousness[J]. Journal of Consciousness Studies，1995，2（3）：209.

"承担"意识经验。就意识的经验性问题而言，巴尔斯的观点实际上比查尔默斯还更进一步，因为他认为只要意识就是在经验，所以并不存在意识的"难问题""易问题"之分。因此，在巴尔斯这里，意识问题与主体问题、自我问题是整体而本质地关联的，是研究意识问题时必须同时予以解决的。

第三，从某种脑活动形成意识的过程来看，需要一个对各种脑活动之重要性进行评估的自我系统。按照全局工作间理论，脑中同时存在着大量各种不同的无意识活动，这些活动时刻都在为通达意识进行竞争，而且在某个瞬间只能有一种无意识活动获得通路而成为意识的。如果是这样，紧接着的问题就是：为什么是这个活动而不是其他活动在此时成为意识的？如果某种脑活动在某个特定时间成为意识的不是随机事件，那么，就必定在脑中存在一个把握全局并对各种脑活动的意义进行快速甄别和评估的系统。这个评估系统的作用就是根据有机体目前所处的境况、目前面临的最紧迫的任务对各种脑活动的意义进行评估，并使那个最符合当前需要的脑活动进入全局工作间成为意识的，以获得进一步的处理。这个对各种前意识脑活动进行评估的系统显然就是一个自我系统。

第四，按照全局工作间理论，意识的内容是由无意识语境塑造的，无意识语境则又分为不同层级，最终决定形成何种即时意识经验的则是最深层的那个统治性语境层级。统治性语境通过把某些无意识约束强加于即将成为意识的那些脑活动上来塑造意识经验。统治性语境施加约束的原则就是使当前最为紧迫的任务成为意识的，以便调动全局资源来处理相关问题。显然，在这样的理论框架中，这个把握全局的统治性语境对于意识是不可或缺的，而这个统治性语境所发挥的实际上就是自我的功能。

第五，从对意识内容的处理来看，也必须有一个协调全局的自我系统。某种脑活动进入全局工作间而成为意识的，只是解决目前面临问题的第一步；同样重要的是，必须调动全局资源来处理当前的意识内容。既然对意识内容的处理必须是多个脑区协同运作的结果，是涉及多个"专家网络"

的全脑分布，那么，就必须存在高于"专家网络"层次的协调者。即便这个协调者根本不可能出现于意识中。比如，对一个图像的意识，它当然必须涉及"颜色专家网络"，但仅仅有颜色神经系统的运行，这个图像还不足以成为"意识的"；这个图像要进入意识，还必须有"位置""形状"等"专家网络"的运行和协调。以巴尔斯的剧场隐喻来说就是：舞台上的演出之所以得以完成，正是因为幕后有一个统一指挥的导演，而且因为所有参与演出者都必须服从导演的统一指挥。

第六，从意识的功能来看，按照全局工作间理论，意识的作用就是把其内容散布于所有能够理解这个信息的其他专门处理器，让神经系统中那些无意识的专门化处理器相互作用，从而在脑中寻找内部资源来处理当前的情形。也就是让某种内部资源（记忆中的某种知识、场景等）成为即时意识，从而对初始意识的信息作出回应。显而易见，在这样的意识运行模式中，必须有一个高级执行性解释者、一个能够根据即时需求激活并协调相应网络系统之功能的组织者，即必须有一个自我，而且这个"自我"在神经层次上就是某些脑区的一种特定神经活动模式。

以上只是从六个主要方面简要论述了自我对于全局工作间意识理论的必要性。其实，全局工作间意识理论关于意识的其他方面属性的观点也同样依赖于一个自我的存在，如其关于目标语境的解释、关于意志作用机制的解释等，最终都需要有一个自我系统作为支撑。之所以如此，根本原因就在于，意识问题与自我问题是本质地相关的，要想完全地解决意识问题，就必须探索自我问题。正如巴尔斯自己所说，虽然他在研究之初只是把目标定位于科学地研究和解决意识问题，但随着研究的深入，他却发现：必须进一步研究自我问题，如果不引进某种合理的自我概念，我们就不可能充分地讨论意识问题；因为"通达一个自我系统是产生意识经验的必要条件"[①]。那么，在巴尔斯的全局工作间意识模型中，自我究竟是什么？其功

---

① Baars B. A Cognitive Theory of Consciousness[M]. Cambridge：Cambridge University Press，1995，Kindle Edition，2011：242.

能和作用机制又是怎样的？

第四节　作为最高统治性语境的自我

一、自我概念辨析

在巴尔斯 20 世纪 80 年代中期经由意识问题深入研究自我问题时，大多数认知科学家和心灵哲学家尚未涉足自我问题的研究，自我问题并不是主流认知科学和心灵哲学的主要论题。由于休谟的观点以及行为主义心理学和语言分析哲学的影响，在主流认知科学和心灵哲学中，自我仍然被许多人认为是一种幻想、一个非科学的概念。但与此同时，詹姆斯的自我理论也在重新产生影响，而认知科学、心灵哲学、心理学、精神病学等相关领域也出现了一些涉及自我问题的新思想。显然，要在这样的背景下研究自我问题，巴尔斯首先需要对自我的概念进行研究和辨析，并明确地给出自我的定义和研究自我问题的基本概念框架。巴尔斯基于他的研究，从以下三个方面阐释了他关于自我问题的基本观点。

其一，自我概念是许多基本心理学论题所必需的实质性概念，而不是可有可无的虚构。按照巴尔斯的看法，心理学理论中的某种"自我"概念既不是一件奢侈品，也不是一个形而上学问题或人为的问题，而是任何完全的心理学构架都必需的一个概念。"自我"就像意识一样，是顽固地抵制着所有企图忽视或规避它的一个核心性心理学问题。自我-他者区分在知觉-运动系统中、在自主性的发展中，甚至在免疫系统中，正如最近的许多研究证据所表明的，都是核心关切。针对"自我理论是基于常识的错觉，是推论一个不存在的代理者来负责我们的行为和经验，是创造一个想象的、不存在的实体"这种观点，巴尔斯指出，"科学的问题是：存在能够证明这个推论的潜在实体吗？如果存在，'自我'就不是错觉；而是我们必须去研究的某种东西"①。

其二，自我作为实质性概念的地位得到大量知觉证据的有力支持。在我们的普通语言中，所有关于意识经验的陈述都必定使用人称代词，如"我看见了一只香蕉""他感到气味不对"等；而如果我们不能有意识地进入新近的鲜明记忆，不能获得即时环境中的某种视觉、嗅觉或味觉，不能有意识地进入关于我们自己的生活的某些熟知的事实，我们无疑将大感震惊，我们的生活也必将陷入混乱。所有这些都毫无疑问地表明了自我是一种实质性存在。

其三，在意识研究中必须区分两个不同的自我概念。人们在日常生活中普遍未加辨别地使用的自我概念，实际上是两个不同含义的"自我"。一个是作为观察者的自我（the self as observer），这是在意识通路中所涉及的自我；另一个是在关于自愿控制的所有常识性陈述中作为行为创始者或行动者的自我，在诸如"我决定举起手臂""他决定找到更多证据"中所涉及的自我，这是在我们自愿控制领域作为控制代理的自我，被称为作为代理者的自我（the self as agent）。作为观察者的自我就是作为认知和意识之客体的自我，就仿佛是从某个外部视角被看到的一个抽象的对象，就是某人建基于关于他自己的经验的一套信念，也被称为"宾我"（me）或"自我概念"（self-concept）。作为代理者的自我则是那个进行认知、意识和经验的主体，是意识某种经验并控制我们的行为的自我，也被称为"主我"（I）或"自我系统"（self-system）。"自我的那些被对象化的方面因而常常能够被用来建构一个关于自我的模型；但是，与某些看法相反，我们认为，我们的自我的这种模型并不是自我本身……自我（作为统治性语境）与自我概念（作为某人关于自己的若干信念）并不是同一的"②。我们要研究的"自我"就是这个主我或自我系统，而非自我概念或概念性的自我。

① Baars B. A Cognitive Theory of Consciousness[M]. Cambridge：Cambridge University Press，1995，Kindle Edition，2011：241.

② Baars B. A Cognitive Theory of Consciousness[M]. Cambridge：Cambridge University Press，1995，Kindle Edition，2011：327-328.

在对"自我"概念进行了上述基本辨析后，巴尔斯强调指出，哲学和心理学所要研究和揭示其本质的那个"自我"，就是那个作为意识和经验之代理者的自我、那个作为主体的自我、那个在我们的意识经验中发挥作用的自我系统。那么，这个主体自我或自我系统究竟是什么？又如何在我们的意识经验中发挥作用？

二、自我就是意识的深层统治性语境

在我们每个人的经验中，"自我"都是不可或缺的，在意识得以运行的逻辑结构中"自我"又是必不可少的。然而，正如休谟早已指出的，这个"自我"不可能通过内省被直接经验到或意识到、不可能像感知冷热那样被感知。那么，怎样理解和研究这个"自我"呢？巴尔斯认为，我们可以从最一般的意义上把"自我"定义为这样的一个心灵系统："改变或违背这个系统将被自发地解释为自我感的丢失"①。这样，我们就可以通过研究这个系统来揭示自我的属性和本质。不言而喻，巴尔斯是基于意识机制的全局工作间架构来研究这个自我系统的。

如前所述，按照全局工作间意识理论，建基于脑神经系统的整个心灵系统在工作（即进行某种意识）时，可划分为三种构造：一是无意识专门处理器，二是使某种信息成为意识内容的全局工作间，三是作为意识内容之背景的无意识语境。而作为意识经验获得其意义之背景的那个语境，则是分为不同层级的一种系统性构造。尽管各层级之间并不是完全分离的。作为当前意识内容之直接背景的那个语境是第一层级的语境，可称为工作语境，工作语境依赖于更高层级的语境而具有意义，比工作语境更高层级的统治性语境包括目标语境等。按照巴尔斯的理论，位于语境层级最高层的那个持续性的统治性语境就是自我。

要言之，在全局工作间构架中，"自我在理论上能够被看作统治性语境等级中那个持续性的高级层次，既包括观念语境（conceptual contexts）也

---

① Baars B. A Cognitive Theory of Consciousness[M]. Cambridge：Cambridge University Press，1995，Kindle Edition，2011：326.

包括目标语境……就此而言，自我就是一个观点、一个观察点，一种在意识性事件流中支配一切的语境。它具有知觉运动的、评价的、概念的、动机的和社会的等诸多方面。自我系统在不同的局部语境中调整并创造持续性"①。"另一方面，自我也可以被看作是经验和行为的跨情境的语境（the cross-situational context）。我们关于世界之始终如一的期望是无意识的；它们越是可以预期，它们成为意识的可能性就越小。我们的所有经验都被这些无意识的语境所塑造和定义：无论是知觉的、概念的经验，还是社会的、团体的、科学的经验，无不如此。甚至我们的行为也是在一个多目标语境中被形成和解释的，只不过这些目标大部分在我们施行那些行为时是无意识的"②。

巴尔斯进一步指出，这种作为最高层级语境的自我，虽然不能被意识，虽然直接内省无法达到，但可以通过这种最高统治性语境被挑战或被改变的瞬间所发生的经验来研究。具体而言就是，把与这种最高语境相抵触的经验和正常的经验进行比较，通过比较分析自我的经验和非自我的（non-self）经验揭示自我的属性、机制和功能。简言之，我们能够运用一种比较分析方法经验地研究"作为知道者的自我"。以这种方法研究"自我"的基础就在于，区分自我和他者、区分自我引发的活动和他者引发的活动，是任何生命体得以存在的基本前提。正如德国生理学家赫尔姆霍兹（H. Helmholtz）早在 20 世纪 60 年代就发现的眼动现象所表明的：当用手指通过眼睑按压眼球时，我们就会发现视野中的世界是跳动的；而当我们自主转动眼球时却并不出现这种跳动。这是因为视觉系统的深层能够区分自生成的运动与外部力量引发的运动，并能够以某种方式对自生的运动进行补偿，以保持外部世界的稳定。这种自我-他者区分不仅在视觉系统中，而且在知觉运动系统中，甚至在社会世界中、在自我评价和人格领域等都是不可或缺的。就此而言，自我实际上就是某种作为多层级实体的概念。所以，

---

① Baars B. A Cognitive Theory of Consciousness[M]. Cambridge：Cambridge University Press，1995，Kindle Edition，2011：241.

② Baars B. A Cognitive Theory of Consciousness[M]. Cambridge：Cambridge University Press，1995，Kindle Edition，2011：244.

可通过多层次比较属于自我的（self-attributed）和不属于自我的（self-alien）经验，来探讨自我的本质、属性和运行机制。

三、对自我之语境本质的论证

既然自我就是最高的统治性语境层级，那么，如果这个统治性语境层级被严重违背，就必然导致自我感的丧失；而所谓自我感的丧失，最基本的表现就是，在应该产生属于自我的经验时，却产生了各种"不属于自我的"经验。所以，要论证"自我就是深层统治性语境"，就必须表明深层统治性语境被破坏时，就会丧失自我感而产生各种"非自我"经验。这是巴尔斯语境自我论自然而又必然的推论。巴尔斯要论证语境自我论，就必须为上述论断提供证据和支持。

巴尔斯首先分析了语境被违背的情况。按照他的看法，所谓语境被违背就是，所发生的事件与该语境所预期和意向的事件严重不一致，甚至相反。而如果发生违背语境预期和意向的事件，原来的语境将被破坏或瓦解。就这里所讨论的意识语境而言，语境的作用就是塑造、控制和引发意识经验，所以，意识内容是在相应语境条件下被预期和意向的。具体而言，如果所发生的事件或意识内容只是与浅层语境的预期和意向不一致，更高层的语境将自动地通过调整浅层语境的结构予以解决。但如果发生的事件是导致某人生活之根本性变化的事件，即发生了严重违背其深层统治性语境的事件，人们就可能失去与其此前关于实在世界之基本预设的联系，从而导致自我感的丧失并产生"非我"经验[①]。对此，巴尔斯主要从以下三个方面进行了论证。

首先，大量证据表明，自我感的丧失往往由深层统治性语境的剧烈改变所引发。自我感的丧失大多由过度的精神压力所引发，如激烈的生死格斗、惨烈的交通事故、洗脑、思想改造、强制灌输信仰等高压力性事件，往往导致人们自我感的丧失和人格的剧烈改变。不难发现，在所有这些情

---

① Baars B. A Cognitive Theory of Consciousness[M]. Cambridge：Cambridge University Press，1995，Kindle Edition，2011：245.

况中，人们惯常性的统治性目标和愿景都要被深刻地改变。显然，这些使人们处于丧失自我感、丧失目标和生活预期而处于不明所以状态的事件，都是严重违背和改变人们此前赖以生活的既有深层统治性语境的事件。其实，所谓"压力"实质上就是对原有期望和意向的一种"侵犯"，从而也是对既有生活语境的一种"侵犯"。此外，正如我们通常所发现的，丧失自我感往往是急速的，而恢复自我感则是缓慢的，之所以如此，正是因为自我是支配一切精神意识活动的最高层级的基础性语境，要重新建构一个碎裂的基础性语境显然需要花费很长时间。

其次，丧失自我感的受害者在经验他们自己和世界的方式上有着明显变化，从而产生各种奇特的"非自我"经验，而他们在自我感方面的这种变化可以借助于深层统治性语境崩溃得到很好的解释。在应该被知觉为自我经验的意识中，丧失自我感的受害者却把这种经验知觉为"非自我的"或"另一个自我的"。这种情形在心因性记忆丧失症、多重人格和人格解体症中都有典型表现。而丧失自我感的这三种病症的原因，均在于患者罹受了导致深层统治性语境崩溃的事件。

巴尔斯先对人格解体症进行了分析研究。所谓人格解体症或人格混乱症，按照精神病诊断标准的描述，其症状是：在关于自我的知觉和经验方面发生了改变，致使患者对自己之实在性的正常感觉临时丢失或改变，如关于自我的非实在性感觉、丧失关于外部世界的实在性感觉、在时间的主观感觉方面发生混乱、似乎梦境般地从遥远的距离感知自己、经常出现不能有效控制自己的行为甚至语言的情况等。巴尔斯认为，这种在自我方面的异常知觉正是由于其深层统治性语境被瓦解所导致的混乱。因为按照全局工作间架构，所有的意识经验都是被语境所约束的，都是基于特定的语境而形成的，所以，意识经验的"奇异"正是由于约束、塑造意识经验的语境发生了严重的异变，而自我感方面的"奇异"则是由于其深层统治性语境遭到瓦解的后果。

心因性记忆丧失症是由于严重的心理压力，如剧烈的心理冲击、激烈的身体创伤、生活发生突然的重大变故等，所造成的记忆丧失。其典型症状是丧失人格同一性和自传式记忆，失去了以前的自我。显然，心因性记忆丧失是由于正常的统治性语境的深层遭到侵害而发生崩溃导致的结果。心因性记忆丧失患者除了忘记以前的身份、以前的自我以外，在其他方面往往是正常的。其原因正在于，心因性记忆丧失患者能够再创造一个新的统治性语境，来摆脱原型身份所造成的那些无法忍受的难题。此外，心因性记忆丧失与深层语境被破坏的这种因果关系也为许多日常生活事例所证明：当人们突然离开已经习惯的工作环境而进入一个全新的工作环境时，往往无意识地发生工作身份混乱的情况。例如，皇帝在宫廷政变时扮成平民出逃的情形，而且往往需要一段时间的适应才能消除这种混乱。其原因也正在于其深层语境所塑造的某些意识经验被发生的事件所违背。

在自我感方面发生病变的多重人格症，本质上也是由于深层统治性语境遭到侵害、发生分裂而形成的。多重人格症的基本特征是：在一个个体内部存在两个或多个截然不同的人格，每个人格都是一个具有特定的记忆、行为模式和社会关系的充分整合的、复杂的单元，每个人格都在一部分时间占据统治地位。当某个人格占统治地位时，相应的那些东西就决定着这个个体之行为的属性，不同的人格可以对生理的和心理的测验有不同的回应。一个或多个亚人格可以报告相互矛盾的性别、不同的种族或年龄、不同的家庭背景等。亚人格可以相互倾听或相互诉说，原初的人格和所有的亚人格都意识到时间被丢失的那些时期。显然，多重人格实际上也就是拥有多个自我，而拥有多个自我本质上就是拥有多个独立运行的语境系统。多重人格症典型地表明了"自我就是深层统治性语境"这个论断：在特定情况下患者的原初高层统治性语境发生了崩溃，这些崩溃的语境碎片又在特定情况下各自与其他的语境碎片进行组合，形成了各自分立的统治性语境系统，即形成了不同的各自分立的自我。此外，关于多重人格症病因的研究也支持语境自我论。精神病学的相关研究表明，多重人格症往往与儿童期的严重受虐相联系：当被虐待时，儿童往往被迫通过想象建立一种新的自我意象从而使自己进入另一种精神状态,即进入一个"不相干的"自我状态,以逃避虐待带来的痛苦;随着时间的推移,这种情况在一定条件下便发展为另一个完全分立的自我。不难理解,所谓进入另一种自我状态无非就是进入意识的某种深层精神语境①。

最后,巴尔斯分析了最常见的一种"非我"经验。丧失自我的另一种极为常见的情况是注意力被高度吸引于某种场景的情况。当我们全神贯注地阅读引人入胜的小说或观看令人神往的电影时,我们常常会忘"我"地进入到相应的情境中:忘记自我、忘记时间,意识被强烈地关联和同化于电影或小说中虚构的主人公,从而在关于自我的感觉方面也发生了变化,直到电影结束或(比如)突然停电,我们的"自我"才又逐渐恢复起来。这实质上也是一种"非我"的经验。在这段时间我们的自传式记忆是中断的:我们很难回忆起看电影的那一个小时中所做的事情(如改变坐姿、与邻座心不在焉地短暂对话等)。显然,这种情况也能够通过语境自我论得到很好的解释:看电影的那一个小时意识完全由电影主人公的深层语境所塑造,电影结束后基于我们的自我的意识才会逐渐恢复,而这个恢复的过程就是把这段时间接续到我们的自传式记忆中,亦即把这段时间的意识经验整合到我们既有的深层语境中。

要言之,"关于自动地归于自我的经验与自动地归于非自我的经验的比较分析表明,自我能够被解释为更持久、更高层级的统治性语境层级,这个语境层次创造超越于变化的事件流的连续性。所以,自我服务于组织和稳定跨越许多不同情境的经验。按照全局工作间理论,语境本身是无意识的,所以自我也被认为是无意识的。然而,自我的一些方面却可以通过意识性自我监控而被知道,自我监控是对自我评价和自我控制十分有用的一个过程。意识性自我监控的结果被结合于(来自社会的)自我评价的标准,而产生一个稳定的自我概念,自我概念在一个更大的自我机构中作为一个

---

① Baars B. A Cognitive Theory of Consciousness[M]. Cambridge: Cambridge University Press, 1995, Kindle Edition, 2011: 245-246.

监督系统而发挥作用"①。

应该说，巴尔斯基于"自我"经验和"非自我"经验的对比研究，对自我之深层统治性语境本质的分析论证是充分的、令人信服的。尤其值得指出的是，在当代心灵科学哲学领域，虽然也有一些学者在研究自我问题时运用了精神病理学的一些相关研究资料，但很少有像巴尔斯这样深入地利用相关精神病理学资料来研究自我本质问题的。可以毫不夸张地说，巴尔斯的这种研究实际上为科学地研究自我问题开拓了一种新的资源和方法。

第五节 自我的功能和运行机制

巴尔斯的意识研究，正如其在《意识的认知理论》中开宗明义指出的：作为科学家，我们的目标是把意识作为一个严肃的科学问题来研究；搜集关于意识经验包括主观性本身的客观知识，从当代科学心理学家们普遍赞成的认知进路研究意识问题，建立科学的心理学②。简言之，建立科学的意识理论，目的就在于对各种心理现象的功能和机制给出科学的解释和应用。自我问题则是巴尔斯在科学地解决意识问题的过程中所必须予以解决的一个重要问题。按照巴尔斯的全局工作间意识理论，"自我"是其所建构的全局工作间意识构造系统的一个重要构成部分，在各种意识活动中发挥着重要乃至核心性的功能。巴尔斯从三个方面论述了自我在塑造人的意识和行为中所发挥的作用和运行机制。

一、自我作为深层语境塑造意识经验

以上对属于自我的经验和异于自我（self-alien）的经验的比较研究表明，自我能够被处理为意识的深层语境。各种异我症都与严重违背深层语

---

① Baars B. A Cognitive Theory of Consciousness[M]. Cambridge：Cambridge University Press, 1995, Kindle Edition, 2011：222.

② Baars B. A Cognitive Theory of Consciousness[M]. Cambridge：Cambridge University Press, 1995：xv.

境的事件有着典型的内在关联，而且通常将导致自传式记忆的丢失。自愿回忆被语境的统治性目标层级所影响，所以，对较深层次目标层级的一个基本改变，就可能使被表征在自我的不同组织中的经验难以检索，从而造成异于自我的经验。然而，正如多重人格症中的那种情况，那些在某个深层目标语境中被知觉为非自我的经验，却可以在另一个目标语境中被归于自我。自我系统控制到达全局工作间的通路，对于任何可报告的意识经验都是必需的。所以，作为行为和经验之深层持续性语境的自我，在塑造人的意识和行为中发挥着重要作用，甚至可以说，我们有意识地进行的一切活动，实际上都由那个未被意识的深层统治性语境——自我所塑造和控制。

控制到达意识之通路的功能，本质上是元认知的（metacognitive）：也就是说，它需要关于我们的精神功能的知识和关于被选择或被拒绝的那种材料的知识作为前提。例如，自愿注意就需要意识的元认知能力，即这种能力：具有到达并控制可能成为意识的那些不同事物的意识通路。所谓元认知能力，就是进行认知所必须预先具备的那些能力。我们只能通过人们的元认知的行为，如他报告说"我刚刚看到了一只猫"，知道他意识到某种东西。人们所具有的这种报告意识的能力就是元认知能力之一。这是元认知能力和意识的重要关系之一。在意识的那些最重要的使用中，许多都是元认知的：到达短时记忆的正常通路要涉及检索、排演和报告，通达长时记忆的检索也同样是元认知的；如果没有元认知通路，人们就不可能知道他过去为什么或怎样做某事；如果没有元认知能力，人们就不可能通过引发它的控制性目标而有意识地重复某个行为；如果没有大量的元认知操作，人们也不可能建构一个合理的精确的和可接受的自我概念。所有这些精神功能都需要元认知的通路和控制。

就我们这里所讨论的意识的元认知问题而论，人们正是基于对事物的某种预期而在两个意识性项目之间作出抉择；如果没有关于某种东西的预期，人们就不可能在意识项目之间有意识地作出某种选择。也就是说，人们必须对他自己表征"选择观看足球比赛而不选择观看真人秀将得到什么"。要言之，为了实施自愿选择，人们必须在其自己的系统上运作，形成当前可供选择的那些项目，即"选择语境"（options context）。"选择语境使意识上可获得的东西成为即时可选择的项目，也就是当前所存在的感觉、记忆、肌肉控制、意象等。对注意的自愿控制实质上就是对当前的各个选择项目作出一个意识性的决定"①。所以，选择语境控制和决定着意识的通路，但选择语境本身则由更深层次的统治性语境即自我所决定。质言之，自我就是人类基于生命所必备的这些基本能力建构起来的高度稳定的深层统治性语境。

按照巴尔斯的研究，自我正是通过选择语境塑造意识，其在全局工作间构造中的运行机制可描述如下：①引发意识经验的注意（attention），不仅自愿注意而且包括自动注意，均被目标所控制，都是为了达到某种目的。自动注意由更高语境层级的自动机制所控制。例如，对自己名字的自动注意，虽然我们并未有意识地注意我们的名字，但只要听到有人呼喊我们的名字，就会立即引起我们的注意，这种注意是由更高层级的语境所控制的；更高的目标语境层级的无意识机制决定着更重要的事项能够立即成为意识的。自动注意对统治性语境尤其对统治性目标（诸如生存）尤为敏感。自愿注意引发意识的过程则是：当人们形成某个目标时，在意志的意动控制下，这个目标将成为意识性目标意象，并招募贯彻这个目标所需要的那些无意识处理器。也就是说，我们能够意识到我们想要意识的下一步的事情，并能够展示具体表达这个意向的目标意象；而这个目标意象又反过来激发能够实现这个意向的那些无意识过程。所以，自愿注意是对到达意识之通路的有意识控制。②注意构建出一个选择语境，选择语境支配全局工作间后，它将提供一份可能的意识内容菜单；与目标最相关的那个选项通过一个决策过程被选择，这个决策过程是在相关专门处理器和统治性目标语境的共同作用下完成的；胜出的这个选项则又通过意动控制引发一个工作语境，开始下一步的工作。③为什么会形成某个特定的选择语境？为什么是

---

① Baars B. A Cognitive Theory of Consciousness[M]. Cambridge：Cambridge University Press，1995，Kindle Edition，2011：225.

选择语境中的这个选项而不是那个选项胜出？这是因为选择语境是由目标语境控制的，选择语境是基于特定的目标而形成的，选择这个选项而不是那个选项正是为了达到特定的目标，即选择语境及其选项均被特定的目标语境所控制。④目标语境又分为不同的层级，较低层级的目标语境被较高层级的目标语境所塑造并被较高层级的目标语境所控制，而整个目标语境系统则由作为自我的最高层级目标语境塑造和控制①。

自我塑造意识的这个过程可简要概括为：最高层级目标语境（即自我）基于其"越重要越优先"的自动机制塑造即时的目标语境，即时目标语境在意志的参与下形成选择语境，选择语境决定了可通达意识（即全局工作间）的选项，最符合即时目标（从而也最符合最高目标）的选项被有意识地选择。所以，意识本质上是由作为深层语境的自我塑造的。要言之，"由于自主回忆都要被统治性目标层所影响，所以，在目标层的较深层次的一个微小改变都可以使得检索的经验不同。……因此，对于任何可报告的意识经验来说，都必然要求自我系统控制到达全局工作间的通路"②。

二、自我对输出端运行的控制

自我对意识内容的控制和塑造最终是要输出某种思想或行为，如果说塑造意识是"前半程"，那么基于特定意识输出某种行为或思想就是"后半程"。而输出端的运行实质上也是由自我控制的。对肌肉和骨骼的自愿控制、对精神功能（如表达自己思想的能力）的自愿控制、对我们环境中的许多对象的自愿控制、对一定范围内人员的自愿控制、对社会机构的一定程度的自愿控制，甚至通过精神意象控制不受意志支配的身体功能（诸如控制心率）等，正是人们的期望。这些在后半程的输出端要完成的工作，其基本运行机制与输入端一样，本质上也是深层语境的目标统治层通过意识进行控制的。"所有这些功能都被目标统治层所控制，而且通常都是自我归属

① Baars B. A Cognitive Theory of Consciousness[M]. Cambridge：Cambridge University Press，1995，Kindle Edition，2011：224-234.

② Baars B. A Cognitive Theory of Consciousness[M]. Cambridge：Cambridge University Press，1995，Kindle Edition，2011：248.

的"①。同样，如果目标统治层失去对相应输出的控制，在被预期控制的范围内任何预期控制的失败都将被知觉为在自我方面的一种深刻改变；人们在控制其身体、控制社会性事务、控制预设的事物方面的任何丧失，都将被经验为一种非自我的经验。

作为人们关于他们自己的各种界定、作为人们关于他们自己的各种信念的自我概念（self-concept），正是从各种自我控制的意识经验，以及把自我控制的结果与实在或设想的价值标准相比较而形成的。而意识性自我控制系统实质上就是有着各种不同亚语境的一种选择语境。所以，"自我概念系统实质上就是在自我系统内运行的、利用意识性自我控制去控制和评价人们自己的表现的一种高层语境。随着时间的推移，意识性自我控制的经验，就像任何其他可预期的经验一样，必然被语境化。所以，自我概念是作为更大的自我系统的一部分起作用的"②。也就是说，被语境化的自我概念，作为深层语境的构成部分、作为目标语境，在输出端的运行中发挥着重要的控制作用。

自我利用自我概念实现对输出端控制的机制。在人们以某些标准持续地监控其行为的这个过程中，作为监控系统的自我概念正是利用意识性自我控制来评价其行为。其过程是：自我启动意识性自我监控；意识性自我监控控制注意，因而控制提供自我监控之不同选项的选择语境；当"追踪自己的行为"被选择时，有意识地提供行为信息的那些系统就被引发；把自我追踪的结果与行为的某个理想层次相比较，从而对相应行为作出评价。

但需要再次指出的是，自我概念只是更大的自我系统内部的一个监控语境，作为监控语境的自我概念是被更深层的自我组织，即"自我"所统治的。所以，自我概念系统所塑造的目标同样会遭到来自其他目标的竞争。但是，"与自我概念相符合的目标统治层很接近于到达'自我的无冲突球核'（conflict-free sphere of the ego）。在这个范围内，总是力图控制我们的行为、

---

①　Baars B. A Cognitive Theory of Consciousness[M]. Cambridge：Cambridge University Press，1995，Kindle Edition，2011：248.

②　Baars B. A Cognitive Theory of Consciousness[M]. Cambridge：Cambridge University Press，1995，Kindle Edition，2011：249.

我们的自我概念系统的这个系统将使它的各种目标与其他的主要目标相一致。所以，不同的目标系统之间不存在毁灭性的竞争。我们绝大多数的正常的、自愿的行为都被目标统治层的这个无冲突球核所引导"。进而言之，"无冲突球核在绝大多数自愿行为的控制方面提供一个执行官（executive）。也就是说，在更大的自我系统内部存在一套可接受为自我概念的目标和期望，而且在这个共有领域内，行为能够被无内在冲突地计划和贯彻。……我们可以再度审视丹尼特的意识通达自我的领域这个论断的正确性。毕竟，借助于选择语境，统治性语境层级的确能够取得到达意识之所有领域的通路：感觉、即时记忆、自愿感受器、各种意象等等。所以，作为执行官的无冲突球核能够没有内部阻碍地通达这些领域的任何一个领域"①。

不难发现，虽然巴尔斯基于多领域的实证资料对自我本质的语境论论证是颇具说服力的，但他在《意识的认知理论》中也的确没有对自我的实在性提供充分的论证。因为要确立自我的实在性，就必须为其提供神经生物学层次的论证，仅仅把自我确立为塑造意识的深层语境是远远不够的。直言之，如果作为语境的自我仅仅是基于反思性分析的一种理论建构，而没有神经生物学层面的实在基础，那么，这种自我理论本质上就仍然可归为一种建构论。所以，巴尔斯要想建立一种真正的自我实在论，他就必须进一步从神经生物学层次确立自我的实在性。

第六节　自我的神经生物学基础

在《意识的认知理论》中，基于科学地研究意识问题的需要，巴尔斯首次较为系统地建立了他的语境论的自我理论。但由于在《意识的认知理论》中其根本目标是构建意识研究的科学框架并对意识的本质作出科学解答，所以对自我问题的某些重要方面，尤其是作为深层语境之自我的神经

---

① Baars B. A Cognitive Theory of Consciousness[M]. Cambridge: Cambridge University Press, 1995, Kindle Edition, 2011: 251.

生物学基础这个至关重要的问题，并未进行深入研究。但若认为自我作为塑造意识的深层语境是实在的，而不是反思性的理论虚构，那么就必须从神经生物学层次为其提供实证性的支持。正如巴尔斯等所指出的："我们坚持认为，诸如自我和现象经验这些以前论证的范畴都能够按照神经活动模式从生物学上被解释"①。因此，继《意识的认知理论》对语境自我论进行初步论述之后，巴尔斯后来又发表多篇著作，基于其全局工作间意识理论对自我在神经生物学层次的实在性等问题进行了研究，建立了较为完整的自成一体的实在论的自我理论。

一、主观性、意识经验与自我的内在同一性

主观性（subjectivity）问题、意识经验问题都与自我问题密切相关，但在当代心灵哲学中它们却是分别在不同的研究背景下被提出和研究的。当代心灵哲学中的主观性论题由内格尔（T. Nagel）在发表于 1974 年的《成为一只蝙蝠是像什么？》一文中提出。内格尔从想象成为一只蝙蝠像什么，首次基于当代心灵科学哲学背景论述了意识的主观性问题。内格尔认为，意识的重要方面是其主观性，而意识的主观性就是想象成为一只蝙蝠、成为另一个人会有什么样的意识体验；这种体验就是意识的主观方面。当代心灵哲学的感受性论题则由舒梅克（S. Shoemaker）在《功能主义与感受性》（1975 年）一文中伴随着对"感受性"问题的讨论而提出，此后感受性问题也成为意识问题的一个重要方面。查尔默斯在 1995 年发表的《直面意识难题》一文中则又基于当代哲学-科学背景把意识问题区分为意识的"易问题"和"难问题"两个方面，开展意识经验问题研究。一时间，意识问题呈现出不同形式和多重头绪的状态。巴尔斯则认为，虽然主观性问题、意识的经验性问题、感受性问题是在不同的思想框架下提出和展开的，但这三个问题是内在同一的，均是自我问题的不同方面，均可基于全局工作间意识理论给予解决：主观性问题、意识的经验性问题、感受性问题实质

---

① Edelman G，Gally J，Baars B. Biology of consciousness[J]. Frontiers in Psychology, 2011, 2（1）: 1.

上就是全局工作间理论中的自我问题。对此，巴尔斯从以下三个方面进行了论证。

首先，巴尔斯认为，查尔默斯关于意识的"易问题"与"难问题"的区分并不具有实质性意义。因为所有的意识都是经验性的，不存在没有经验的意识，所以，意识的信息处理功能与意识的主观经验属性是内在同一的。查尔默斯为了解析意识问题相对于其他科学问题独特性，曾把意识问题分解为意识的易问题（the easy problems of consciousness）和意识的难问题（the hard problem of consciousness）两方面：所谓意识的易问题就是关于意识的信息处理方面的问题，如识别能力、归类能力、对环境刺激的反应能力、整合信息能力等；所谓意识的难问题则是关于意识的经验性、感受性或主观方面的那些问题。当我们进行认知或知觉的时候，为什么存在着伴随信息处理过程的经验性、感受性或主观性？意识的这种主观经验性是如何产生的？如此等等[1]。查尔默斯认为，对于意识的"易问题"，至少在原则上我们能够依据认知的或神经生理学的模型，科学地作出解释；而对于意识的经验性问题。我们却不可能进行这种类型的研究和回答，因为存在着从客观性到主观性的解释鸿沟。查尔默斯对主观性问题给出的最终解决方案是颇具争议的所谓"自然主义二元论"（naturalistic dualism）：重构科学框架，把"意识经验"接受为另一种科学实在，建构新的"物理-心理"桥接原理，使主观的意识经验与客观的脑神经活动连接起来[2]。按照巴尔斯的看法，虽然查尔默斯把意识问题解析为"易问题"和"难问题"进一步突出了意识问题的独特性，但这种区分本身存在严重问题，将使意识问题变得更加复杂。因为从信息处理功能分离出去的所谓"艰难"问题就渗透于被认为的容易问题之中，而且在"难问题"和"易问题"之间也必须存在因果性的相互作用。所以，从意识的全局工作间理论来看，"真正重要的并不是在于难问题和易问题之间的区分，而是在于意识的内容和我们知觉地

---

① Chalmers D. The Conscious Mind[M]. Oxford：Oxford University Press，1996：xi-xii.
② Chalmers D. Facing up to the problem of consciousness[J]. Journal of Consciousness Studies，1995，2（3）：217-219.

看作为一个观察的自我①之间的区分。从这一点来看，'主观性'就相当于一个观察的自我的感觉"②。

　　其次，巴尔斯对主观性问题与意识经验问题的内在同一性也从全局工作间理论进行了论证。针对内格尔、查尔默斯等把意识的主观性（或经验性）问题解释为"是像什么"的经验，巴尔斯指出，虽然它也从一定方面凸显了意识的某种特征，但是，这样界定主观性将使主观性问题成为难以进行科学研究的棘手问题，想象成为一只蝙蝠是什么样子并不是研究蝙蝠的主观性、想象成为希特勒是什么样子也不是研究希特勒的意识经验，而是研究想象者的经验。所以，"就实证地研究意识而言，同感标准毫无帮助……因为它所要求的根本不是科学的目标所要求的东西，它要求观察者要以某种方式共有另一个人的经验……它并不能帮助我们决定注视一把椅子的某个人是否实际上意识着那把椅子。因而，它也不能告诉我们在实践上需要知道什么，反而坚持认为，我们不可能有意义地谈论主观性，除非在遥不可知的将来我们知道了成为一只蝙蝠或成为另一个人是像什么。所以这不是一个有用的标准"③。鉴于此，巴尔斯指出，要想真正科学地研究意识的主观性问题，我们就必须回到自然实在层面、回到常识去理解和界定主观性；而从常识来看，正如《牛津英语词典》所指出的，"主观性"起源于"主体"，与"是一个主体"本质地相关，也就是说，主观性与经验的自我密切关联，主观性必须处理感知性自我的问题。而这种界定与自然实在层面和心理学认为的"意识的主观性部分就是思想在其中发生的那种'内部'状态"，是完全一致的。所以，如果我们想要理解诸如主观性这类重要的人类术语的意义的话，我们就必须以一种理智上严密的方式来处理自我。总之，只有采纳"主观性"的这个可操作的定义，我们才能获

---

　　① 注意：巴尔斯这里所说的"观察的自我"（the observing self）与他在辨析"自我"概念时所说的"作为观察者的自我"（the self as observer），并不是一个概念。这里所说的"正在观察的自我"实际上是指"正在经验的自我"，是"主我"，而不是"宾我"。

　　② Baars B. Understanding subjectivity: global workspace theory and the resurrection of the observing self [J]. Journal of Consciousness Study, 1996, 3（3）: 211.

　　③ Baars B. Understanding subjectivity: global workspace theory and the resurrection of the observing self [J]. Journal of Consciousness Study, 1996, 3（3）: 212.

得探索主观性问题的明晰路径，这就是，基于各种实证材料来研究主观性问题。要言之，在巴尔斯看来，虽然"主观性"概念及相关论题比"意识的经验性"概念及相关论题有着更加宽广的哲学论域，但就当代心灵科学哲学的论域而言、就科学地研究主观性问题而言，所谓主观性问题实质上也就是意识经验何以可能的问题，也就是自我的本质问题。

最后，巴尔斯把意识经验、主观感受与自我的内在同一性问题纳入到全局工作间意识理论框架，以全局工作间框架来解释意识经验与自我的关系，并以此论证意识的主观性、经验性与自我的内在同一性。按照巴尔斯的看法，自我与意识的关系典型地体现为意识为自我创造通路，成为意识的就是通达自我的；当我们意识某种东西的时候，也将同时产生相应的自我感（也就是意识的经验性），所以，"我"对之有意识的东西也就是"我"对之有通路的东西；换言之，"自我系统"有着到达各种知觉、思想、记忆和身体之控制的通路。在意识通路中所涉及的这个"自我"就是被称为"作为知道者"的那个自我，所以，自我实际上就是为通达许多不同的生活场景保持大量稳定通路的框架，就是主要由无意识的、高度稳定的意向和期望构成的一个高度稳定的无意识语境。所有的意识性行为都是与作为深层语境的自我系统相联系的行为，意识的主观性或经验性就是这种联系造成的结果，联系的不同方式以及与深层语境中不同内容的联系，将造成不同的经验。非意识的和不情愿的行为则并不执行这样一种与自我的联系，因而也就无所谓经验性或主观性。但是，虽然意识必定与自我相联系，但自我感与意识内容却并非同一性关系，正如常识和许多专门实验已经确证的，虽然意识内容发生了变化（如从注意 A 转向注意 B），但清晰而稳定的自我感却可以保持不变；同样，在意识内容没有变化的情况下，自我感却可以不同，如不同时间阅读同一神话故事，尽管意识性刺激相同，但自我感却可以很不相同。所以，意识内容与自我是一种相互垂直交叉的结构。需要把意识内容与自我相区分，但不是区分为意识的经验方面和简单的信息处理方面。

在廓清了相关概念问题，论证了意识经验、主观感受与自我的内在同一性之后，巴尔斯基于全局工作间框架对自我的实在性进行了神经生物学层次的论证。

二、自我在神经生物学层次的实在基础

按照巴尔斯的全局工作间意识理论，意识是由诸多脑神经系统的活动引发的，而意识的内容则是由该意识赖以形成的语境塑造的，塑造意识经验的那种深层统治性语境就是自我。所以，自我的实在性问题就是塑造意识的那个深层统治性语境的实在性问题。显然，在这样的理论架构中，支撑意识的语境必定有其在脑中的神经生物学层次的实在基础，语境必定是以特定神经系统的活动为基础的；否则，语境就不可能实施塑造意识的过程。这就是说，塑造意识经验的语境、作为深层统治性语境的自我，必须有其在脑中的神经生物学层次的实在基础。那么，自我的这种神经生物学层次的实在性能够得到实证研究的支持吗？fMRI 技术等科学技术的发展和成熟，为人们实证性地研究认知、意识等有关心灵现象的问题提供了新的手段。巴尔斯等则把功能磁共振成像技术等应用于研究自我问题，对自我在神经生物学层次的实在性及其运行机制给出了如下三个方面的实证性论证。

第一，基于 fMRI 技术的相关实证研究表明，自我感是与特定的某些脑区相联系的，是这些特定脑区以一定模式协同活动才能够形成的。巴尔斯通过比较研究有意识的视觉、听觉脑活动区域与无意识的视觉、听觉脑活动区域指出，同样的刺激，要成为意识的，就不仅要激活无意识时的那些脑区，还必须进一步激活另外的特定脑区。比如，对观看语词进行的基于 fMRI 技术的实验就表明：当人们"心不在焉"地非意识地观看一个语词时，所激活的仅仅是其视皮层的语词处理区；而当人们有意识地观看同一个语词或意识到他们观看的语词时，同样的刺激则不仅激活视皮层的语词处理区，还将进一步在皮层的额顶区等脑区激发广泛的附加活动。再如"双目对抗"实验：当两束竞争性的画面同时进入两只眼睛时，在任何给定的

瞬间都只有一束画面能够被意识到。也就是说，虽然两只眼睛及相应的视感皮层都接收到了光感刺激，但由于只有一套形成意识的神经系统，所以人们在某个瞬间只能意识到一只眼睛看到的东西。这些实验有力地证实，意识经验是由特定脑区负责的，只有这些脑区协同参与，才能对刺激产生意识经验。换言之，因为意识或意识经验与自我具有内在同一性，所以，这些实验实证性地表明，自我是以特定脑区神经系统的活动为基础的。

第二，基于 fMRI 技术的反向实验则表明，只要额顶区皮层神经系统不参与相应的神经活动，任何感官刺激都不可能成为意识的。比如，关于睡眠状态感觉刺激的实验：在人们处于深度睡眠状态时，对其进行听觉刺激，这种刺激仍然能够激活其初级听觉皮层区，但也仅仅激活并停留于其初级听觉皮层区，其他脑区均不参加活动。出现这种情况正因为负责意识经验的脑区没有参加活动，所以，这种刺激不可能形成意识。再如关于植物人脑活动情况的实验：对处于植物人状态的患者，无论是听觉刺激还是疼痛刺激，虽然仍然能激活其初级感觉皮层，但也只能激活其初级感觉皮层，而不能激活其额顶区皮层等相关脑区的活动[①]。这些反向实验进一步表明，意识的确是由某些脑区的活动形成的，只要这些脑区的神经系统不参与活动，无论初级感觉皮层区怎样活动，都不可能产生意识。

第三，巴尔斯还基于对大量相关脑损伤病案资料的实证性研究指出，只要相应的额顶区皮层受到损伤，即便感觉皮层区和其他脑区完好无损，人们也将失去对相应感官刺激的意识。例如，来自脑损伤病案的研究表明，如果人们的右顶叶皮层受到损害，即便 fMRI 实验显示其视觉皮层完好无损而且正常活动，他也将不能意识到其视野的左半部分，他将看不到他正在看的（比如）一座建筑物的左边，而只能看到右边。而更重要的是，相关病案资料还表明，这些患者还将对他们的左侧身体产生"异我"的经验，他们甚至认为他的左腿和左臂不属于他，而是属于其他人。这些病案及相关实验资料进一步确证了意识、自我感与相关神经系统的内在关联性。

① Baars B, Ramsoy T, Laureys S. Brain, conscious experience and the observing self [J]. Trends in Neurosciences, 2003, 26（12）: 672.

基于上述三种类型的实证性研究资料，巴尔斯指出：无论是视觉、听觉，还是触觉和疼痛知觉，如果刺激仅仅激活相应的初级感觉区皮层，那么人们并不能意识到这个刺激；相反，只要人们意识到某个刺激，就不仅有相应感觉区皮层的活动，而且必须伴随着额顶区皮层等区域的活动。要言之，如果一个刺激仅仅引起相应感觉区皮层的活动，这个刺激还不足以成为意识的。只有当额顶联合区皮层也协同活动时，人们才能够意识相应的刺激。正是额顶区皮层决定着意识，额顶区皮层支持其本身不可报告的意识活动，该区不仅塑造关于视觉世界的经验，而且塑造关于其自己身体的经验。直言之，上述这些实证性研究资料充分证明："顶叶皮层涉及第一人称观点，即观察的自我的观点。因为，当主体被要求采纳另一个人的视觉观点时，功能性磁共振图像也表明，中间顶部皮层和稍下的额顶部皮层的活动达到最高峰"①。所以，尽管这些皮层区的活动绝少成为意识的、尽管它们只是意识的无意识语境，但它们是关于意识性思想、情感、交流和社会性知觉之选择和解释的基础，正是它们构成"我"以之经验世界的观察点。

针对颇具影响的各种幻想论自我理论，巴尔斯指出，一些现当代哲学家认为自我是幻想，赖尔（G. Ryle）对"机器中的幽灵"的语言哲学批判更是被许多人看作无可辩驳地摧毁了自我实在论幻想；也有一些人以设想人们的头脑中存在一个指挥一切的小矮人将导致无穷倒退为由，把自我的实在性问题当作无意义的问题，拒绝对自我的实在性问题进行研究。但是，如果实证性的研究使我们能够把所使用的自我概念分解为脑中的各种认知实体，也就没有了无穷倒退问题，赖尔的论证也就成为无效的。简言之，如果我们把"观察的自我"看作模式识别者（pattern recognizers），这个自我就是实在的。因为"许多脑系统都'观察'其他系统的输出，而且我们现在已经知道脑中有大量模式识别者。存在大量关于自我系统的脑和心理学的证据"。巴尔斯甚至引证认知神经科学的某些映射实验指出："非常奇

---

① Baars B, Ramsoy T, Laureys S. Brain, conscious experience and the observing self [J]. Trends in Neurosciences, 2003, 26（12）: 672-673.

怪的是，在位于皮层顶部的感知运动区，存在四个上下颠倒、形状扭曲、但每一点皮肤和肌肉都在细节上被表征的小人的示意图。这个上下颠倒的图被称为感知运动侏儒（sensorimotor homunculus）。神经系统有很多这样的图，其中的某些显然是作为‘自我系统’为组织和整合大量的局部信息服务的。脑的这个解剖学特征看起来就像对赖尔观点的一个物理驳斥。"①

三、自我在神经层次的运行机制

在意识的全局工作间架构中，自我系统在意识，乃至整个精神现象的活动中居于枢纽地位，正是自我系统统一协调、指挥着所有精神现象的运行；这个自我系统，从意识经验或意识内容的层面看，就是引发和塑造意识的语境；而从神经生物学的层面看，则表现为某些脑区的特定活动模式。在意识的层面，自我是作为塑造意识的语境发挥作用的。然而，自我的这种引发和塑造意识的作用最终要通过神经层次的机制来实现。作为自我实在论的语境论自我理论，就像任何自我实在论一样，至少必须原则性地阐明自我在神经层次的运行机制。

关于自我系统在神经生物学层次的运行机制，巴尔斯以意识的全局工作间架构给出了如下的整体性描述："全局工作间理论强调意识性脑活动与无意识脑活动之间的一种双向流动……心灵剧场隐喻有助于我们对这种机制的理解。在意识的聚光灯下，有一个演员在舞台上——全局工作间中——表演，而他的话语和身体姿态则被传布于坐在黑暗大厅中的众多无意识观众。不同的观众以不同的方式理解这个演员的表演。但是，当观众以掌声或嘘声作回答时，这个演员可以改变其表演或离开舞台并让位于下一个演员。而在这个演出现场的背后，则有着观众看不见的（即无意识的）导演和编剧，在试图对演员和整个演出进行执行性控制。直言之，流入神经元全局工作间的信息是被广泛地散布的。这样一种结构必须把许多会聚性输入联合起来——演员们为通达聚光灯而竞争，随后就是某个清晰的输

---

① Baars B. Understanding subjectivity: Global workspace theory and the resurrection of the observing self [J]. Journal of Consciousness Study, 1996, 3 (3): 216.

入取得短暂的支配地位，然后则是输出的广泛分布，即把一种波活动发送到其他区域。在脑中，感觉投射区能够像一个全局工作间一样起作用；而某些前额区则在选择让什么进入意识（即选择性注意）并对之作出解释从而在控制自愿行为方面发挥作用。"①

对这个机制，巴尔斯还以视觉为例进行了如下解释：当额顶叶皮层把视感场景置于语境时，前额区则处理经验的那些更加抽象的方面，诸如社会方面、情感方面和社会评价等；所以，意识经验能够一般地被看作呈现给前额执行区进行解释、决策和自愿控制的信息。正如神经生物学家克里克（F. Crick）和考克（C. Koch）所指出的："把皮层的前部区域或执行部分看作为注视后部区域或感觉部分并与这个感觉部分相互作用，是有用的。"②

应该说，巴尔斯基于 fMRI 技术的相关实证研究资料对自我在神经生物学层次的实在性，以及自我在神经生物学层次的运行机制给出的这个论证，整体上是令人信服的。的确足以确证自我有其神经生物学层次的实在基础。当然，其中的一些理论观点和运行机制的细节，如关于运动反射区人形示意图的相关内容、自我系统所涉及的脑区问题、自我系统在神经层次的活动模式和作用机制问题等，都还有待进一步深入研究、修正和完善。例如，意识经验究竟涉及哪些脑区的问题，巴尔斯所给出的证据只是表明意识经验必须涉及额顶区的活动，但并不能确证仅仅涉及额顶区，是否还涉及其他脑区还有待研究。事实上，后来的研究已经表明，意识经验或自我感不仅涉及额顶区，而且还涉及下丘脑等脑区，只有这些脑区共同以某种模式活动，才能产生意识经验。当然，这也不是最后结论，这个方面还需要更多更深入的研究。再如，他引证的关于皮层顶部感知运动区存在一个小矮人图像的证据，完全是似是而非的。赖尔以"机器中的幽灵"来否定自我实在性的语言哲学论证，固然不能成立，但试图通过在脑中找到一

---

① Baars B, Ramsoy T, Laureys S. Brain, conscious experience and the observing self [J]. Trends in Neurosciences, 2003, 26（12）: 672.

② Crick F, Koch C. A framework for consciousness[J]. Nature Neuroscience, 2003,（6）: 125.

个小矮人来对之进行"物理驳斥",则无异于饮鸩止渴,既与当代心灵科学哲学的研究范式背道而驰,也与他本人所创立的语境论自我理论的基本观点相抵牾。实际上,在当代心灵科学哲学领域,几乎没有人试图通过在脑中发现一个真的"小矮人"来研究自我的实在性。不过,应该指出的是,巴尔斯也只是在该论文最后提到存在这方面的一个研究资料,并未以之作为确证性的结论。就笔者所见,在此前和此后的所有相关著述中他都没有再提到和论述这方面的观点。

第七节　对建构人工自我系统的探索

巴尔斯提出的全局工作间意识理论和语境论自我理论,在认知和意识科学研究领域引起了很大反响,被认为"是当前获得最大经验支持并被最广泛地讨论的意识理论"[①],是当代意识研究领域最重要的理论范式。该理论自 1988 年提出后,引起众多学者从不同方面开展进一步研究。就这里所关注的自我论题而言,其中最具重要意义的是巴尔斯与富兰克林(S. Franklin)、德麦罗(S. D'Mello)、瑞马姆赛(U. Ramamerthy)等基于全局工作间意识理论开展的关于机器意识、建构人工自我问题的探索。

作为研究人工智能系统的专家,富兰克林首先关注的是全局工作间意识理论的计算实现问题。1997 年他即与戈瑞塞尔(A. Graesser)共同发表《它是一个主体还是仅仅是一个程序》一文,首次基于全局工作间意识理论提出了实现人工意识的智能分布主体(intelligent distribution agent,IDA)模型[②]。IDA 实质上就是一种能够完成特定系列的人类任务的智能软件主体(intelligent software agent)。在最初实现的 IDA 中,其目标是模拟美国海军陆战队的人类"推销员",这些"推销员"的工作就是给美国海军陆战队水

① Baars B, Franklin S. Consciousness is computational: The LIDA model of global workspace theory[J]. International Journal of Machine Consciousness, 2009, 1 (1): 23.

② Franklin S, Graesser A. Is it an agent, or just a program?[C]. Intelligent Agents iii. Berlin: Springer Verlag, 1997: 21-35.

手们指派适合的工作。美国海军陆战队需要大约 300 名受过训练的专门人员来进行这项工作。IDA 通过使人类推销员的作用完全自动化而使这个过程更加容易。简言之，IDA 就是一种复杂的、模拟广泛领域人类认知的软件主体，包括实现全局工作间意识理论所主张的那种"意识"：因为 IDA 既展示出外部的自愿行为选择，也展示出内部的自愿行为选择，还展示出对内部变化和外部变化的意识性中介行为选择①。

IDA 模型的确实现了部分人类意识，即实现了功能意识，但 IDA 并未实现全部人类意识，因为它并未实现现象性意识，即并未实现意识经验。那么，要想使 IDA 具有现象意识、具有意识经验，必须把什么东西添加到 IDA 中？这就需要分析和确定人类与动物的现象意识的本质和运行机制。

巴尔斯和富兰克林引用当代神经生物学家默克尔（B. Merker）的研究成果指出：人类和其他意识性动物的现象意识是在选择压力下形成的一种进化适应，提供知觉的稳定性和一致性是现象意识的一个适应优势。现象意识通过区分世界中事物的实际运动和由于感觉接收器的运动而引起的事物的虚假运动，为动物形成一个稳定的、融贯的知觉世界；当我们以食指按压眼球时，我们会发现视野中的事物的运动。而当我们的眼睛、头部和身体正常运动时，即被内在地控制着运动时，就不会感觉到世界中事物的运动。尽管我们时刻都在进行着大量而复杂的各种运动，但由于位于意识性知觉之下的某些脑机制进行了某种补偿性活动，所以使我们在运动时保持了世界的稳定性，而不会感到世界在晃动。

基于上述理解，他们指出，"使机器人具有一个稳定的、融贯的知觉世界，是实现现象意识机器的第一步"②。而一个机器人要具有稳定而融贯的知觉世界，它就必须能够对感觉器官运动引起的环境中事物的运动与事物自身的实际运动作出区分。换言之，这样的机器人必须具有空间上敏感的

---

① Franklin S. Deliberation and vluntary action in 'conscious' software agents[J]. Neural Network World, 2000,（10）: 505-521.

② Franklin S, D'Mello S, Baars B, et al. Evolutionary pressure for perceptual stability and self as guides to machine consciousness[J]. International Journal of Machine Consciousness, 2009, 1（1）: 101.

"自我"感觉机制，以区分事物的实际运动和它自己的运动导致的与事物位置关系的变化，即区分自我运动与世界中事物的运动。其实现方法就是：建立一种防护机制，使机器人能够区分由于其感觉器官运动而自我引发的事物运动与事物自身的运动。其基本原理就是让这个机器人建构起自己的、融贯的和稳定的世界，抑制自我运动引发的表面上的事物运动，就像在某些动物中意识所做的那些工作。这样一个稳定的、融贯的知觉世界将防止自我引发的表面运动干扰这个机器人的行为选择。

那么，怎样才能使一个机器人建立起一个稳定的、融贯的、个人的知觉世界呢？他们认为，其核心就是让智能主体建立一个自我系统。为此，巴尔斯和富兰克林等在 IDA 模型基础上进一步提出了学习型智能分布主体（learning intelligent distribution agent，LIDA）模型，并基于全局工作间意识理论初步探讨了如何使 LIDA 模型建立现象意识、建立自我系统的相关问题。正如他们明确指出的："我们目标就是，在我们试图理解自我系统在人类/动物中怎样运行这个意义上，在与全局工作间意识理论一致的 LIDA 模型中实现一个自我系统。"①

一、LIDA 要拥有现象意识就必须有一个稳定而融贯的知觉世界

LIDA 实质上就是增加了几个学习模式的 IDA，是一种概念的、部分计算的认知建构。然而，增加的学习机制却使 LIDA 发生了质的变化："伴随着作为最初激励因素和学习促进因素之感觉（feelings）和情绪（emotions）的帮助，LIDA 构造为已经潜在地具有许多人类学习能力的 IDA 系统增加了三种基本的、持续活跃的学习机制：1）知觉学习：即关于新对象、新范畴、新关系等等的学习；2）关于事件的情境性学习：什么事件、发生于何处、何时发生；3）程式性学习：即学习新的行为和以之完成新任务的行为结果。"要言之，"伴随着作为最初激励因素和学习促进因素的人工感觉和情绪，这种系统将'经历'（live）一个发展时期，在这期间，它们将以多

---

① Ramamurthy U，Franklin S. Agrawal P. Self system in a model of cognition[J]. International Journal of Machine Consciousness，2012，4（2）：326.

种方法学习在复杂的、动态的和不可预期的环境中以一种有效的、类人的方式行动"①。因此，"LIDA 模型既是全局工作间理论主体部分之理论概念的具体化，也是其计算上的具体化。概念的 LIDA 部分地阐明了全局工作间理论的这个部分的自适应算法，而计算的 LIDA 则完全阐明了它们被实现的那个部分"②。

　　巴尔斯和富兰克林等认为，设计 IDA 和 LIDA 的既有经验表明，本质上讲，包括审议和意志性决定在内的任何人类认知过程都能够在一个软件主体中有效模拟。例如，对人类稳定的视觉域的模拟，要使一个机器人具有人类一样的稳定的视觉域，我们只需在其视觉接收器（摄像机）运动期间中断输入视感觉（就像人在眼睛扫视期间所发生的那样）即可。他们还认为，关于视觉接收器的这个论证，原则上可应用于任何空间感觉接收器。至于经验上怎样实现，那是机器人设计者需要考虑的经验性问题。

　　然而，撇开经验实现问题不谈，他们现在就必须给予回答的问题是，在 LIDA 中的这种中断将导致一种稳定的、看上去连续的感觉场域吗？巴尔斯和富兰克林认为，对此我们可通过与人类的视觉情况进行类比来探讨。在接收器运动期间感觉输入的中断必须有足够大的频率和足够短的时间，物体的运动才能被"看作"稳定的和连续的。就人类而言，只有在画面频率大于每秒 17 幅时，我们才能够把画面中物体的运动"看作"连续的运动，电影画面通常使用的是每秒 23 幅的频率。巴尔斯和富兰克林据此指出：虽然按照认知的 LIDA 模型，意识内容的画面速率大约是每秒 5～9 个认知循环（cognitive cycles），但是我们仍然能够经验一个稳定的、连续的视觉场域，因为我们的画面（认知循环）的每一个都典型地包含着运动。基于上述理由，原则上讲，控制可移动机器人的 LIDA 完全可以拥有在空间感觉

　　① Ramamurthy U, Baars B, D'Mello S, et al. LIDA: A working model of cognition[A]//Fum D, Missier F, Stocco A. Proceedings of the 7th International Conference on Cognitive Modeling[C]. Trieste: Ediioni Goliardiche, 2006: 244.

　　② Baars B, Franklin S. Consciousness is computational: The LIDA model of global workspace theory[J]. International Journal of Machine Consciousness, 2009, 1 (1): 24.

方面稳定的感觉场域[①]。

二、LIDA 要拥有现象意识还必须拥有一个"自我"

有一个稳定而融贯的知觉世界只是朝向现象意识的第一步。这种控制机器人的 LIDA 要具有真正的现象意识，还必须有一个"自我"。所以，基于意识的全局工作理论，"把自我添加到控制机器人的 LIDA 中，则是使之具有现象意识的另一步"[②]。那么，怎样才能给 LIDA 添加一个"自我"？在这里如果仍然像全局工作间理论分析人类意识过程那样，仅仅把自我处理为持久的、高层级的、跨越具体场景的统治性语境，显然是远远不够的。要解决这个问题，就必须从认知神经科学和神经生物学层面揭示出自我的构造。

为了从神经生物学层面揭示自我的构造，富兰克林和巴尔斯吸收并改造了认知神经科学家达马西奥（A. Damasio）的自我理论[③]：①从认知神经科学的层面看，自我可分为原型自我（the proto-self）、最小自我（the minimal self）和扩展的自我（the extended self）三个层次。②原型自我就是表征这个有机体当前状态的神经活动模式的一种短时聚集，原型自我接收来自内脏变化的神经的和激素的信号。虽然原型自我还不是意识的，但它构成"自我"的生物性的前基（precedent）。③最小自我又称核心自我，表征即时的、非反思的最低层级的意识，当关于一个对象的处理使原型自我变化时，就会引生核心自我。比如，当一个生物体视觉地感知一个客体并调整其晶状体和瞳孔时，其原型自我便发生了变化，这种变化将产生关于那个客体的一种核心意识经验。这种核心意识在一系列的冲击波中将持续不断地再生成，而这些持续不断的核心意识混合在一起便引起持续不断的意识流。最小自我有时也被分称作为代理者的自我（行为的自我）、作为经验者的自我

---

① Franklin S, D'Mello S, Baars B, el al. Evolutionary pressure for perceptual stability and self as guides to machine consciousness[J]. International Journal of Machine Consciousness, 2009, 1（1）: 102.

② Franklin S, D'Mello S, Baars B, et al. Evolutionary pressure for perceptual stability and self as guides to machine consciousness[J]. International Journal of Machine Consciousness, 2009, 1（1）: 102.

③ 关于达马西奥的自我理论，下一章将进行详细讨论。

（经验的自我）和作为主体的自我（能够通过环境中的其他实体行动的自我）。核心自我不仅被人类而且被绝大多数动物所拥有。④扩展的自我则由自传的自我、自我概念、意志的或质性的自我以及叙述的自我构成，扩展的自我被归属于人类和某些高等动物。自传的自我直接来自情节记忆和事件记忆：关于什么事件、在何处发生、何时发生的记忆；自我概念也被称为自我的语境或自我丛，由持续的自我信念和意向以及处理人格同一性的那些东西构成；意志的自我则提供执行功能；而叙述的自我则能够报告行为、意向等，尽管这种报告有时候是意义不明的、自相矛盾的甚或是自我欺骗的①。

　　基于对自我之神经生物学构造的上述界定，巴尔斯和富兰克林研究了为 LIDA 添加一个自我的基本原理和方法。全局工作间理论设定的是一种总体上无意识的、众多层级的自我系统，这个自我系统作为语境影响和塑造意识性事件，因此，"在机器意识方面的各种努力必须包含如此众多层级的自我系统"②。那么，在一个控制可移动机器人的 LIDA 中如何实现不同层级的自我？巴尔斯等通过他们的研究分别给出了原型自我、最小自我和扩展自我的实现方法。

　　关于在 LIDA 中实现原型自我问题，他们认为：对于一个软件主体或认知机器人来说，原型自我可以被看作为自动主体的各种模块中那些全局的且相关的参量的集合。在 LIDA 中这些参量就是在行为网络中、记忆系统中的那些参量，以及潜在的计算机系统之记忆的和操作系统的那些参量。而构成原型自我的这些方面在 LIDA 模型中已经出现。所以，原型自我已经是 LIDA 模型的构成部分，不必作为一个单独的模块和结构来建造。绝大多数认知软件主体或认知机器人都可以看作具有这样的原型自我③。

　　① Franklin S，D'Mello S，Baars B，et al. Evolutionary pressure for perceptual stability and self as guides to machine consciousness[J]. International Journal of Machine Consciousness，2009，1（1）：102-103.

　　② Baars B. A Cognitive Theory of Consciousness[M]. Cambridge：Cambridge University Press，1995，Kindle Edition，2011：248.

　　③ Ramamurthy U，Franklin S，Agrawal P. Self system in a model of cognition[J]. International Journal of Machine Consciousness，2012，4（2）：328-331.

关于在认知的 LIDA 模型中实现最小自我的途径和方法，按照富兰克林和巴尔斯等的研究，最小自我的所有三个方面（作为代理者的自我、作为经验者的自我和作为主体的自我）在 LIDA 本体论中是通过若干套实体（sets of entities）被实现的，也就是说，在 LIDA 的知觉联合记忆（perceptual associative memory，PAM）中是作为计算上的节点集合被实现。而 PAM 则作为一个语义网被实现，这个语义网具有被称为滑网（slipnet）的活化作用；滑网的节点构成代理者的知觉符号，表征个体、范畴和更高层级的思想和概念。PAM 为 LIDA 提供一个整合知觉的系统，并使这个系统进行认知、范畴化和理解。他们还初步讨论了如何以 PAM 为基础在 LIDA 中具体实现作为代理者的自我、作为主体的自我和作为经验者的自我①。

至于在认知的 LIDA 模型中实现扩展自我的途径和方法，巴尔斯等提出了这样的研究思路，但并未具体研究：与最小自我的那几个方面相比而言，在控制可移动机器人的一个 LIDA 中，扩展的自我的那些方面将要求不同类型的实现。自传式自我在 LIDA 模型中就是它的自传式记忆，就是它的陈述性记忆的一部分。而 LIDA 的意志性决策过程，即它的意志的自我或执行的自我，可利用詹姆斯的意动理论来实现。在 LIDA 模型中实现叙述性自我是自我的所有实现中最困难的工作，但在原则上也是可以实现的②。

三、LIDA 操控的机器人有现象意识吗？

有着稳定的、融贯的知觉世界并具有一个自我系统的 LIDA 所操控的机器人具有现象意识吗？当然这在很大程度上取决于我们确立"现象意识"的标准。我们之所以把现象意识归属于其他人类同伴，乃是因为我们在我们的自我中经验到它（如经验到红颜色），并设想其他人与我们类似；我们之所以把现象意识像归属于人类一样归属于某些动物，通常是由于它们的

---

① Franklin S, D'Mello S, Baars B, et al. Evolutionary pressure for perceptual stability and self as guides to machine consciousness[J]. International Journal of Machine Consciousness, 2009, 1（1）: 103-104.

② Franklin S, D'Mello S, Baars B, et al. Evolutionary pressure for perceptual stability and self as guides to machine consciousness[J]. International Journal of Machine Consciousness, 2009, 1（1）: 104-105.

神经系统与我们的神经系统具有较大相似性或者是由于它们的行为与我们的行为具有相似性①。显然，如果我们把现象意识归属于一台机器人，那么并不是因为它与我们具有神经系统的相似性，而只能是因为它们与我们在行为方面的相似性。虽然已经有实验证据表明了把现象意识归属于其行为类似于人类的那些人工实体的可能性，虽然也有人提出可基于机器人在主体之控制构建方面与人类的相似性而把现象意识归属于机器人，但是，能够形成一个稳定而融贯的知觉世界的控制机器人的 LIDA 可以是主观意识的吗？拥有所有那些所谓"自我"的机器人将是什么样的？

巴尔斯等认为，LIDA 控制的机器人拥有现象意识至少是可能的。其一，这样一个机器人将是功能上意识的。由于它建基于 LIDA 架构，即它既具有心理学上的基础，又具有神经科学上的基础，所以，它的控制结构将与人类十分相似。其二，它将满足具有融贯而稳定的知觉世界这个条件，而且它还拥有所有不同类型的自我。当然，要使一个机器人具有现象意识还可能要求至今未知的其他条件，但就目前所知而言，满足这两个条件的机器人应该是具有现象意识的。他们的结论是，无论如何，"建造如上描述的那种机器人将证明是朝向建造现象意识的机器人的重要一步。进而，我们认为，人类终将建造有意识的软件主体和有意识的机器人，它们将具有如此的智能、如此的复杂性和如此的交际能力，以至于人们将直接认为它们是具有现象意识的、有感情的存在者"②。

基于某种意识理论和自我理论深入研究建构人工自我系统、建造具有现象意识机器人的可能途径，巴尔斯等可说是主要的开拓者。毫无疑问，这种研究对人工智能的发展进步具有重要意义。但是，巴尔斯等所设想的"人工地"建造具有人类自我一样的自我系统的机器人，亦即"人工地"建造"人类个体"，笔者认为是不可能的。人类或许能够建造在整体智能的许

① Mather J. Cephalopod consciousness：Behavioral evidence[J]. Consciousness and Cognition，2008，17（1）：37-48.

② Franklin S，D'Mello S，Baars B，et al. Evolutionary pressure for perceptual stability and self as guides to machine consciousness[J]. International Journal of Machine Consciousness，2009，1（1）：105.

多方面都非常接近于人类的机器人，但是，建造具有人类一样的"自我"的机器人则在实践上不可能实现。

第八节　简要评价和结论

就起因而言，语境论自我理论是巴尔斯在试图科学地研究意识问题过程中，为了解决意识得以形成的机制而创立的一种自我理论。所以，它研究自我问题的理论框架、方法和进路等，与直接研究传统哲学的自我问题而建立起来的那些自我理论具有许多重要不同，从而对自我问题的研究作出了贡献。概括地讲，语境论自我理论的主要贡献在于如下四个方面：其一，基于对意识问题的科学研究探索自我问题，创立了以科学精神和实证方法研究自我问题的新范式；其二，基于意识的全局工作间理论建立了语境论的自我理论，对自我的属性、功能、运行机制等进行了深入研究，并给出了令人信服的解释；其三，以意识内容得以获得意义的语境界定自我在精神层面的存在形式，又以特定脑区之神经系统的协同活动来阐释自我的实在基础，对自我的实在性作出了较为完整的说明；其四，基于对自我本质的意识语境界定，开创人工意识和人工自我问题的研究，对于推动自我理论的实际应用和人工智能研究均具有重要意义。当然，语境论自我理论也面临一些亟待深入研究的问题，其中最主要的是如下三个方面的问题：一是没有对自我的社会性问题进行研究，而人类自我很大程度上是社会地建构起来的，不研究自我的社会方面便不可能对人类自我作出完全的说明；二是对自我作为神经系统和精神过程得以形成和进化的过程，以及自我在神经生物学层次的结构等问题没有进行研究和解释；三是对自我与身体的关系、自我在身体行为层面的作用机制和过程也没有进行深入研究。

为了能够更好地理解和把握语境论自我理论的重要意义及其面临的主要问题，这里再从如下三个方面对其观点加以评析。

一、语境论自我理论的重要意义

语境论自我理论是当代心灵科学哲学领域第一个系统地建立起来的自我实在论，在自我问题的研究中具有里程碑性的重要意义。如前所述，20世纪70年代，西方哲学发生了心灵转向，心理学领域也发生了认知转向，虽然这种转向使关于感觉、意向、认知等精神现象的研究从语言分析范式转向了实在论范式，但在自我本质问题上，当代心灵科学哲学的主流观点却一直是反实在论的。幻想虚构论自我观甚至魔法幻觉论自我观，被当作是对自我本质问题的"科学"解答，并作为"科学的"自我理论被人们普遍接受。虽然也有塞尔等哲学家对设定自我为形而上主体之必要性从元认识论的哲学层次给予了有力论证，但这种形而上地设定的自我终究仍是一种理论构造。另外，对自我本质的这种反实在论观点虽然在当代心灵科学哲学的前期发展中占据主流地位，但基于这样的研究范式，精神现象尤其是意识现象的感受性、主观性、经验性问题的研究却又一直难以开展。正是在这样的背景下，定位于科学研究意识问题的巴尔斯，在其1988年出版的《意识的认知理论》中系统地提出了具有"新范式"意义的意识语境论的自我理论。其对当代背景下的自我本质研究的开拓肇基之功，无论如何评价都不为过。具体而言，这一自我理论的创立至少具有如下三个方面的重要意义。

第一，语境论自我理论是心灵与自我问题研究历史上第一个以科学的精神和方法研究自我问题，并系统地论证和建构的自我实在论理论。笛卡儿的自我理论固然是一种实在论，但这种实在论与科学精神是背道而驰的。休谟虽然严格地贯彻了经验实证性标准，但由于错误地把经验局限于直接的感觉印象，而把自我断定为幻想虚构。在当代以物质主义范式为主流的心灵哲学研究中，虽然在20世纪70~80年代也有诸如内格尔等少数哲学家从精神现象的主观性问题、感受性问题或经验性问题触及自我的实在性问题，但第一个深入研究自我问题并系统建立自我实在论理论的，则非巴尔斯莫属。他于1988年就提出的语境论自我理论毫无疑问是当代心灵科学哲学领域第一个实在论自我理论。

第二，语境论自我理论实现了自我问题乃至心灵问题研究的范式革命。当代心灵科学哲学是在近现代科学塑造的"客观主义"科学-哲学精神背景下形成的，其基本思想纲领就是"客观地"解决关于心灵的各种问题。所以，各种物质主义研究范式成为当代心灵科学哲学的主流取向，其目标就是：要以既有的科学研究范式把一切精神现象还原于或同一于按照既有科学定律运行的物质过程；凡是不能进行这种还原或同一的，就必然是幻想虚构。由于这种物质主义研究纲领的裹胁，加之休谟幻虚构论自我观的深远影响，基于近现代科学-哲学的"客观主义"精神，否定自我的实在性、论证自我的幻想虚构本质，成为当代心灵科学哲学领域研究自我问题的主流。就在当代心灵科学哲学主流正在想方设法"消灭自我"时，巴尔斯却基于真正的科学精神，系统地建立了一种实在论自我理论。所以，我们认为，语境论自我理论的提出是自我本质问题上研究范式的一次革命性转换，为自我问题的研究开辟出了一个全新的视域。这种革命性的范式转换对自我本质乃至心灵本质问题的研究都具有再造和重塑的重要意义。

第三，语境论自我理论建立了研究自我实在性问题的一种典范性方法论原则。这种方法论原则可归纳为五点。一是系统地论证了研究意识和自我问题的基本方法论原则：第一人称研究方法与第三人称研究方法相结合的原则。二是把自我问题与意识等基本问题内在地关联起来，通过意识问题分析研究自我问题，而不是直接研究"难以捉摸"的自我。这种研究方法被后来的绝大多数研究者继承和发展。三是把自我的实在性问题析解为精神层次的存在形式和物理（神经生物学）层次的存在形式，分别从两个层次论证自我的实在性。以意识得以产生的语境，论证其在精神层次的存在性；以实证资料，论证其在神经生物学系统中的存在性。四是把自我的构造和运行机制与整个神经系统的构造和运行机制有机统一起来，在这种内在统一性中阐释自我的构造、机制和功能。五是把意识与自我问题的研究及其理论成果贯彻于人工智能研究领域，大力推进了意识和自我理论在人工智能研究方面的应用。巴尔斯在创立语境论自我理论中所开创的这种研究和论证自我实在性的方法论原则，为此后研究自我本质问题奠定了方法论基础。

二、语境自我论有待进一步研究的问题

语境论自我理论虽然在自我问题的研究中取得了许多重大的革命性进展，但像其他建立新范式的理论一样，它也面临许多需要进一步深入研究的问题。下面简要列举几个重要问题。

首先，关于自我的语境结构问题，巴尔斯并未详细阐明。按照语境论自我理论，塑造意识的深层统治性语境就是自我。而作为深层语境的自我显然是有其特定内在结构的。巴尔斯虽然把语境分为了目标语境、选择语境等不同的语境层次，并一般性地论述了目标语境与自我的内在关联性，但对自我在语境层面的具体结构，语境论自我理论却并没有进行深入研究。自我显然并不仅仅是由目标语境构成的，而应该是多重语境构成的。那么，作为意识之深层语境的自我究竟是一种什么样的结构？这个问题对于语境自我论显然是至关重要的。

其次，关于自我塑造意识的机制问题，也有待深入研究。语境论自我理论对意识和自我之间的关系实际上进行了三个层次的描述：一是把自我解释为无意识语境；二是把意识与自我内在地关联起来，把意识看作直接通达自我的；三是把自我确定为深层统治性语境。如果是这样，自我作为深层统治性语境，对意识的塑造就不可能是直接的，而必定是通过次级的语境实现的。巴尔斯虽然一般性地指出了这一点，但并未给出自我引发和塑造意识的具体模型或机制。然而，如果不能给出作为深层语境的自我引发和塑造意识的机制，这种自我理论就仍然没有对自我的本质作出完全的说明。

最后，语境论自我理论作为一种自我实在论，其根本核心在于作为深层统治性语境的自我有其脑神经层次的物质基础，是特定神经系统所具有的属性和功能，而不仅仅是一种理论预设或理论实体。按照这种自我理论，任何意识都以特定脑区的神经活动为基础，正是某个特定区域的脑神经系

统的活动引发了某种意识。而这种意识性神经活动又是由其他脑区的那些被称为语境的无意识神经活动导致的，归根到底，意识本质上是深层统治性语境的属性和功能。换言之，这种理论对意识的解释就是：某种刺激（如视觉刺激）导致相应脑区专门处理器的活动，深层统治性语境脑区参与并整合这种活动，从而导致对相应刺激的意识。任何刺激都并不直接成为意识的，只有当作为深层语境的自我参与相应刺激引发的神经活动时，才能产生对该刺激的意识。这个过程及其机制正是语境论自我理论的核心之所在。但巴尔斯并未对这个机制进行深入研究和解释。

当然，语境论自我理论有待深入研究的还有其他许多问题，如自我究竟由哪些脑区构成、这些脑区的活动模式、作为专门处理器的神经系统与作为深层语境的神经系统的关系等。这里不再一一列举。下面简要讨论一下巴尔斯等所提出的基于语境论自我理论建构人工自我的问题。

三、关于自我和现象意识的人工实现问题

机器意识问题，尤其是机器是否可能具有现象意识、主观经验的问题，是当代心灵哲学、认知心理学、认知神经科学和人工智能等领域都在致力探索的重要问题。其实，建造意识机器的问题并不是现在才提出的，而是在人工智能开创之初、在图灵机时期就已经提出的问题。然而，虽然通过机器实现人类的某种功能意识早已实现，最近高度引人关注的"阿尔法狗"战胜世界围棋冠军李世石事件是这方面的最新成就，但是，如何在机器中实现以及是否可能在机器中实现现象意识，却一直处于激烈争论、举步维艰的状态。究其原因，根本上在于现象意识是直接与一个"自我"相关联的：就我们人类而言，人类之所以具有现象意识、具有主观经验，乃是因为我们都有一个"自我"。所以，设计和建造拥有现象意识之机器人的问题，根本上在于如何使机器人拥有一个自我的问题。由于"自我"的本质问题长期难有进展，所以设计意识性机器人的问题也长期处于众说纷纭、纸上谈兵的状态。然而，最近10余年来，随着自我问题的深入和快速发展，设计和建造意识性机器人的问题已经成为相关研究领域的核心论题之

一。相关领域还在 2009 年创办了以研究机器意识问题为核心的《国际机器意识杂志》。

在机器意识研究方面最引人注目和最具影响的研究之一，就是我们上面所论述的基于巴尔斯的全局工作间意识理论开展的相关研究。如上所述，巴尔斯、富兰克林等对建造具有现象意识的机器人是充满信心的，他们认为人类终将建造出具有独特自我、具有现象意识的机器人。这里，我们基于迄今为止的相关哲学-科学思想，对巴尔斯的人工实现现象意识观点进行一些扼要评析。

LIDA 操控的机器人具有现象意识的必要条件之一，是它拥有一个独特的自我系统。这里的关键问题是，LIDA 所实现的那个自我系统与人类个体的自我系统是否具有质的同一性？如果 LIDA 所操控的机器人的自我系统与人类的自我系统具有质的同一性，这样的机器人将毫无疑问地具有现象意识；但如果 LIDA 操控的机器人所拥有的自我系统与人类的自我系统有着本质的区别，那么，这种机器人是否可能拥有现象意识就是大可怀疑的。

就我们迄今所达到的哲学-科学认识而言，我们认为即便 LIDA 操控的机器人具有了一个自我系统，它的自我系统也与人类的自我系统有着本质区别。

其一，即便按照全局工作间意识理论所构建的语境自我理论，人类的自我系统也是伴随着整个生命过程的各种经验和经历不断建立的一个开放系统，这样的自我系统是随时进行调整的，而绝不是一成不变的，而且其变化原则上是无限的。然而，LIDA 借以形成其自我的学习机制无论如何强大，归根结底是人类编制的程序。既然是程序，就必定是"有穷的"，其变程就必定是有限可计算的。

其二，从作为语境的自我系统的结构来看，人类自我系统的语境层级是在生存和进化的压力下以生存为基点逐步形成的；而 LIDA 的自我系统，虽然包含知觉学习、场境学习和程序性学习三种学习形式，但终究是人工"一次性成型"的，因而必定缺失人类自我系统所具有的某些生物性的环节和机制。

其三，虽然理论上讲建构这样的机器人是可能的，只要我们使机器人具有人类一样的脑神经系统及其运行机制，这种机器人就具有人类一样的"自我系统"，但是，实践上则不可能。因为人类的脑神经系统及其运行机制是在不可重复的数十亿年的自然进化过程中造就的，是包含着复杂的生命信息和生命机制的，是与生命及其物质实体（即身体）一体化的。

基于上述分析，我们认为，未来或许能够造出部分实现人类自我功能的自学习机器人，但无论人工智能发展到何种程度，实践上不可能造出具有和人类自我系统完全一样的自我系统的机器人。简言之，我们认为，即便理论上可以构想，但实践上不可能造出与人类完全一样的机器人。

第五章 达马西奥的二级表征论自我理论评析

二级表征论是当代心灵科学哲学中另一种影响巨大的自我实在论。与语境论以意识为基点探索自我而把自我看作意识的深层语境不同，二级表征论则把有机体对刺激的表征作为心灵和自我得以形成的根源，建立起一种二级表征论的自我理论。二级表征论的核心观点在于，把自我看作对各种刺激的二级表征，认为自我的实在性就在于其在神经生物学层次上所呈现出来的那种二级表征状态。二级表征论自我理论由美国认知神经科学家、神经生物学家达马西奥于 1999 年首次系统提出，随后即得到格拉波斯基（T. J. Grabowski）、帕维兹（J. Parvizi）、卡普兰（J. T. Kaplan）、柏彻拉（A. Bechara）、潘托（L. B. Ponto）等诸多认知神经科学家和心灵哲学家的大力支持，是当前最有影响的自我理论之一。本章基于达马西奥的相关著作对这种自我理论进行研究和评析。

第一节　达马西奥心灵科学哲学思想概述

安东尼奥·达马西奥（Antonio R. Damasio，1944—）是著名的葡萄牙裔美国认知神经科学家、神经生物学家、心灵科学哲学家。达马西奥早年在里斯本大学医学院学习医学，本科毕业后继续在该校作神经病学科住院医生，并于 1974 年获得博士学位，后来到美国从事行为与神经科学研究，现任南加利福尼亚大学神经科学、心理学和哲学讲座教授、脑与创造性研究中心主任、索尔克研究院兼职研究员等。他还是美国国家科学院院士、美国艺术与科学院院士、欧洲艺术与科学院院士。由于在认知神经科学研究方面的杰出成就，达马西奥曾荣获金脑奖（Golden Brain Award）（1995年）、阿斯图里亚斯王子奖（Prince of Asturias Prize）（2005 年）、本田奖（Honda Prize）（2010 年）、科琳国际图书奖（Corine International Book Prize）、格莱美心理学奖（Grawemeyer Award in Psychology）（2014 年）和心灵与脑奖（Mind and Brain Prize）（2016 年）等众多心灵科学哲学研究领域的奖项。达马西奥还因其突出研究成就被《科学心理学档案》杂志评为 100 个最杰出的现代心理学家之一（参见该杂志 2014 年第二期），也被《人文科学》杂志评为最近两个世纪人文科学领域 50 个关键思想家之一（参见该杂志 2014 年 6—7 月号）。由于达马西奥在情绪、意识和自我的神经生物学基础及其运行机制等论题上进行的重要开拓性研究，以及相关研究成果的高被引率，他还被美国科学信息研究院命名为近十年（2006～2016）最高被引用研究者之一。达马西奥被认为是当今认知神经科学领域最重要的研究者。

　　达马西奥长期致力于情绪、决策、记忆、语言、意识和自我的神经生物学基础问题研究，出版有《笛卡儿的错误：情绪、推理与人脑》（1994 年）（该书获科学与生活图书奖、洛杉矶时报图书奖，并被评为"过去 20 年中最有影响的图书之一""改变人们世界观的 20 本书籍之一"，被翻译为 30 多种语言出版）、《感受发生的一切：在形成意识中的身体和情绪》（1999 年）（该书被《纽约书评》评为"2001 年十本最佳图书之一"，被翻译为 30 多种语言出版）、《寻找斯宾诺莎：快乐、悲伤和感受的脑》（2003 年）、《自我来到心中：建构意识的脑》（2010 年）（该书获科琳国际图书奖）等著作，并发表了多篇在情绪、意识、认知和神经科学领域具有标志性意义的相关研究论文。其相关著作已经被翻译为 30 多种语言，并在世界各地的许多大学中被讲授。

　　从个人背景来看，达马西奥是从神经医学深入到心灵科学哲学研究的，所以，其基本研究路径就是基于神经科学的各种发现和成果来研究与解答各种心灵哲学问题。与当代乃至历史上所有心灵哲学家大异其趣的是，达马西奥把情绪置于人类一切精神活动的核心地位，以情绪为基点来探索各种心灵现象的本质，从而创立了一种以情绪为基础的心灵哲学理论。如我们所知，在哲学史上，情绪、感受一向被认为是影响人们形成正确认识的东西，是在认识过程中需要尽力排除的东西。然而，达马西奥却认为，情绪不仅是我们一切精神活动的基础，而且在社会性认知、作出决策等高级认知活动中也发挥着重要作用。正是由于把情绪置于了精神活动的基础地位，达马西奥在认知神经科学、意识科学和心灵哲学领域，尤其在理解脑怎样加工出记忆、语言和决策方面，作出了许多重要的开创性贡献，如提出躯体标识器假说、修正传统心理学和哲学长期把高级认知与情绪相对立的理论观点、确立情绪在高级认知中的作用机制等。

达马西奥是当代心灵科学哲学领域最早认识到并第一个深入研究情绪在人类高级认知中之重要作用的认知神经科学家。他的二级表征论的自我理论正是以其情绪论的心灵哲学理论、认知和意识的情绪-感受理论为基础建立起来的。早在 1994 年出版的《笛卡儿的错误：情绪、推理和人脑》一书中，达马西奥就系统提出和论述了躯体标识器假说、认知的情绪-感受理论，并基于他所提出的情绪-感受理论初步探讨了自我的二级表征本质。此后，他又出版《感受发生的一切：在形成意识中的身体和情绪》《自我来到心中：建构意识的脑》两部著作，基于神经生物学和情绪-感受框架，分别从意识和神经系统进化的维度探讨了自我的最初起源、实在基础、进化过程、基本功能、运行机制等问题，系统地建立了他的二级表征论的自我理论。

以情绪为基础的二级表征论自我理论的核心内容可概括为如下七个主要观点：①自我是一种实在的心理建构，它建立在整个有机体活动的基础上，也就是身体本身和脑的活动的基础上。②自我有其神经基础，是一种反复地重新构建的神经生物学层次的状态，但绝不是某种"小矮人"。要产生自我这种生物状态，很多脑系统和很多身体系统必须全速运转。③身体的整体表征组成了自我概念的基础，就像形状、大小、颜色、纹理和味道的表征集合可以组成橘子概念的基础一样。④每时每刻，自我状态都从基础开始构建；当前对情绪的感受，以及当前的非身体感觉信号，都对自我概念产生影响。⑤自我感或主观感是有机体在对表征进行"再表征"过程中产生的。当脑不仅正在生成关于一个客体的意象和有机体对该客体反应的意象，而且还生成第三种意象，即有机体正在感知和回应一个客体的意象时，主观感或自我感便浮现出来。⑥自我起源于有机体维持其生存的特定神经活动模式的进化，就人类而言，自我可区分为三个层次：原初自我、核心自我和自传式自我。⑦自我感对有机体的生存、进化和发展具有根本的重要性。

由于达马西奥的二级表征论自我理论建基于其情绪-感受论的认知神经科学理论和心灵理论，所以，在对其二级表征论的自我理论进行研究和评价之前，我们首先需要了解其情绪-感受论的认知神经科学理论和心灵理论。

第二节　情绪论的心灵理论与自我的必要性

一、情绪在人类心灵研究中的地位变迁

虽然在达马西奥等研究成果的影响下，我们今天已经深深地认识到情绪对于人类认知、意识和心灵建构的重要作用，但是，在西方哲学史上，情绪却一直是哲学家们竭力从人类认识中排除的东西。在西方哲学中，至少从柏拉图开始，激情、情感便被看作是严重妨碍人们认识真理的东西。柏拉图从其理念论出发，认为人也有可见的肉体和不可见的灵魂两部分，人的本质在于其灵魂；而人的灵魂则分为理性、激情和欲望三部分：理性控制思想，激情控制合乎理性的情感，欲望则支配着肉体避苦趣乐。理性是人的灵魂的最高原则，正是理性把人与动物区分开来。当理性驾驭着灵魂马车时，灵魂便趋向于善；而当肉体欲望驾驭灵魂马车时，灵魂便趋向于恶①。所以，理性是获得知识、认知真理的途径，而激情和欲望则是其障碍。亚里士多德从质料和形式的思想框架进一步发展了柏拉图的"只有理性才能认识真理"的思想，他把灵魂分为植物灵魂、动物灵魂和人类灵魂：植物灵魂只有消化和繁殖功能，动物灵魂则增加了感觉、欲望和移动的功能，而人类灵魂则又进一步具有了理性思维这个特殊功能。所以，人是有理性的动物，人以其理性获得知识和真理②。

① 赵敦华. 西方哲学通史（第一卷）[M]. 北京：北京大学出版社，1996：147.
② 亚里士多德. 灵魂论及其他[M]. 吴寿彭，译. 北京：商务印书馆，1999：91-92.

柏拉图和亚里士多德为西方哲学确立的这个元认识论圭臬，在近代西方哲学中又获得极大地发展。无论是笛卡儿、康德从"我思"和"纯粹理性"出发建构的理性主义认识论体系，还是从洛克到休谟的经验主义知识论体系，其根本特征都是把逻辑理性与心理情感对立起来，把理性与联系于即时身体状态的那些东西判然地区分开来，摈除情感、欲望的影响，确保以纯粹的理性来探求知识和真理。这个元认识论圭臬在现当代西方哲学中继续发展：尽管弗雷格开创的语言哲学传统与胡塞尔开创的现象学传统有着许多根本性分歧，但却共同贯彻着"摈除情感影响，专依理性思维"的元认识论信条。弗雷格开创的"语言转向"，虽然使哲学从对主体认识能力的研究转向了对主体之表达能力的研究，但他却明确要求所要开展的哲学研究必须"始终把心理的东西与逻辑的东西、主观的东西与客观的东西严格区分开来……绝不忘记概念和客体之间的区别"①。试图把哲学建设成"严密科学"并被称为"认知心理学和人工智能研究之父"②的胡塞尔，无论是其大力倡导的现象学还原，还是其以意向性为切入点对人类认知的研究，无不是试图以"冰冷的"理性去揭示人类认识的本质。

20世纪50～70年代，西方哲学发生"心灵转向"，进入心灵哲学时期，心理学领域也发生"认知革命"，并建立了对心智及其过程进行跨学科研究的认知科学。但是，无论是心灵哲学还是认知科学，在很长的时期内，情绪问题一直处于被忽视的状态。直到20世纪90年代中期，心灵哲学领域始终没有对情绪问题进行专题研究的论著。以心智及其认知过程为研究对象的认知科学则仍然贯彻着"纯粹理性"原则。无论是早期试图以计算机程序揭示人类心智的形式主义、符号主义，还是试图以神经网络和联结主义来刻画人类心智的第二代认知科学，其关于人类认知的主流观点仍然是摈除情感因素的纯粹理性观点，把认知科学的中心假设确定为："对思维最恰当的理解是将其视为心灵中的表征结构以及在这些结构上运行的计算程

① M. K. 穆尼茨. 当代分析哲学[M]. 吴牟人，等译. 上海：复旦大学出版社，1986：88.
② H. L. 德雷福斯. 胡塞尔、意向性与认知科学[J]. 哲学译丛，1989，（5）：18.

序。"①在这样的框架中，不仅知觉、记忆、注意等认知的基本形式是抽象的表征计算，而且像逻辑推理、作出决策、解决问题、制定计划等认知的高级形式，也完全被处理为抽象表征和计算的结果。

当然，也有一些哲学家和心理学家曾经研究情绪问题，如詹姆斯在其1890年出版的《心理学原理》中就曾用一整章的篇幅来讨论和研究情绪问题。但是，真正把情绪与认知、意识等联系起来进行研究，并把情绪置于精神现象之核心地位，使情绪问题成为心灵哲学、认知科学、神经科学和脑科学等相关领域之重要论题的，则是达马西奥。正是达马西奥开创了情绪对人类认知、意识和心灵建构之作用的深入系统的研究，建立了基于当代认知神经科学和神经生物学背景的情绪理论，创立了以"躯体标识假说"为基础的情绪-感受论的心灵理论，并基于这种心灵理论创立了一种颇具独创性的二级表征论的自我理论。

二、情绪的界定及其实在基础

就我们的日常生活经验和常识观念而言，所谓情绪就是当我们处于恐惧、厌恶、悲哀、快乐、愤怒、震惊、热情、气馁等心情时，所体验的那种精神状态或心理状态。在人们的日常生活中，情绪就像视觉、听觉和触觉一样，是一种无处不在并对其他精神活动产生广泛影响的精神现象。那么，这样的精神状态或心理状态究竟是什么？其实在基础和运行机制是什么？又如何对人们的精神活动发生影响？情绪与人的认知和意识究竟是何种关系？

虽然情绪问题在詹姆斯之后也有少数心理学家、精神病学家基于传统心理学框架进行了一些研究，但从神经生物学层面把情绪与脑联系起来，深入而系统地研究情绪的神经基础及其运行机制，进而研究情绪与感受等精神现象的关系，则为达马西奥所开创。作为具有神经科医生经历的认知神经科学家，达马西奥基于对一些典型的历史病案和实际病例的研究，实证性地确立了形成和控制各种情绪的脑区："人脑中有一个脑区，即前额叶

---

① Thagard P. Mind: Introduction to Cognitive Science[M]. Cambridge: The MIT Press, 1996: 7.

腹内侧区域，这部分脑区受损肯定会损坏推理/决策能力和情绪/感受能力，尤其在人格和社会生活领域。我们可以隐喻地说，推理和情绪交叉于前额皮层腹内侧，也交叉于杏仁核。人脑中还有一个区域，即位于右半球的复杂的躯体感觉皮层，这一脑区受损也会损坏推理/决策能力和情绪/感受能力，而且还会破坏基本的身体信号传导过程……简言之，人脑中显然地存在一个系统集合，始终专注于进行我们称之为推理的目标导向的思维过程和我们称之为决策的反应选择，尤其是个人和社会领域方面。这个系统集合也与情绪和感受有关，而且部分地参与身体信号的加工。"①所以，尽管情绪在传统上是由悲哀、快乐等精神状态所描述的，但情绪绝不是空穴来风，而是有其神经生物学的基础，是由特定脑区的特定神经活动方式所显现和控制的。简言之，情绪就是脑中特定神经系统的复杂的活动程式所导致的一种感受。

在这些研究的基础上，达马西奥从神经生物学和进化论的视角对情绪作出了如下这个严密的科学定义："情绪（emotions）就是，当来自身体外部或身体内部的某种刺激激活了某些神经系统时，所激发的那些复杂的序列性活动（programs of actions）。而对情绪的感受则是关于这种情绪之序列性活动的知觉。激发系统、执行这种序列性活动的神经系统及其总体效果构成了一种情绪的那些活动，这三者是在长期的进化中被选择出来的，而且在早期发展中是对给定物种的每一生物都有效用的。"②

按照达马西奥的研究，人类的情绪可根据人生早期阶段和成年以后阶段分为基本情绪和次级情绪两类。所谓基本情绪就是人生早期阶段所体验的情绪，就是当客观世界或我们身体内部的刺激的某些特征被我们感知的时候，我们以预组织的方式产生的某种情绪反应。这些特征包括客体的大小、运动方式、发出的声音、身体内部的各种刺激（如胃部疼痛）等。换言之，基本情绪就是来自环境的刺激通过一种天生的固定机制激发了特定

---

① Damasio A. Descartes' Error：Emotions，Reason and the Human Brain[M]. New York：Avon Books，1994：70.

② Damasio A. Neural basis of emotions[Z]. Scholarpedia，2011，6（3）：1804.

的身体反应模式。基本情绪可分为六大类型：快乐、悲伤、愤怒、恐惧、惊奇和厌恶。日常生活中细分出来的其他细微情绪都是这六种基本情绪的变体：快慰和狂喜是快乐的变体，忧郁和惆怅是悲伤的变体，惊慌与害羞是恐惧的变体，如此等等。基本情绪反应是为了满足某些在生存和发展方面有用的目的，如快速躲避捕食者、向对手表露愤怒等。基本情绪依赖于脑的边缘系统回路，其中杏仁核和前扣带回是最主要的参与者。

所谓次级情绪，亦即"成人"情绪，或称社会情绪，就是在基本情绪机制之后运行的情绪机制所形成的情绪，也就是基于社会生活过程所形成的那些更复杂的情绪，包括窘迫、嫉妒、内疚、骄傲、自豪等情绪。当刺激诱发基本情绪机制后，下一步就是感受到客体所激发的情绪，实现激发情绪的客体与情绪性身体状态的关联。一旦我们开始体验各种感受，并开始形成各种客体及其场景与基本情绪之间的系统性联系，次级情绪机制就发生了。感受到自己的情绪状态，或意识到自己的情绪，可以使我们在与环境相互作用的独特历史的基础上，作出更加灵活的反应。脑神经的边缘系统不足以支持次级情绪过程，它还需要前额叶皮层和躯体感觉皮层的参与。要言之，无论基本情绪还是成人情绪，"情绪的本质就是身体状态之变化的集合。这些变化被无数器官中的神经细胞终端所引发，并被某个专门的脑系统所控制，这个脑系统也对与某个特定实体或事件相关的思想内容作出回应"①。此外，还有所谓背景情绪，如幸福感、不适感、平静、紧张等。背景情绪并不是初级情形和次级情绪之外的另一种情绪，而只是为了强调它是构成某种精神活动之背景的情绪。情绪一般在两种情况中发生：一是发生在有机体以某一感觉装置对某些对象或情境进行加工的时候，二是发生在有机体在记忆中追忆出某些对象及情境，并在思考过程中把它们以表象的形式表征出来的时候②。

---

① Damasio A. Descartes' Error: Emotions, Reason and the Human Brain[M]. New York: Avon Books, 1994: 139.

② Damasio A. The Feeling of What Happens: Body and Emotion in the Making of Consciousness[M]. New York: Harcourt, 1999: 62.

三、情绪通过感受而上升到精神层面

按照达马西奥的上述观点，可以说，情绪实质上就是身体受到来自外部或内部的某种刺激时身体状态之变化的总和。然而，我们在日常生活中关于情绪的经验却是：当我们处于某种情绪状态（如愤怒或兴奋这种情绪状态）时，除了心跳加快等身体状态之变化外，我们还有"愤怒"或"兴奋"的心理体验。那么，又如何揭示这种心理体验？达马西奥把这种心理体验称为"感受"[1]，并认为正是通过感受，作为身体状态之变化的情绪才上升到了心理的层面。感受是达马西奥情绪论心灵理论的另一个重要范畴。

达马西奥认为，感受与情绪既密切相关，又有重要区别：所有的情绪都能形成感受，但并非所有的感受都由情绪引发。所以，感受可以包括两种不同类型：对情绪的感受和并非由情绪引发的背景感受。对情绪的感受是由情绪引发的，当我们处于某种情绪状态时，外部观察者能够察觉的和不能察觉的身体变化（如心跳加快、内脏收缩等），我们自己都能从内部感受到。这是因为，身体的所有这些变化都通过"神经末梢→脊髓和脑干→网状结构和丘脑→下丘脑和边缘结构→脑岛和顶叶区"这个"神经通道"和表现为血液中化学元素变化的"化学通道"，传送到相应脑区。这些变化的信息在到达相应脑区之后就被整合为感受。

所谓（情绪性）感受，用达马西奥的话来说就是：刺激引起身体的变化（即情绪），而"当这些身体变化发生时，你不仅可以知道它们的存在，而且你能够监控它们的连续演进。你知觉到你身体状态的这些变化，并时刻追踪它们的发展。这个连续监控的过程，即在关于特定内容的思想稍纵即逝时你对你的身体正在做什么的那种体验，就是我所说的感受的本质。如果说情绪是身体状态之变化的集合，这些身体状态与激活一个特定脑系统的特定精神表象（mental images）相关联，那么，感受某种情绪的本质就是对这些变化以及对引发这一过程的精神表象的体验。换言之，感受依赖于关于身体本身的表象与关于其他某种东西的表象（诸如关于某人面部的

---

① 这里一般把"emotions"译为"情绪"，把"feelings"译为"感受"或"情感"。

视觉表象或关于某个旋律的听觉表象等）的并置（juxtaposition）。感受的基础是通过同时由神经化学物质引发的认知过程的变化来完成的（例如，由神经递质在各种神经点位引发的变化，就来自神经递质核团的激活，神经递质核团的激活就是最初的情绪反应的一部分）"[①]。

要言之，情绪就是身体状态的各种变化，而感受则是把关于某种身体状态的表象与引发这种身体状态之客体的表象并置时，所产生的那种经验。所以，与六种基本情绪相对应，基本的情绪性感受也包括快乐、悲伤、愤怒、惊奇、恐惧和厌恶六种。与情绪的细微变体相对应，这些感受也有其变体，包括欣快和狂喜、忧郁和惆怅、惊慌和害羞等。

第二类感受是与情绪性感受不同的背景感受。背景感受起源于"背景"身体状态，而非情绪状态。背景感受在程度和节律上都属于最低限度的情绪，是对生命自身的感受，是对存在的感觉，是在进化过程中早于其他类型出现的感受[②]。背景感受的范围比情绪感受更为狭窄：它们通常被感知为微弱的愉悦或不快。人们一生中体验到的大多是这种较弱的背景感受，而非较强的情绪感受。我们只能微弱地意识到背景感受的存在。当我们感受到快乐、生气或其他情绪时，背景感受就被情绪性感受抑制；未被情绪影响时，背景感受就是我们对自己身体境况的表象（image）。当某些背景感受持续数小时至数天，而且不因思想内容的变化而变化时，这些背景感受就可能成为或好或坏或中性的某种心情。背景感受与生命相始终，只要生命存在，活的有机体及其结构就是连续的，就有背景感受。

显而易见，背景感受对于生命的管理至关重要。如果没有了背景感受，人们的自我表征的核心部分将被破坏。例如，意识不到自己生病的疾病失认症患者，实质上就是在背景感受的某些方面出现了问题：由于无法获得当前身体状态的输入信息，患者就无法更新自己身体状态表征的信息，也就无法通过躯体感觉系统迅速而自动地意识到自己身体的状态事实上已经

① Damasio A. Descartes' Error：Emotions，Reason and the Human Brain[M]. New York：Avon Books，1994：145-146.

② Damasio A. Descartes' Error：Emotions，Reason and the Human Brain[M]. New York：Avon Books，1994：150.

发生了变化。虽然他们仍然可以在心理中形成身体状态的表象，但由于背景感受的损坏，这个表象并不是身体当前状况的表象，而是以前的表象，所以，心理层面的报告就是：身体状况良好。

那么，我们又是如何感觉到一种感受的？达马西奥给出的回答是："某些脑区接受大量关于身体状态的信号是必要的开始，但还不足以体验到感受。体验的进一步的条件是把关于身体的持续不断的表征与构成自我①的那些神经表征关联起来。当这种情况发生时，关于某个特定客体的感受就建基于主观地知觉这个客体、知觉它所引起的身体状态并知觉这个思想过程的调节类型和效率。"②就我们这里所关注的论题而言，笔者想要强调的是，达马西奥在这里从感受的视角初步提出了两个重要观点：第一，自我的参与是感受得以实现的两个必要条件之一；第二，自我并不是什么神秘的东西，而就是某种类型的神经表征。也就是说，自我对于理解情绪和感受（从而对于理解心灵）是必不可少的，而且自我有着神经表征层次的实在性。达马西奥实际上就是从这里自然而又必然地进入了自我问题的探索，并建立了他影响巨大的情绪论的心灵理论和二级表征论的自我理论。

四、情绪在认知中的地位和作用

如前所述，哲学家们一直把情感、情绪看作是与理智思维、理性推理相对立的东西，是在正确思维中要力图摈弃的东西。人们从幼年时就被教育，情绪是正确思维的天敌，必须避免各种情绪、情感对思维的影响，只有克服情绪的影响，才能正确认识事物、正确地进行推论，也才能作出正确的决策。似乎情绪与正确理性思维水火不容。即便是专门研究人类认知问题的认知科学，直到 20 世纪 90 年代初期，也仍然把情绪和感受排除于

---

① 与巴尔斯一样，达马西奥也以"自我"（the self）意指"主体自我"或"经验者自我"。这也是"自我"这个词的最通常的用法。在后面将论述的其关于（广义）自我的分类中，达马西奥又区分了"原型自我"、"核心自我"和"自传式自我"。在达马西奥这里，"自我"与"核心自我"是同一个概念，均指"主体自我"，而他所说的"自传式自我"则相当于巴尔斯所说的"客体自我"、"作为观察对象的自我"。再次强调，在本文行文中，除了在上下文中足可明晰的那些其他意义外，本文所说的"自我"一般也均指"主体自我"，亦即"作为经验者的自我"。

② Damasio A. Descartes' Error: Emotions, Reason and the Human Brain[M]. New York: Avon Books, 1994: 147-148.

认知系统之外，完全撇开情绪和感受来研究认知的各种问题。

然而，达马西奥基于各种实证资料的研究却令人信服地表明：情绪和感受并不是像传统认为的那样，时常"侵害"理性和推理的领地、时常影响正确思维和决策，而是根本就与理性、推理和决策交织在一起。情绪和感受是生物调节机制的明显表达，而如果没有这种生物调节机制的引导性力量，人类的理性推理战略，无论是在种群的进化中还是在任何单独的个体中，就不可能发展起来；如果情绪和感受受到损害而缺失，使我们成为独特而骄傲的人类的理性、使我们能够作出与个人未来目标、社会习惯和道德原则相一致之决策的理性，就会受到严重破坏。因此，情绪和感受过程的某些方面对于理性是必不可少的，情绪和感受及其背后的生理机制不仅可以为我们指明正确的方向，引领我们形成适当的决策，而且在预测未来并制订相应行动计划方面，也给予我们至关重要的协助。情绪、感受和生物调节都在人类的推理中扮演重要角色，我们有机体的低序运作就处在高级推理的环路中①。要言之，情绪和感受与其他知觉表象一样具有认知性。

那么，情绪和感受在推理、决策等高级认知过程中究竟扮演着何种角色？又是如何发挥作用的？把感受简单地等同于给定瞬间在身体中发生的神经表征，是根本不能令人满意的回答。我们必须搞清楚，持续而适当地被调整的那些身体表征是怎样成为主观性的，它们怎样成了那个拥有它们的自我的一部分。我们怎么能够从神经生物学上解释情绪和感受作用于推理和决策的过程，而不是依赖于知觉这个过程的那个小矮人来进行解释？

对此，达马西奥给出的概要性回答是："为了使我们具体地感受一个人或一个事件，脑必须具有表征这个人或这个事件与相应身体状态之间因果联系的方法……精确的原因—结果感觉是从（脑的以前额皮层为主体的）会聚区的活动中浮现出来的，会聚区的活动在身体信号和引发情绪的那个

① Damasio A. Descartes' Error: Emotions, Reason and the Human Brain[M]. New York: Avon Books, 1994: xii-xiii.

实体的信号之间完成双重代理的作用。会聚区就像'第三方'代理人一样，借助于它们与双方输入来源之间的交互的前馈和反馈关系而运转。按照我的观点，这个过程有如下三个参与者：关于原因实体的外显表征、关于当前身体状态的外显表征和第三方表征。换言之，即：表示身体状态变化并在早期躯体感觉皮层暂时形成一种拓扑性表征的脑活动，以及位于会聚区的、通过前馈神经联系接收来自这两处脑活动之信号的一种表征。这个第三方表征保持着脑活动开始时的序列，并通过与这两处脑活动的反馈性联系保持着活动和注意的焦点。这三个参与者之间的信号以一种相对同步的活动在短暂时期内形成一种总效果。这个过程很可能要求皮层和皮层下结构，即丘脑中那些结构的参与。"[1]关于达马西奥的这段论述，笔者想引申性地突出强调三点：第一，这个第三方表征实际上就是哲学家们聚讼不已的那个"自我"；第二，这个第三方表征是我们得以感知对象从而也是我们得以进行各种认识的必要条件；第三，情绪和感受是我们得以进行各种认知活动的必要条件。

在这个总的思想框架下，为了详细解答情绪和感受参与推理和决策等高级认知活动的具体过程和运行机制，达马西奥提出了影响巨大的"躯体标识假设"（the somatic-marker hypothesis），并基于这个假设对情绪在认知中的地位和作用机制进行了论证。

五、躯体标识：情绪介入高级认知活动的机制

按照达马西奥的上述理论，毫无疑问，情绪和感受在诸如感知某个对象等基本认知活动中，发挥着不可或缺的重要作用：感知（如看到或听到）某个对象就是对这个对象作出表征，而这种表征必然导致身体状态的变化（如眼睛晶状体的变化等），即引发某种情绪，而对某个对象的觉知就是既表征这个对象又表征自身身体状态的变化。那么，对于推理和决策这类高级认知活动来说，情绪又是如何介入和作用的？达马西奥认为是通过躯体

---

① Damasio A. Descartes' Error：Emotions，Reason and the Human Brain[M]. New York：Avon Books，1994：161-162.

标识来实现的。

　　传统观点认为，要对事情进行推理和决策，我们通常需要如下三方面的知识：①对需要作出决定的事项有所了解；②对可供选择的选项有所了解；③对每个选择的后果有所了解。所有这些知识都以痕迹表征的形式存在于我们的记忆中，在我们进行某种推理和决策时，它们就以非语言的和语言的形式几乎同步到达我们的意识层面，以支持我们的推理和决策。在对推理和决策过程的传统研究中，注意和工作记忆是必须被涉及和论述的，而情绪或感受的作用则几乎从未被提及，各种选择得以形成的细节和机制也相应地被忽视。即便提到情绪，也往往是为了排除情绪的影响。从柏拉图、笛卡儿到康德以来的传统都坚决主张，要获得问题的最佳解决方案，就必须把情绪排除在外，专依理性才能得到。

　　然而，正如达马西奥所指出的，如果彻底排除情绪，而仅仅依赖理性推理，无论是理论上还是实践上，我们都不可能作出任何决策。从理论上讲，任何推理都是在众多前提情况中进行的，而这些前提的每一个又会有其他众多前提情况，这样，原则上讲，由于论证的前提太多，我们根本就不可能对任何问题论证出最佳解决方案，论证将会被无休止地进行下去。所以，要想对问题作出决策，逻辑分析和推理论证就必须在某处停止。众所周知，在实践上，我们在对任何问题进行决策时，都不会过多地进行逻辑推理，而是基于一定的推理就作出决策。那么，这个决策究竟是如何作出的？

　　达马西奥认为，正是时刻都与理性思维纠结在一起的情绪、感受所形成的某种特定躯体标识，帮助我们作出了对问题的决策。按照他的研究，其过程就是：在我们对某个问题进行思考和决策的实践场景中，那些关键的内容几乎是同时迅速而概略地在我们心中展开的；就在我们对一些前提进行逻辑分析之前一点、就在我们对某个解决方案进行推理论证之前一点，发生了某种十分重要的事情：当与某个回应性选项相联系的不利结果出现于心中时，即便是转瞬即逝，我们也会体验到一种不愉快的内脏感受（gut feeling）。这种感受将迫使我们的注意集中到某种行为选择可能导致的负面结果上，并作为自动警报信号发挥作用：如果你选择这个选项，前方将有危险。这个信号会引导我们立即拒绝这个行为选择，并使我们在其他行为选项中进行选择。当然，我们仍然要使用成本/效益分析和推理论证能力，但这是在大幅度降低选项数目这个自动步骤完成之后才进行的。由于这个在推理和决策中发挥先行性重要作用的情绪感受，是一种特定的躯体状态现象，是躯体（即与身体有关的一切）层次的一种标识，所以，达马西奥称之为躯体标识。简言之，躯体标识就是各个次级情绪所产生的那些感受的特例。通过学习，这些特例性情绪和感受与特定场景中所预测的未来后果相联系。当一个负面躯体标识与一个特定的未来后果并置时，二者的结合将发挥警报作用；而当一个正面躯体标识与一个特定的未来后果并置时，这种并置就成为一种激励前行的灯塔。当然，躯体标识并不进入人们的意识，并不代替我们进行思考，而是利用某个环路悄悄地发挥作用，它通过突出某些选择，并将这些选择从随后的思考中迅速去除来协助我们作出决策[①]。

如果达马西奥的上述分析是正确的，那么，不言而喻的推论就是：情绪不仅在推理和决策等传统上认为属于"纯粹理性"范围的高级认知活动中发挥重要作用，而且为这些高级认知活动的开展提供基底和框架。然而，这个躯体标识假说要想得以成立，还必须解决三个问题：一是必须对之给出有力的实证支持，尽管可以从逻辑上有力地论证任何决策都不可能仅仅基于理性推理作出，但要断言情绪在理性推理中有如此深刻的实质性作用，则必须给出实证性的根据；二是躯体标识系统来自何处，是怎样建立起来的，在有机体的认知层面又是如何运行的；三是必须给出躯体标识假说的神经机制，不仅要论证这种作用的实在基础，而且要从神经生物学的层面对其作用机制给出系统论证。

关于第一个问题，达马西奥从神经病科的一些著名案例和认知神经科

---

① Damasio A. Descartes' Error: Emotions, Reason and the Human Brain[M]. New York: Avon Books, 1994: 173-174.

学的实验两方面进行了论证。达马西奥研究了包括著名的盖奇案例①在内的12个相关案例。他给出的结论是：所有这些或因事故或因手术而在脑部前额叶受到损伤的病人，虽然他们的知觉能力、语言和记忆能力、运动能力、推理能力等智力能力似乎完好无损，但他们在情绪方面却发生了重大变化，经常喜怒无常、出言不逊、优柔寡断、烦躁固执，对本应有情绪反应的情况却冷酷无情地没有情绪反应；与此同时，他们在对个人和社会事务的预见和计划、在工作计划执行以及作出恰当决策等方面的能力，也丧失殆尽，与以前判若两人。达马西奥据此指出，上述研究至少表明两点：其一，情绪有其脑中的实在基础，与某些脑区相关联；其二，情绪在个人和社会性的推理和决策中发挥重要作用，没有情绪的协助就难以作出正确决策。对上述两点结论，达马西奥还从他自己和其他人所进行的一些相关实验进行了论证。

关于第二个问题，达马西奥的回答是：我们与生俱来就具有以某种躯体状态回应某种刺激的神经机制，即基本情绪机制。这种基本情绪机制天然地倾向于处理关于个人和社会行为的各种信号，并在初次经验时把大量的社会场景与适应性躯体回应成对地组合起来。但是，我们在合理性决策中所使用的绝大多数躯体标记，是在教育和社会化的过程中，通过连接特定的刺激与特定的躯体状态，在脑中被创造的。也就是说，这些躯体标记建基于次级情绪过程。躯体标识是通过经验获得的，是在内部偏好系统的控制下，在既包括有机体必须与之相互作用的实体和事件，也包括社会惯例和伦理规范的外部环境的影响下形成的。虽然不同刺激与不同躯体感觉的匹配大多在童年和青少年时期获得，但对刺激的躯体标识则是与生命相始终的、持续不断的学习过程。例如，如果我们在某种决策中选择了选项X，而这个选择导致的是一个坏的结果Y，随之而来的是惩罚和痛苦的身体

①　菲尼亚斯·盖奇是美国铁路公司建筑工人，在1848年夏天的一次爆破事故中一根飞出的铁条从盖奇左侧面部进入并从头顶穿过。但盖奇并没有死，而是经医治又活了13年，而且其间能够正常工作和生活，只是性情与行事和生活方式发生了很大变化，此前认识他的人都认为他不再是以前的盖奇。时的法国神经病学家保罗·布洛克（Paul Broca）等正是通过研究盖奇事件而提出了精神功能的脑分区假说。盖奇案例是现当代意义上研究精神功能脑分区问题的第一个案例。

状态，那么，我们的躯体标识系统就获得了这个由经验驱动的、非遗传联系的隐藏的倾向性表征，这样，当我们再次面临选项 X 或出现关于后果 Y 的思想时，痛苦的身体状态就会重新出现，从而提醒我们坏的后果即将来临，并最终使我们放弃 X 选项①。

至于躯体标识系统的神经生物学基础和运行机制，达马西奥也基于神经解剖学提供的实证资料进行了系统性研究。按照他的研究，获得躯体标识信号的主要神经系统位于前额叶皮层，这个脑区也是主导次级情绪的重要神经系统。因为，大量相关实验证明，位于前额叶皮层的会聚区，不仅接收关于外部世界的已经存在和将要到来的事实知识的信号，不仅接收先天生物调节偏好的信号，还接收被这些知识和偏好不断修正的过去和当前的身体状态的信号。而只有同时接收这些信号的脑区才能最终实现躯体标识的目的。关于躯体标识的基本神经机制，达马西奥给出了这样的概括：通过前额皮层和杏仁核，身体的某种特定状态被设定，这个身体状态情况随即被传递于躯体感觉皮层，进而得到加工并进入意识。"意识水平的躯体状态会将反应结果标记为正面的或负面的，从而导致个体做出有意识的趋近或回避某种反应选择，但是，它们也可以悄悄地运行，即于意识之外发挥作用……这种隐秘的机制可能就是我们称之为'直觉'的源泉，通过这种隐秘机制我们就能够迅速得到问题的解决方法，而无需对之进行推理。"②

传统哲学和当代主流认知科学大都把人类认知过程，尤其是推理、决策等高级认知过程，处理为逻辑运算和符号操作的纯粹理性的过程，甚至处理为独立于身体而运行的抽象形式过程。达马西奥基于神经科学的认知研究，尤其是他提出的躯体标识假说，从根本上纠正了我们的这一传统观念，对人类认知过程给出了新的解释：人类解决问题、作出决策的过程绝不仅仅是纯粹理性的过程，对源自事实知识的大量场景进行推理的过程是

---

① Damasio A. Descartes' Error: Emotions, Reason and the Human Brain[M]. New York: Avon Books, 1994: 177-180.

② Damasio A. Descartes' Error: Emotions, Reason and the Human Brain[M]. New York: Avon Books, 1994: 187.

由三个因素支持的：带有偏向机制的自动躯体状态、工作记忆和注意。也就是说，"生物内驱力、身体状态和情绪可能是理性必不可少的基础。推理之低级神经基础，与调节情绪和感受的加工过程以及身体本身的整体功能的神经基础，是相同的，因为只有这样，有机体才能生存下来。这些低级层次的神经与身体本身保持着直接和相互的联系，并因而使身体成为推理和创造性这种最高层级之运行链条的一个环节。所以，即使在理性履行其最崇高的特性并相应地行为时，它也很可能是被身体信号所塑造和调节的"①。

六、自我的必要性

应该说，达马西奥对情绪和感受在人类认知中的地位和作用的论证，是令人信服的。然而，深究起来，他解释认知和心灵的情绪理论又显然是不完整的。因为他还需要对情绪和感受本身及其运行机制作出解释：如果情绪是一种身体状态，那么感受是什么？感受是如何发生的？有机体是如何觉知其感受的？是什么在进行感受？有机体获得感受的机制又是什么？只有解决了这些问题，情绪论的心灵理论才可能是完整的。显然，要想解决这些问题，就必须引入一个"自我"。

如果说传统的表征计算论的认知和心灵理论还没有直接涉及自我问题的话，那么，达马西奥所主张的情绪论的认知和心灵理论则是以存在一个自我为前提的。换言之，只有预设自我的存在，这种心灵理论才可能得以成立。第一，感受必须有一个主体，必须有一个进行感受的"自我"，因为不可能存在没有主体的感受。所以，必须有一个自我，才可能发生情绪和感受。第二，既然情绪和感受作为躯体对某种刺激的标识影响有机体对选项的选择，那么它就必然是具有主观性的，必然是通过更高层级的自我来实现的。因为情绪和感受都是被动的，其本身并不自动形成对选项的选择。第三，既然感受是在认知的过程对来自客体的信号和来自身体的信号进行

①　Damasio A. Descartes' Error：Emotions，Reason and the Human Brain[M]. New York：Avon Books，1994：200.

综合加工的结果，既然最终决策是基于这种加工而形成，那么，感受就不是最后的环节，位于感受之后并基于感受而形成决策的那个部分才是最后的环节，不言而喻，这个最后的部分当然就是"自我"。

所以，达马西奥的这种情绪论心灵理论必须预设一个自我，因而必须解决自我问题。事实上，如前所述，达马西奥在论述情绪、感受和躯体标识假说等问题时，已经指出需要解决"身体表征如何变得具有主观性、如何成为那个拥有它们的自我的一部分"[①]等问题。那么，在达马西奥构建的这种理论框架中，这个自我究竟是什么？这个自我具有怎样的构造？又是如何运行的？自我与脑和身体是什么关系？自我与认知、意识、意向、知觉等精神现象又是什么关系？自我有哪些功能？又如何发挥这些功能？为了回答这些问题，达马西奥沿着情绪-感受-自我的内在逻辑，别出机杼地展开了其自我问题研究，系统地建立起一种二级表征论的自我理论。

第三节　身体、表征与自我

达马西奥以情绪为切入点来研究认知、意识、行为等心灵哲学问题，在他看来，情绪和感受在推理和决策中是比逻辑分析更加基本、更加重要的，因为逻辑分析是在情绪和感受对信息进行处理以后才进行的。而所谓情绪，按照他的解释，就是特定的身体状态，正是不同情绪造成的身体状态，作为躯体标识，在认知、推理和决策中发挥着基础作用。所以，按照达马西奥的观点，身体不仅是传统意义上心理现象的场所，而且是直接对认知、推理和决策发挥作用的："心灵起源于神经回路的活动，但是很多这种回路是在进化中由有机体的生存功能要素塑造的，仅当这些回路包含了关于有机体的基本表征，并且它们继续监控有机体的运转状态时，一个正常的心灵才会产生……身体对于脑的贡献并不仅仅是维持生命和调节效

---

① Damasio A. Descartes' Error: Emotions, Reason and the Human Brain[M]. New York: Avon Books, 1994: 161.

率，身体还对正常心灵工作贡献不可或缺的一部分内容。"①达马西奥关于自我和心灵的研究正是在这种以身体为基础的思想框架中展开的。

不言而喻，作为认知神经科学家和神经生物学家，达马西奥自然要基于身体和神经系统来"寻找"自我。在他看来，自我首先是一种生物自然现象：当我们从睡眠中醒来，我们要做的第一件事情就是"找回"自我：哦，我刚才睡着了，我现在是在去 A 市开会的飞机上，我在会议上有个演讲，我现在需要把演讲稿再修改一下……那么，在我们的思维中招之即来的这个"我"究竟是什么？达马西奥认为："'自我'是一种真实的精神建构，它就建立在你的整个有机体所进行的那些活动的基础上，也就是你的身体本身和你的脑的活动的基础上……自我有其神经基础，自我就是一种不断重新建构的生物状态；它并不是那个小矮人，并不是那个在你脑中注视着你正在做什么的那个声名狼藉的侏儒……每个有机体都有一个自我……但那个给我们的经验赋予主观性的自我，并不是对发生在我们心中的一切都知道的知情者和检查者。"②

那么，这个"自我"究竟是如何从身体和脑的活动中建构出来的？

达马西奥从生命进化论、神经生物学和认知神经科学的大格局来进行研究和解答。按照他的研究：在生物从简单到复杂的千百万年的进化中，身体居先是进化的主旋律。在生命刚开始的时候，首先存在的是关于有机体身体本身的表征，即对自身身体状况的表征，只是到了后来，才出现了与外部世界有关的表征。在很小但不至于忽略的程度上，当我们建构即时心灵时，才建立了与"现在"相关的表征。从表征的维度看，心灵源自整个有机体而不是后来才形成的脑。"生命有机体发展出一个心灵，实际上就是发展出表征能力，发展出那些能够使表象成为意识的表征，就是赋予有机体适应环境情况的一种新方法，而这些情况都是基因组不可能预知和应付的。这种适应性的基础可能始于对运转中的身体本身表象的构建，也就

① Damasio A. Descartes' Error：Emotions，Reason and the Human Brain[M]. New York：Avon Books，1994：226.

② Damasio A. Descartes' Error：Emotions，Reason and the Human Brain[M]. New York：Avon Books，1994：226-227.

是身体回应外部环境（如使用肢体）和内部环境（调节内脏状态）时的身体表象。如果确保身体的生存是脑进化的首要目的，那么，当心灵脑（minded brain）出现时，它们是通过使身体产生心灵活动（minding）开始的。为了确保身体尽可能高效地生存，大自然偶然找到了一种高效的解决方法：用外部世界在身体上引起的改变来表征外部世界，也就是说，只要有机体与环境发生相互作用，就通过改变关于身体的原初表征来表征环境。"①

达马西奥这段话所要论证和确立的实际上就是如下两点。一是从生命演化史论证了身体的第一位属性和表征的身体起源。二是论证了生命有机体中表征的起源和演化：表征自己的身体（为了生存，生命有机体首先需要以一定方式表征自己的身体状况）→表征外部世界→进化出心灵性活动→以分工协作的方式更高效地进行各种表征。就迄今为止的科学和哲学认识而言，达马西奥的这种观点是令人信服的。当然，随着心灵活动的出现，有机体管理其生命和表征的方式将愈加复杂和精密，其所指向的目标当然就是发展出那个能够统领一切的"自我"。

按照达马西奥的看法，外界对生命有机体的刺激在有机体这里形成的实际上是一种双重信号：我们看到或听到的东西作为一种"非身体"信号激活专门的视觉或听觉，但刺激也从这个信号由之进入的机体位置（眼睛或耳鼓）激活一种"身体"信号。也就是说，所有引起感觉的刺激实际上产生了两套信号。第一套信号来自身体，起源于特定感觉器官（正在看的眼睛、正在听的耳朵）所在的那个肌体位置，并被传递到动态地把整个身体表征为一种功能映射的躯体感觉皮层和运动皮层。第二套来自这些特定器官本身，并在对应于这些感觉形态的感觉皮层中被表征（如视觉，就包括早期视觉皮层和上丘。）有机体以这种方式处理刺激的结果就是：当你看东西时，你并不仅仅看，你还感觉到你正在用你的眼睛看东西。要言之，有机体从触摸物体、观看风景、倾听声音、沿着既定轨迹在空间中移动所获得的知识，都是通过参考运转中的身体被表征的，并不存在单纯的触摸、

---

① Damasio A. Descartes' Error：Emotions，Reason and the Human Brain[M]. New York：Avon Books，1994：229-230.

观看、倾听或移动，实际情况是，当身体触摸、观看、倾听或移动时，我们同时产生一种关于身体的感受。"可能关于运转中身体本身的最重要、最根本的那些表征都在意识中发挥作用。这些表征将为自我的神经表征提供一个核心，并因而为这个有机体边界内部或边界外部发生了什么提供一种自然的参考。对身体本身的这种基本参考就消除了把主观性的产生归于一个小矮人的需要。取而代之的是连续的有机体状态，每一个都在各种协调性映射中一刻不停地被重新进行神经表征，而且每一个都固着于在任一时刻都存在的那个自我。"①

达马西奥在这里提出了一个非常重要的观点：生命有机体是以两套信息处理系统处理外部刺激信号的，并通过参考运转中的有机体本身来表征这种刺激。这就使有机体能够感受到他自身正在看或听，而就在这样的刺激处理过程中，有机体自然而然地生成了他的主观性和自我感。我们认为，就迄今为止的人类知识而言，应该说，达马西奥对自我的本质及其与身体、心灵关系的这个解释是合理的。这里的进一步的问题是：这个自我的神经基础是什么？其在神经系统层次上是如何实现的？这种自我理论能得到实证证据的支持吗？

第四节　自我的神经基础

按照达马西奥的上述理论，自我是在关于身体的表征进入意识的过程中形成的。所以，自我的神经基础、自我的神经表征是与表象、感受和躯体标识密切关联的。从经验来看，自我就是我们经验为心理表象之知道者和所有者的那种事物，所以自我与意识是密切关联的。自我以及它所产生的主观性是一般意识所必需的，而不仅仅是自我意识所必需的。当然，形成表象的过程以及对于形成这些表象必不可少的清醒和觉醒，也与自我密

① Damasio A. Descartes' Error: Emotions, Reason and the Human Brain[M]. New York: Avon Books, 1994: 235.

切关联。因为没有清醒、觉醒和表象的生成，人们就不可能有一个自我。但是从认知和神经的层次上来看，自我的神经基础问题又与表象生成的神经基础问题并不处于同一个层面。无论在精神层次上还是在神经层次上，自我都应该处于比表象更高的层面。这些基本观点构成达马西奥探索自我问题的背景框架。

达马西奥探索自我的神经基础，当然不是要在脑中寻找一个知晓我们心灵之一切内容的单一的核心性知情者和监控者，更不是要把这样一个实体安置于脑的某个位置。这实际上正是达马西奥所反对的"小矮人"理论。从其前面关于情绪、感受、身体与表征的理论可以很明白地看出，他所要探索的自我的实在基础，实际上就是有机体得以形成主观性、自我感的神经机制。用达马西奥的话说就是："我们的经验倾向于有一个始终如一的视角，就好像的确有一个知道和拥有我们绝大多数心灵内容的知道者和拥有者。我认为这样的视角就位于相对稳定的、不断重复的生物状态里。这种稳定性源自有机体恒定不变的结构和运行模式，以及有机体一生中逐步展开的那些要素。"①

具体而言，达马西奥认为，从神经基础来看，自我感是至少两套表征的持续再激活的结果。一套是对某个个体一生中那些关键事件的表征，在此基础上，身份同一性概念能够通过局部激活拓扑性地组织的感觉映射被反复重构。这套描述我们的一生的痕迹表征（dispositional representations）与大量定义我们个人的分类事实有关：我们做什么、我们喜欢谁、喜欢什么、我们经常去哪些地方、经常进行什么样的行为等。这些都储存在许多脑区的皮层里。此外，也有来自我们过去的许多独特事实作为映射表征被不断激活：我们在哪里居住和工作、我们的具体工作内容是什么、我们的名字、我们的亲人和朋友的名字等。最后，在最近的痕迹记忆里，我们还有一个关于最近事件的集合以及它们发生的大致时间。另外，还有一个关于未来计划的集合，这些计划和构想的事件构成"对可能未来的记忆"，这

---

① Damasio A. Descartes' Error: Emotions, Reason and the Human Brain[M]. New York: Avon Books, 1994: 238.

种记忆像其他记忆一样被保留在痕迹表征里。"简言之，关于我们身份的更新表象（一个关于过去的记忆和所规划之未来的记忆的联合）的持续地再激活，构成了我认为的自我状态的很大一部分。"①

作为自我之神经基础的第二套表征，则由关于个体身体的本初表征构成：不仅包括身体一直以来是什么样子，而且包括在对客体 X 知觉之前的最近身体状态是什么样子。这一点很重要，主观性很大程度上就依赖于在知觉客体 X 这个过程之中和这个过程之后在身体状态上发生的那些变化。当然，这包括背景身体状态和情绪状态。关于身体的这种集合表征就构成"自我"概念的基础，就像关于形状、大小、纹理和味道的集合表征构成了"橘子"这个概念的基础一样。早期的身体信号，无论在进化中还是在发育中，帮助形成自我的"基本概念"。这个基本概念为这个有机体发生的任何其他过程提供基础参考，包括被持续地合并于自我概念并迅速成为过去状态的当前身体状态。事实上，当前正在对我们发生的一切就是正在对基于过去的自我概念发生的，包括刚刚还是当前的这个过去所发生的过程。"自我的状态在每一瞬间都是从基础构建。它是一种短暂的参考状态，并如此持续而一致地被重构，以至于其所有者从不知道它正在被重构，除非这种重构出现故障。"②

以这两套表征同时被激活的状态来描述有机体所处的自我状态，就我们迄今为止的哲学-科学认识来看，是令人信服的。但毫无疑问的是，这实际上仍然是从第三人称的立场来描述自我状态。而在自我问题中，按照达马西奥的理论，最关键的问题是：关于客体 X 的表象和自我状态（两者都作为拓扑性表征的瞬间激活而存在）通过什么样的戏法形成了具有我们的经验特征的主观性和自我感？

对此，达马西奥给出的答案是：当有机体的脑对某个客体产生了某种

---

① Damasio A. Descartes' Error：Emotions，Reason and the Human Brain[M]. New York：Avon Books，1994：238-239.

② Damasio A. Descartes' Error：Emotions，Reason and the Human Brain[M]. New York：Avon Books，1994：240.

反应时，自我表征的存在并不能使那个自我①知道它所相应的有机体正在作出反应，这个自我是不可能知道的。但是，比自我更高一个层次的有机体的"元自我"（metaself）则能够知道相应的有机体正在作出反应，因为：脑对某种表象的反应也将引起有机体状态的改变，针对这种改变，脑还将创造某种描述，这种描述将产生关于这种改变过程的表象，这种被改变的自我的表象和激发这种改变的表象将一起被呈现出来或快速地交叉在一起，主观性就依赖于脑所创造的第二种描述，以及第二种描述的表象性呈现。创造这第二种描述的相关脑区就是脑所拥有的第三套神经结构，这套结构既不是支持客体之表象的神经结构，也不是支持自我之表象的神经结构，而是与两者都相互联通的神经结构。这套结构就是我们称为会聚区的第三方神经元集群，就是建构整个脑、皮层区和皮层下核团之痕迹表征的神经基础。当有机体被关于某个客体的表征所改变时，这个第三方神经元集群既接收来自关于客体之表征的信号，也接收来自关于自身之表征的信号。也就是说，当有机体对一个客体产生反应时，这个第三方集群正在建构一种改变中的自我的痕迹表征。"当脑不仅正在产生关于一个客体的表象和有机体回应这个客体的表象，而且正在产生第三种表象，即处于感知和回应这个客体之行为中的有机体的表象，这时主观性就从这后一过程中浮现出来。我相信，主观感就是从这第三类表象的内容中出现的。所以，能够产生主观感的最小神经装置需要早期感觉皮层（包括躯体感觉皮层）、感觉和运动皮层联合区，以及具有会聚性的、能够作为第三方集群行为的皮层下核团（尤其是丘脑和基底神经节）。这个基本神经装置不要求语言。我所设想的这个元自我结构纯粹是非语言的。"②

不难发现，达马西奥这里概要论述的是一种强形式的"自我实在论"。从心-身问题的哲学视角来看，这一理论的核心观点包括如下六点：第一，

---

① 达马西奥这里所说的"自我"实际上是他后来所说的那个无意识的"原始自我"或"原型自我"（proto-self），是指对自身身体状态进行映射-表征的特定神经活动模式；而他此处所说的"元自我"实际上是指那个进行"觉知"的"自我"，也就是他后来所说的"核心自我"。

② Damasio A. Descartes' Error：Emotions，Reason and the Human Brain[M]. New York：Avon Books，1994：243.

自我并不是能够独立于身体而存在的某种精神实体，而是特定的神经系统在对身体状态之变化进行表征的过程中呈现出来的。第二，自我也绝不是身体中的某种幽灵、某种监控心灵中一切情况的"小矮人"，自我就是特定神经系统以特定模式活动时，使有机体所产生特定感受的这个神经活动模式。第三，自我并不是单纯的神经性活动，而是与身体"黏合"在一起的，是在身体状态发生变化时，在对身体状态之变化情况及其原因的解释中出现的。第四，自我和主观性有其神经层次的实在性，脑中会聚区的第三类神经元集群就是有机体产生主观感、自我感的神经基础，没有复杂到这种程度的神经系统"装置"，有机体便不可能产生主观感和自我感，所以"生成主观感的装置不是丹尼特（D. Dennett）的那个虚拟机制"[1]。第五，研究意识问题必须考虑自我和主观性问题，因为意识实际上就是生命有机体对刺激作出的解释，如果不考虑自我感和主观性，我们就不可能对意识现象作出完全的说明。也就是说，要想正确而完全地解释关于表象生成和知觉的经验资料，就必须研究和阐明自我和主观性问题。第六，自我就包含在真实存在的、基于皮层的脑神经系统中，这个复杂系统的活动形成对身体状态之变化的感受性，这种感受性就是自我的存在形式。显然，达马西奥以上只是概要地给出了他的实在论的自我理论，要真正从神经生物学层面确立自我的实在性，还需要对意识与自我的关系、自我的结构等问题，作出更深入系统的研究和论证。

第五节　意识与自我的关系

意识是对人类认知、心智或心灵进行科学-哲学研究的重要入口。许多心灵科学哲学家都从意识问题切入心灵问题的研究。巴尔斯、查尔默斯等均是这种路径。当然，也有以意向性为切入点的研究路径，如塞尔等。达

---

① Damasio A. Descartes' Error：Emotions，Reason and the Human Brain[M]. New York：Avon Books，1994：244.

马西奥对心灵和精神现象的研究则又另辟蹊径，他以情绪和感受为切入点来探索人类心灵的构造和机制问题。然而，无论以意向性为支点还是以情绪为入口进行研究，意识问题都是心灵问题的核心所在，因为意识是精神现象最直接的呈现。所谓精神现象、心灵现象实际上都要是以意识的形式直接呈现出来的现象。就此而言，没有意识，便无所谓心灵，关于心灵问题的研究正是由意识现象引起的，所以意识问题是一切精神问题和心灵问题的枢纽所在。心灵的意向性问题也是因为有意识问题才形成的问题，而且意向性也是通过意识呈现出来的，如果没有意识，也就无所谓意向性问题。同样，反映特定身体状态的特定情绪，是与感受紧密相联的，如果没有被感受，它就仅仅是身体的物理状态，而不是精神状态；而所谓感受，实际上就是对某种情绪状态的意识。所以，即便以情绪为切入点研究心灵奥秘的达马西奥也认为："如果说阐明心灵是生命科学的最后疆域，那么意识似乎就是阐明心灵的那个最后的秘密。"①

其实，就达马西奥的研究纲领来看，由情绪和感受而进入意识问题也有其内在的逻辑必然性。按照达马西奥的说法就是：基于情绪的研究，"我能够相当合理地理解不同的情绪怎样在脑中产生以及在身体的剧场中怎样演出……但是，无论如何，我不可能理解脑基质的感受怎样被具有这种情绪的有机体所知道。对于我们这些意识性生物称之为感受的东西，怎样被这个感受着的有机体所知道，我也不可能设计出令人满意的解释。那么，究竟通过哪个附加机制使我们得以知道一种感受正在我们自己的有机体内发生？当我们感知一种情绪或感知疼痛的时候，在这个有机体中，尤其在它的脑中，还发生了其他什么呢？在这里我遇到了意识这个障碍，尤其是遇到了自我这个障碍，因为，要使构成情绪之感受的信号被具有这种情绪的有机体所知道，就需要类似于自我感的某种东西"②。

---

① Damasio A. The Feeling of What Happens: Body and Emotion in the Making of Consciousness[M]. New York: Harcourt, 1999: 12.

② Damasio A. The Feeling of What Happens: Body and Emotion in the Making of Consciousness[M]. New York: Harcourt, 1999: 16.

所以，要真正解决心灵问题仅仅研究情绪和感受是远远不够的，还必须进一步探讨意识的本质和结构，以及感受、意识和自我的关系。正因如此，达马西奥在对情绪、感受的本质及其与自我之关系进行认知和神经生物学研究之后，又展开了对感受、意识与自我的认知和神经生物学机制的研究，进一步从意识的维度阐发了自我的起源、基础和运行机制。

按照达马西奥的看法，所谓意识就是有机体对它的自我和周围环境的一种觉知："意识是心灵的一种状态，在这种状态中有关于某人自己存在和周围事物存在的知识……意识就是伴随一个自我过程的心灵状态。"①也就是说，意识有两个核心要素：表征和自我。这样，所谓意识问题实际上应该由两个紧密相关的问题构成：第一个问题是理解位于人类有机体内部的脑怎样生成了我们称为客体之表象的这种精神模式。从神经生物学的观点来看，解决这个问题就是要发现，脑怎样在它的神经细胞环路中形成了这些神经模式并设法把这些神经模式转换成了构成最高层次生物现象的、我们称为表象的明晰的精神模式。解决这个问题不可避免地包含着对感受质（qualia）这个哲学问题的研究。意识的第二个问题是，在产生关于一个客体的心理模式的同时，在这种认识行为中脑又怎样产生了一种自我感。在我们感知关于客体的感觉表象时，我们还感知到另外一个代表我们的东西，所表象事物的观察者、占有者和潜在表演者。脑怎样同时形成了这样的自我感，这就是第二个问题的实质。换言之，关于意识的神经生物学研究就是要回答这样两个问题：脑中的电影是怎样产生的，以及脑怎样形成了电影的拥有者和观察者这种感觉的。所以，意识，从最基本的层次到最复杂的层次，就是把客体和自我联合在一起的那个统一的心灵模式。尽管意识问题还包括其他问题，但自我问题是阐明意识的关键之所在。②

显然，在达马西奥看来，不仅意识与自我具有不可分离的内在统一性，而且自我处于比意识更基本、更重要的地位，甚至某种形式的"自我"是

① Damasio A. Self Comes to Mind[M]. New York：Pantheon Books，2010：157.
② Damasio A. The Feeling of What Happens：Body and Emotion in the Making of Consciousness[M]. New York：Harcourt，1999：16-19.

先于意识而存在的。达马西奥的这个观点不仅与我们的常识、与传统心理学的观点大相径庭，而且与当代心灵哲学、认知科学和意识科学的主流观点也迥然有别。那么，达马西奥所说的先于意识的这种"自我"究竟是什么？又在何种意义上先于意识而存在？其存在形式和运行机制又是怎样的？它和与意识本质地关联的那种"自我"是什么关系？

在达马西奥看来，意识分为核心意识（core consciousness）和扩展的意识（extended consciousness）。核心意识就是我们通常所说的那种最简单的意识，即给有机体提供了此时此地的自我感的那种意识，核心意识的范围就是此时和此地，也就是此前的瞬间发生的事情。扩展的意识则是一种复杂的意识，它为有机体提供另一种复杂的自我感。使有机体产生一种内在的历时同一性、存在的持续同一性，而且它使有机体能够基于其生命历史时期的某个点来觉知过去的生活、可预见的未来的生活并认识周围世界。达马西奥认为：核心意识是一种简单的、生物性现象；它有一个单一的组织层次；它在有机体的一生中都是稳定的；它并不为人类所独有，而且它并不依赖于传统的记忆、工作记忆、推理或语言。另外，扩展的意识则是一种复杂的生物性现象；它有几个组织层次，而且它在有机体的一生中是不断发展的；尽管可能某些非人类生物也存在简单层次的扩展的意识，但只是在人类这里它才达到最高点；扩展的意识依赖于传统的记忆和工作记忆，当它在人类这里达到最高峰时，它也是通过语言来实现的。扩展的意识并不是一种独立的意识；相反，它是在核心意识的基础上建立起来的[①]。

按照达马西奥的研究，与这两种意识相对应的则是两种不同的自我：核心自我（core self）和自传式自我（autobiographical self）[②]。在核心意识中出现的那种自我感是核心自我，这是一种转瞬即逝的实体，不停地被脑与之相互作用的每一个客体重新创造出来。自传式自我则是与同一性观念

① Damasio A. The Feeling of What Happens: Body and Emotion in the Making of Consciousness[M]. New York: Harcourt, 1999: 23-25.

② 达马西奥这里所说的"核心自我"即"主体自我"，"自传式自我"即"客体自我"。下面还要区分出作为"核心自我"之前身的"原始自我"。

相关联的、并与描述一个人的那些独特事实集合和存在方式相对应的那个自我。自传式自我依赖于对诸多情境的系统化的记忆，在这些情境中，核心意识就被包括在关于一个有机体之生命的那些最稳定特征的认识中：你何时何地出生、你的名字、你喜欢和不喜欢的东西等。这两种自我密切相关，自传式自我是从核心自我中建立起来的。

包括自我感在内的所有意识，都以有机体的身体为前提。有机体受到客体刺激产生相应的身体状态，即情绪状态，客体本身是在意识过程中逐渐被知晓的，而有机体和客体之间的关系就是我们称为意识的知识的内容。以此来看，意识由关于两个事实的建构性知识构成：有机体被包含在与某个客体的关系中，处于这种关系中的客体引起有机体身体状态的某种变化。所以，在核心意识及与之对应的核心自我产生之前，必定有与无意识神经活动相对应的核心自我的先驱。对此，达马西奥给出的论证是："自我的深层根源，包括以同一性和个人性为核心的那个复杂的自我，都可以在持续不断地和无意识地把身体维持在一个狭窄的、生存所需的稳定状态的整套脑装置中被发现。这些装置不断地、无意识地表征活的身体的状态以及它的许多方面。我把这套装置内部的活动状态称为原始自我（proto-self），它就是作为对意识内容进行意识的主人公出现于我们心灵中的那些自我层次——核心自我和自传式自我——的无意识前兆。"①

达马西奥从神经生物学维度描述了生命有机体进化出原始自我、意识和自我的如下基本过程：身体→神经系统→原始自我→核心意识→核心自我→扩展的意识→自传式自我。按照他的看法，实际上存在着原始自我、核心自我和自传式自我三类不同的自我，尽管它们都服务有机体之生存这个原初目的，这三类自我在实在基础、运行机制和主要功能等方面具有实质性的不同。

---

① Damasio A. The Feeling of What Happens：Body and Emotion in the Making of Consciousness[M]. New York：Harcourt, 1999：30.

第六节　原始自我的进化与意识的出现

据达马西奥的研究，原始自我起源于生命有机体的神经性表征活动：当生命有机体进化到一定的复杂程度时，就形成了对刺激作出系统性反应的神经系统，并形成了以神经系统所控制的不同的身体状态（即情绪状态）来表征不同刺激的生命现象。随着神经系统朝向更高层次的进化，当有机体能够在脑中系统地形成关于其身体状态的表征时，有机体便具有了作为自我之前驱的原始自我。这个原始自我能够以不同的神经活动状态表征身体的不同状态，但这种表征还不足以使该生命有机体形成对这种表征的"觉知"，对身体状态的即时表征以及随之驱动进行身体活动，这一切都是自动的。也就是说，"自我感有一个先于意识的生物学先在，即原始自我；当生成核心意识的那种机制在那个无意识前体（precursor）上运行时，自我的最早期的和最简单的表现便出现了"①。要言之，所谓原始自我"就是某些相互协调的神经模式的聚集，这些神经模式每时每刻都在映射有机体之物理结构的最稳定的那些方面。原始自我的那些映射是各不相同的，因为它们不仅要生成各种身体表象，而且要生成所感受的身体表象。关于身体的这些原始感在正常的脑中是不由自主地（spontaneously）出现的"②。

换言之，原始自我实质上就是一刻不停地从许多方面映射有机体身体结构状态的那些神经模式的一种一致性聚集，就是对当前身体状态的初级表征（the first-order representation），这种表征由一套位于脑中的特殊神经结构所支持。但原始自我并不是由脑中的某一个地方单独地实现的，而是从跨越不同层级神经系统的多方面的、相互作用的信号中动态地、持续地浮现出来。原始自我没有觉知的力量，也不拥有知识。从进化的阶梯来看，

---

① Damasio A. The Feeling of What Happens: Body and Emotion in the Making of Consciousness[M]. New York: Harcourt, 1999: 159.

② Damasio A. Self Comes to Mind[M]. New York: Pantheon Books, 2010: 190.

原始自我是在意识之前就已经出现的，进化出原始自我的生物才进一步进化出了意识能力。所以，处于原始自我等级的生物没有意识能力，当然更没有核心自我和自传式自我，可看作一定意义上的"细胞自动机"。然而，进化出意识的生物、具有核心自我和自传式自我的生物，则必然具有原始自我，只不过它们仍然不能意识到原始自我。因此，虽然我们的原始自我一刻不停地运行着，但我们却不能意识到它。

按照达马西奥的研究，实现原始自我的脑必须包括三种结构：结构一是位于脑干的脑干神经核团，结构二是下丘脑和位于下丘脑附近的基底前脑，结构三是脑岛皮层和内侧顶叶皮层。原始自我的核心功能是即时表征有机体身体当前所处的状态，并自动地通过神经系统"指令"身体特定部分作出应对性行为，以维持有机体的身体在某个狭小范围内的平衡，从而维持有机体的生存。例如，通过释放特定的神经递质激活某些神经系统（由结构一执行），通过登记有机体全身的循环情况（如 pH 相对浓度、不同离子的浓度、各种荷尔蒙的浓度等）对身体的当前状态进行表征（由结构二执行），对有机体当前的内部状态（内环境、内脏、肌肉骨骼框架的状态等）进行整合表征（由结构三执行）。正是这三个结构的共同作用，努力维持着有机体的生存。

众所周知，生命的进化并不终止于原始自我的出现。自然选择促使生命管理方式进一步发展，并跃上更高的层次：来自外部客体的刺激信号将激发有机体在身体上自动地作出某种调整，并促使有机体对该客体的若干方面作出情绪反应，也就是使该有机体的身体处于某种特定状态；有机体对外部刺激信号的这种反应，必然伴随着原始自我的某种变化，因为原始自我要以其特定的神经活动模式表征被该刺激性信号影响后的身体状态。也就是说，当有机体受到外部信号刺激时，其身体状态要发生改变，即时表征有机体身体状态的原始自我必然也随之发生变化。对于维持有机体的存活来说，有原始自我自动地对身体各相关部分发出各种调整性指令来应对这种刺激，是完全可以的。但是，如果有机体还能够进一步"觉知"或意识到，它正在与某个外部客体发生相互作用、它的身体正在发生变化、它的身体的这种变化就是由这个客体引发的，这无疑将更加有利于有机体对其生命的管理和生存。正是沿着这样的进化路径在原始自我的基础上进一步发展出了能够"觉知""意识"这种情形的脑结构。

达马西奥进一步对生命有机体产生意识的机制进行研究。在他看来，意识就是有机体对发生在其内部的事情进一步作出非言解释的结果。当有机体与一个客体发生相互作用时，有三个重要阶段和状态：对应于开端的有机体的初始身体状态，与该客体相互作用的中间阶段，以及由这种作用导致的有机体身体状态发生某种改变的结局状态。当有机体在内部建构并显示一种特殊的无言的知识——本有机体的身体状态已经被一个客体改变，当这样的知识随同对这个客体的显著的内部显示一同发生时，该有机体便成为意识的了。在其中出现这种知识的最简单的形式就是对觉知的感受。那么，究竟是什么"花招"使这样的知识被聚集起来？为什么这种知识首先以感受的形式出现？达马西奥的回答是："当脑的表征装置对有机体自身的状态怎样被有机体处理客体的过程所影响而生成一种表象的、非语言的说明时，当这个过程加强了关于原因客体的表象并因而把它们显著地并置在一个时空语境中时，核心意识便发生了。这个假说实际上涵括两种机制：对客体—有机体关系生成表象的、非语言的说明机制——这是觉知行为中的自我感的源泉，以及加强关于一个客体的那些表象的机制。"①

达马西奥据此指出，意识与自我感本然地联结在一起，自我感是随着意识一起出现的，意识与自我感犹如一枚硬币的两面，相互依存。对此，他还结合"自我意识"概念进行了如下辨析："如果'自我意识'意指'具有自我感的意识'，那么，所有的人类意识都将被这个术语所涵盖——据我的理解，根本就不存在其他种类的意识。我认为，我们描述为自我感的这种生物学状态和负责产生这种状态的生物学机构，很可能有助于优化所觉知之客体的加工处理过程。产生一种自我感不仅是觉知所要求的，就其本

---

① Damasio A. The Feeling of What Happens: Body and Emotion in the Making of Consciousness[M]. New York: Harcourt, 1999: 173-174.

义而言，它还可能影响对所觉知之事物的加工处理过程。换言之，意识的第二个问题的生物学过程在意识的第一个问题的生物学过程中发挥作用。"①不言而喻，随着核心意识产生出来的这种自我感，就是核心自我，就是我们通常所说的那个自我。

第七节　核心自我与核心意识的本质及运行机制

从达马西奥对意识和自我关系的上述界定来看，所谓自我感就是随同意识一起产生的对意识内容的那种拥有者感觉、对基于意识之身体行为的那种操控者感觉。而所谓核心自我也就是在意识过程中使生物有机体对意识内容产生拥有者感和自我感的那个特定的神经活动模式。不言而喻，随着意识一同产生的核心自我必然是以原始自我为基础的。"核心自我来源于脑积累和整合有机体最稳定的那些方面的知识的能力。自我就相当于在脑中对生命进行质朴而又被感受的表征，即一种仅仅与它自己的身体相联系的透明的经验。自我由原始自我无意识地、连续地传送的原始感受组成。"②如上所述，原始自我实质上就是一刻不停地整体性表征有机体身体状态的神经活动模式，这样，从原始自我发展出来的核心自我必定是更高层次的表征模式。用达马西奥的话说，核心自我就是在原始自我和初级表征的基础上发展出的一种二级神经模式（second-order neral pattern）。

关于核心自我的形成机制，达马西奥则给出了这样的描述：当有机体与一个客体相互作用而导致其内部状态改变时，对有机体身体状态进行表征的原始自我将自动地发出进行某些调整的指令，这个过程是有机体自动地无意识地进行的。对于进化到更高层次的有机体来说，它就不仅要进行上述的表征活动，而且将在另一种层次的脑结构中进行如下的活动：对由于客体-有机体相互作用而被激活的那些脑区正在发生的那些事件，即对原

---

① Damasio A. The Feeling of What Happens: Body and Emotion in the Making of Consciousness[M]. New York: Harcourt, 1999: 27.

② Damasio A. Self Comes to Mind[M]. New York: Pantheon Books, 2010: 202.

始自我的表征活动，创造一种快速的非语言的说明。也就是说，与客体发生作用而引发的新的身体状态由原始自我通过初级神经映射来表征，而对有机体身体状态变化与客体之间的因果关系的说明，则是在二级神经映射中捕获的。"可以说，那个快速的二级非语言说明，叙述了这样一个故事：有机体抓住了表征它自身状态变化的活动，就像它表征其他事物那样。而令人吃惊的事实是，这个捕手的可觉知的实体正是在对捕获过程的叙述中被创造出来的。"①达马西奥认为，核心意识也正是在这个过程中产生的。对客体与有机体之间的关系生成表象的、非语言的说明的这个过程有两个明晰的结果：其一是对觉知的精微表象，即我们的自我感觉的感受本质；其二是对支配核心意识的那个原因客体之表象的增强。这样，注意便被驾驭着聚焦于一个客体，结果便是那个客体之表象在心灵中凸显出来，成为与有机体处于一种关系的一方，成为有机体的意识。"核心意识是在我们与之作用的每一客体或我们回忆起来的每一客体所激发的那些脉冲中被创造的。一个意识脉冲就开始于一个新客体引发改变原始自我这个过程的那个瞬间，并终结于另一个新客体开始引发它自己的系列变化之时。被第一个客体修改的原始自我从而成为第二个客体的原初原始自我。于是开始了一个新的核心意识脉冲。"②

毫无疑问，核心自我也应该有自己的生成过程和神经基础。达马西奥从神经活动模式的维度对这个过程作出了如下刻画。从神经活动的层面看，核心自我就是一种二级神经模式，关于自我的感觉是在二级神经活动中出现的。当有机体与客体相互作用时，由于有机体身体状态的改变，原始自我（即整体表征有机体身体状态的神经模式）也将发生改变（即原始自我整体表征有机体内部状态的神经模式发生了改变），原始自我能够表征（"知道"）有机体内部状态的改变，但却不能表征（"知道"）它自身的改变，核心自我则是对原始自我这种改变过程的记述和表征。所以核心自我需要的

---

① Damasio A. The Feeling of What Happens: Body and Emotion in the Making of Consciousness[M]. New York: Harcourt, 1999: 175.

② Damasio A. The Feeling of What Happens: Body and Emotion in the Making of Consciousness[M]. New York: Harcourt, 1999: 182.

是二级神经模式，它进行的是二级表征。也就是说，除了分别表征原因客体的神经结构和表征原始自我变化的神经结构之外，有机体至少还要有另外一套神经结构，这套神经结构表征处于短暂关系中的原始自我和客体，并从而能够表征这个有机体实际上正在发生什么：作用开始瞬间的原始自我；正在进入感觉表征的客体；原初原始自我进入到被客体修改的原始自我的变化过程。简言之，二级神经模式是对脑中发生的一级事件的再表征。达马西奥认为，意识的自我感、我们通常所具有的关于一个自我的感觉、哲学家们所探讨的那个自我，就是随同这种二级神经模式的形成出现的，这套神经结构及其活动就是自我在神经层次的实在基础。

　　如果是这样，人脑中必定存在着若干有能力形成这种二级神经模式的神经结构。那么，使我们产生自我感、作为核心自我之神经基础的这种二级神经模式究竟位于脑的何处？由脑的哪些神经结构来执行？达马西奥认为，对有机体-客体关系进行非语言地、表象地说明的这种二级神经模式很可能建立于几个二级结构之间复杂地交叉发送信号的基础上，而不可能仅仅位于某一个脑区。按照他的研究，这种二级神经模式短暂地出现于少数几个脑区之间的协同作用，这些脑区包括脑干、小脑、基底神经节、四叠体、扣带回脑区、丘脑和某些前额叶皮层，正是这些脑区通过交叉发送信号的协同运行形成了二级神经模式，从而使我们有了一种对意识内容的拥有感和自我感，使我们感觉我们有一个自我①。

　　显而易见，这个二级神经模式，就是那个核心自我、那个我们随身携带、招之即来的自我的神经层次的存在形式。众所周知，自我在我们的生活中发挥着重要作用，正如我们每个人在日常生活中随时感到的那样，我们的一切知觉、感觉，我们的一切自愿行为都必须有这个自我的出场。我们的整个精神生活都依赖于这个自我。那么，从神经生物学和认知神经科学来看，这个核心自我具体都发挥哪些功能？其发挥这些功能的机制是怎样的？

---

① Damasio A. The Feeling of What Happens：Body and Emotion in the Making of Consciousness[M]. New York：Harcourt, 1999：185-186.

按照达马西奥的研究，核心自我的最重要的功能包括如下三个方面。其一，觉知本有机体正在做的事情。关于有机体-客体关系的这种二级表征性说明的第一个用途，就是要回答这个有机体在初级表征中从未提出过的这样的问题：本有机体正在发生什么？所表象的客体与这个身体状态变化之间的关系是什么？对觉知活动的感受就是从回答这个问题开始的。对于具备这种能力的有机体而言，获得这种主动提供的知识，开启了理解一个情境的自由，从而开启了对问题进行不同于大自然提供的那种自动回应机制的计划性回应机制，使有机体能够通过意识当前的情况调动其所具备的整个资源来处理面临的问题。

其二，这种表象性说明的第二个用途是强化表征那个客体的初级映射。当具有这套装备的有机体在其脑中生成核心意识时，所导致的第一个结果就是使该有机体更加清醒，以便保持相应的意识活动有足够长的时间，从而使该有机体能够调动其处理问题的资源。其第二个结果就是把注意力更多地集中于引发有机体身体状态变化的原因客体，以便更好地了解这个客体的各个方面（如确定该客体是猎物还是天敌等），从而能够对该客体的刺激进行更好的回应（如确定逃跑或出击）。其最终结果就是促使该有机体产生更大的警觉性、更敏锐的注意、更高质量的表象处理。也就是说，这两个结果都有助于有机体优化对刺激的计划性回应，从而有助于有机体更好地维持其生存。

其三，除了提供对认知活动的感受和强化那个客体之外，这个二级神经模式即核心自我的第三个作用就是，在记忆和推理的协助下，对觉知活动的表象，还为加强核心意识过程的那些简单的非言推理塑造基础。而这些非言推理则解释生命管理与表象处理之间的密切关联，这种关联暗含在对个体观点的感觉中。一旦以下推理被作出，隐含在观点感觉中的拥有者身份就成为明晰的：如果这些表象具有"我"现在感受的这个身体的观点，那么这些表象就是在"我"的身体中，因而它们是"我"的。我们的行为感觉则包含在这样的事实中：某些表象与某些动作反应选项紧密地关联在一起。而我们的代理感觉也在其中：这些表象是"我"的，而且"我"能够对那个引起这些表象的客体发挥作用①。

第八节　自传式自我与扩展的意识的本质及运行机制

与核心意识联结在一起的核心自我是在我们与一个客体相互作用的某个短暂时间内形成的一种二级神经表征模式。核心自我虽然是一种实在，但它也是一种关于自我操控行为、体验并控制意识的感觉。所以，尽管核心自我的每次出现都是短暂的、转瞬即逝的，但它们也必然在有机体的记忆中留下某种记忆痕迹。也就是说，对于我们这种装备了巨大记忆能力的人类有机体来说，我们在其中发现我们存在的那种知识，尽管只是一些短暂瞬间，但这些短暂瞬间所形成的是这样的事实：它们能够成为记忆、能够被适当地范畴化并能够被联系于我们关于过去和未来的那些其他记忆。这种复杂的学习操作的结果就是形成自传式记忆，即关于我们在身体上是谁、我们经历了过哪些重大事件、我们在行为上是谁以及我们计划成为什么样的人等，所有这种痕迹记录的集合体。我们在一生的历程中能够扩大这个集合性的记忆，当然也必须不断地重新构建它。当我们根据需要而以较少或较多的数量在重新建构的表象中明晰地构造我们的某些个人记录时，这些记录就成为我们的自传式自我。简言之，自传式自我就是当我们对自己生命历程进行概要性描述时，通过核心自我的某些痕迹记忆所构建出来的那个自我。

关于自传式自我与自传式记忆的关系，达马西奥给出了如下这个论述："自传式自我建基于自传式记忆，自传式记忆由关于许多实例的内隐记忆构成，这些实例则是关于过去和可预见未来的个人经验。个人传记的那些相对固定的方面构成自传式记忆的基础。自传式记忆随着生活经验的增长而

---

① Damasio A. The Feeling of What Happens: Body and Emotion in the Making of Consciousness [M]. New York: Harcourt, 1999: 188-189.

不断增长，但可以进行部分改造以反映新的经验。描述同一性和个体人的那些系统性记忆，在任何被需要的时候，都能够作为一种神经模式被再次激活并能够被制作为明晰的表象。每一个再次被激活的记忆都作为一种'被认知的某种东西'运行，并产生它自己的核心意识脉冲。其结果就是我们意识到的自传式自我。"①简言之，自传式自我感就是在协调地激活和展现关于核心自我的某些痕迹记忆的过程中显现的。

那么，自传式自我得以形成的机制是什么？按照达马西奥的上述描述，自传式自我必定是在对自传式记忆形成核心意识的过程中形成的。那么，对自传式记忆的（核心）意识是如何被"勾引"出来的？又如何形成了自传式自我？

根据达马西奥所建构的相关理论，对自传式记忆的意识就是由此时此地的某个核心意识引发出来的，从某种核心意识生成自传式记忆的机制应该是通过如下这个过程完成的：核心自我的每一次出场都会留下相应的内隐记忆，而那些对有机体相对重要的内隐记忆则作为有机体的自传式记录被保留。如果某个瞬间的核心意识引发了你关于过去和可预期的将来的内隐记忆，使你把现在与自己的过去和可预期的将来关联了起来，如你受过什么样的教育、计划向什么方向发展等，那么你就形成了关于自传式记忆的意识，从而也形成了你的自传式自我。那些从某个核心意识中扩展出来的意识就是扩展的意识，而与扩展的意识相对应的自我就是自传式自我。"扩展的意识超越了核心意识的此时此地属性，它既包括过去也包括未来。此时此地仍然存在着，但是，它的一侧联系着你有效地阐明现在所需要的所有的过去，同样重要的是，它的另一侧还联系着可预期的未来。扩展的意识的最大范围可以跨越一个个体从摇篮到未来的整个生命②，而且它能够把整个世界置于其中……扩展的意识使你进入的这个知识范围是一幅巨大的全景画。在自我这个词的实际意义上，观察这幅巨大风景画的自我是

---

① Damasio A. The Feeling of What Happens：Body and Emotion in the Making of Consciousness[M]. New York：Harcourt，1999：178.

② 达马西奥认为，儿童在1岁半时就开始形成他所说的这种自传式自我——引者。

一个强大的概念，它就是一个自传式自我。"①

这里必须注意的是，自传式自我并不是某个人书写或叙述出来的某种固定的"自传""履历"之类的东西，达马西奥所说的"自传式自我"本质上也是一种即时性神经模式，尽管它是比核心自我更复杂的神经模式。此外，还须注意的是，这里的"自传式记忆"也并不仅仅指关于"我何时何地做了什么"这种记忆，而是所有能够展现于"我"心灵中的自我意象。作为神经模式的自传式自我对应于扩展的意识，是基于某些扩展的意识形成的。每次作为激发源的核心意识及其目标的不同，所形成的自传式自我当然也就不同，也就是说，"自传式自我是以被选择的那一系列自传式记忆的持续复活和展现为转移的"②。

如同核心自我形成时我们有自我感一样，当我们通过内隐记忆形成自传式自我时，我们也同样有自我感。但是，核心意识中的自我感是在关于觉知活动的细微的、转瞬即逝的感受中出现的，并且在每一次脉冲中都重新被建构。而在扩展的意识中，自我感却是在我们关于自己的某些记忆（即个人过去曾与之作用的某些对象）的持续的、反复展现中出现的。在这个过程中，脑是把作为扩展的意识的那些自传式记忆当作客体来处理的，它通过与核心意识相同的方式建立每一个客体（即每一个记忆）与有机体的联系。所以，每个客体与有机体的结合也都将会产生一次核心意识脉冲，即一个自我正在觉知的感觉。这些持续不断地觉知一个核心自我的活动被归于一个新的事物，这个新的事物就是自传式自我。"扩展的意识是如下两种能力共同作出贡献所产生的结果：首先是学习并保持巨量相关经验的记录这种能力，这些经验先前曾被核心意识的力量所觉知；其次是以如下方式恢复这些记录的能力：以这些记录作为客体能够产生'自我正在觉知的一种感觉'（a sense of self knowing）并从而被觉知这种方式。"③如果说核

① Damasio A. The Feeling of What Happens: Body and Emotion in the Making of Consciousness[M]. New York: Harcourt, 1999: 201-202.

② Damasio A. The Feeling of What Happens: Body and Emotion in the Making of Consciousness[M]. New York: Harcourt, 1999: 202.

③ Damasio A. The Feeling of What Happens: Body and Emotion in the Making of Consciousness[M]. New York: Harcourt, 1999: 203.

心意识是觉知此时此地的客体的能力，那么，扩展的意识就是觉知大量实体和事件的能力，也就是对更大范围的知识产生个人观点、物主身份和代理者感觉的那种能力。对于把更大范围的知识归于它的那个自传式自我的感觉包含着具有唯一性的个人经历信息。

达马西奥进一步指出，与核心自我的那种转瞬即逝（大约只有几分之一秒）的自我感不同，与扩展的意识相对应的自传式自我的那种自我感，则能够持续几分钟甚至数小时。这是因为，当我们通过某个核心意识进入内隐的自传式记忆时，作为客体出现的每一个内隐记忆，都将引起相应的核心意识和核心自我，从而多次产生"是自我正在进行觉知活动"的感受，扩展的意识则不仅把客体与有机体之间关系的映射说明应用于一个客体，而且应用于一系列协调的、与有机体的历史相符合的那些记忆客体，这些依次被核心意识照亮的连续不断的觉知活动被归因于产生它的事物，这个事物就是自传式自我。这个过程是通过长时间保持活动的工作记忆完成的。所以，自传式自我并不是核心自我那种转瞬即逝的自我感，而是能够根据具体情况保持很长时间的关于一个自我的感觉。当然，从神经模式的层面看，在自传式自我的自我感持续的时间内，其神经模式是各不相同的。也就是说，自传式自我是通过连续变化的不同的神经模式呈现的。用达马西奥的话来说就是："扩展的意识依赖于在心灵中相当长时间地保持那个描述自传式自我的多重神经模式；而工作记忆正是在心灵中长时间保持表象从而使它们能够被理智地操作的能力。"[1]

自传式自我既然是一种神经活动模式，当然也有其在脑中的神经基础。达马西奥认为，自传式自我的神经解剖学基础涉及两个空间：表象空间（image space）和痕迹空间（dispositional space）。表象空间就是所有感觉类型的表象都在其中明确地产生的那些脑区构成的那个空间，这个空间包括我们借助核心意识知道的那种明确的心理内容；痕迹空间就是包含着关于内隐知识之记录的那些脑区构成的空间，正是在这些记录的基础上

---

[1] Damasio A. The Feeling of What Happens: Body and Emotion in the Making of Consciousness[M]. New York: Harcourt, 1999: 206.

表象得以在回忆中建构，运动得以产生，表象的处理得以被促进。痕迹（dispositions）能够保持对先前场境中所知觉的一个表象的记忆，并帮助从记忆中重新建构一个相似的表象；痕迹还能够协助处理当前知觉的表象。表象空间和痕迹空间都有其神经对应物。使心理表象得以建立的那些神经模式是被早期感觉皮层的不同感觉系统所支持的；而高级皮层和皮层下神经核团则支持产生表象和行为的那些痕迹，但不支持或展现明确的模式在表象或行为自身中显现。痕迹则保持在被称为会聚区（convergence zones）的神经元整体中。总之，"那些关键成分是从建基于会聚区的一个持续地被激活的网络中出现的，而会聚区就位于颞叶和额叶的高级皮层区以及皮层下核团，诸如杏仁核中的那些结构。这个多脑区网络的协调性活动与丘脑核团同步，而对这些一再重复的成分的长时间保持，则要求涉及工作记忆的前额叶皮层的支持。简言之，自传式自我是个人记忆的协调性激活和展现的一个过程，而这个过程是以一个多脑区网络协同活动为基础的"①。

　　所以，只有进化到高级阶段的生命有机体，才具有形成自传式自我的能力，才能够形成自传式自我。自传式自我将使有机体具有更高级的功能。这些功能我们在日常生活中有着很深刻的体会，如自我反思的能力，历史地把自己与某些事件、外部世界、他人等关联起来的能力，总结经验教训的能力，对未来进行计划的能力等，都依赖于我们具有形成自传式自我的能力。达马西奥基于认知神经科学相关研究归纳了自传式自我的如下五方面功能。其一，拥有自传式自我的有机体能够通过扩展的意识对环境中及其心灵中的大量信息关系给予注意，可以同时注意到许多不同的心理内容，从而使有机体能够对问题作出更好的处理。其二，拥有自传式自我的有机体可借助于扩展的意识对复杂的行为作出计划，不仅是对当前的行为的计划，而且能够作出几个月、几年乃至更长时期的行动计划。其三，拥有自传式自我的有机体能够对大量被回忆起来的知识加以展开、调度和整合，并能够运用这些知识来解决问题，我们制造工艺品的能力、觉知集体共识

① Damasio A. The Feeling of What Happens: Body and Emotion in the Making of Consciousness[M]. New York: Harcourt, 1999: 227.

的能力、感知死亡的能力等，均来自自传式自我对扩展的意识的应用。"只要你好好利用它，它就能够为你敞开创造性的大门。"[1]其四，自传式自我能够基于扩展的意识批判性地考察各种不一致，从而导向探索真理、为行为和事实分析建构规范和理想。其五，能够形成自传式自我是我们所说的那一切人类之荣耀的基础，伦理道德、责任义务等社会范畴都以能够形成自传式自我为首要前提。

由此可见，自传式自我是高度复杂的自我形式。那么，是否只有人类才有自传式自我？或者，除了人类之外，其他动物能不能形成自传式自我？达马西奥认为，自传式自我仅仅在那些被赋予了实质性记忆能力和推理能力的有机体身上发生，但它并不要求具有语言。所以，并非只有人类才有自传式自我，像黑猩猩这样的猿类也拥有一个自传式自我，甚至某些狗也可能拥有一个自传式自我。从常识来看，说狗也有一个自传式自我，我们不免产生一种难以置信的荒唐感。因为从我们关于"自传式自我"这个词的通常理解来看，即便黑猩猩可能有，狗无论如何是不可能拥有的。但是，根据达马西奥对自传式自我的界定，狗将不折不扣地拥有一个自传式自我，而且不仅狗，角马、猎豹、美洲狮等哺乳动物都将拥有自传式自我。按照达马西奥的界定，具备如下四点就拥有了自传式自我：①有机体能够对自己的生活经历形成内隐记忆。②对具体场景下的客体 X 的核心意识能够引发一些内隐记忆。③把这些内隐记忆处理为一个个的客体，从而形成多个相应的核心意识和核心自。④把这些核心自我都归于这个有机体。满足这四个条件的有机体就能够形成它的自传式自我[2]。

显然，按照上述条件，美洲狮、猎豹等这些能够较多地记忆其生活经验并能够利用这些经验决定当前行为的动物，也都将拥有自传式自我，因为它们都能够满足这四个条件。例如，如果一只美洲狮曾尝试捕猎池塘边看上去很笨拙的鳄鱼，却遭到鳄鱼猛烈回击，并因而有了几乎丧命的痕迹

① Damasio A. The Feeling of What Happens: Body and Emotion in the Making of Consciousness[M]. New York: Harcourt, 1999: 202.

② Damasio A. The Feeling of What Happens: Body and Emotion in the Making of Consciousness[M]. New York: Harcourt, 1999: 204.

记忆，那么，下次看到鳄鱼时，它必然使自己保持在（它认为的）安全距离以外。这只美洲狮作出这种行为选择的过程可基于达马西奥的理论作如下分析：在这只美洲狮第二次看见鳄鱼时，首先是鳄鱼作为客体使它形成某种核心意识及相应的核心自我，接着是这个核心意识引发了它此前那次"捕猎鳄鱼经历"的内隐记忆，进而，它把这个内隐记忆作为客体形成另一个核心意识和核心自我，随后，它把这两个核心自我都归属于当前这个有机体（即形成自传式自我），最后，它作出了保持安全距离的决定。当然，这个过程实际中是瞬间完成的。但毫无疑问的是，美洲狮的这个"意识-行为"过程完全符合达马西奥所描述的形成自传式自我的四个条件。这就是说，按照达马西奥的界定，美洲狮等哺乳类动物，甚至更低等级的动物，都将拥有自传式自我，因为它们的行为能够满足达马西奥给出的四个条件。

如果是这样，把形成自传式自我的能力作为以人类为代表的高级自我能力就失去了意义，也背离了他提出这个概念的初衷。笔者认为，达马西奥提出高于核心自我的自传式自我范畴对自我问题的研究是一种重大推进，具有重要意义。但他对自传式自我给出的界定标准过低，也不符合人们对"自传式自我"这个概念的日常理解和使用。既然是"自传式"自我，那么就应该要求能够形成这种自我的有机体要具有对其生命历程和未来作出大致完整的系统性表象和计划的能力，而要对其生命历程及未来作出大致完整的系统性表象和计划，就必须使用语言。

所以，笔者认为，按照纳达西奥的基本理论框架，还应对自传式自我作出进一步的分类：根据有机体是否能够大致完整地系统性表象其生命历程及未来计划，把自传式自我再进一步划分为"初级自传式自我"和"高级自传式自我"。凡能够对其生命历程和未来计划形成大致完整的系统性表象的有机体，都拥有高级自传式自我；凡能够把当前的核心意识和核心自我与此前近期的相关内隐记忆联系起来而形成多个核心自我叠加，但不能对其生命历程形成大致完整的系统性表象的生物，都只具有形成"初级自传式自我"的能力，而不具有行为"高级自传式自我"的能力。应该说，作出这样的进一步分类才更符合达马西奥创立"自传式自我"这个范畴的初衷，也才使他的整个理论显得更加协调、更加有力。那么，又如何判断一个有机体是否能够大致完整而系统地表象其生命历程呢？就迄今为止的人类知识来看，笔者以为，其唯一的判断标准只能是该类生物能否使用语言明确地表达相关内容。这样，是否拥有系统性的语言就成为判断有机体是否拥有"高级自传式自我"的标准。不言而喻，以此来看，必然是只有人类才拥有"高级自传式自我"。当然，笔者的这个观点是否成立也还需要更加深入的研究。

第九节　简要评价和结论

通过对传统的自我概念进行深入分析，区分出不同层次的自我，通过对不同层次自我的研究来解答自我的本质问题，是在詹姆斯创立心理学时就曾进行的工作。他开创性地把心理学研究的自我区分为作为对象的自我（宾我）和作为体验者的自我（主我），来探索自我问题的本质。但詹姆斯的这种研究纲领在很长事件内并未引起人们的重视。当代心灵科学哲学领域中探索自我问题的哲学家或科学家，虽然大多也是在这个框架中讨论相关问题，但就笔者所见资料，达马西奥是第一个把自我区分为"原始自我"、"核心自我"和"自传式自我"的心灵科学哲学家。他试图通过对这三类自我的探索来解答自我的本质问题。在生物进化论的宏大场景中，从神经生物学和认知神经科学上区分出这三种类型的自我，并基于此来探索揭示自我的本质，这无疑是探索自我问题的一个理论创造，也可以说是朝向自我本质问题获得最终解决迈出的重大一步。但这样的自我理论要得以成立，其重要的理论前提之一就是，不仅要从生物进化的维度，而且要从神经生物学和认知神经科学的维度，令人信服地说明这三类自我的内在关系。达马西奥是沿着身体-情绪-感受的路径来探索自我、意识和心灵问题的，所以，他关于这三类自我及其相互关系的研究和回答，也是以身体为基点进行的。关于这三类自我之间的关系，前面已经对某些方面进行了论述。为更好地理解这个问题，我们对达马西奥二级表征论自我理论再从如下几个方面加以总结和评析。

首先，在生命进化的层面上，达马西奥把这三类自我之间的关系描述为递进演化的关系。按照他的观点，从地球生命演化史看，在相当长的时期内，生命有机体都没有他所界定的那种原始自我；只有当生命有机体进化到具有神经系统的复杂程度、进化出脑以后，其中的某些生命形式才进化出了原始自我。因为"原始自我就是在脑的多重层次上表征有机体每时每刻状态的那若干相互联系并暂时协同一致的神经模式的集合"①。显然，这是进化出脑且相当复杂的生命有机体才具有的。随着生命有机体的继续进化，其中的某些生物则又进化出了对客体和有机体关系的二级神经表征模式，从而拥有了核心意识和核心自我。进化之树继续生长，最终使像我们这样的高等生命有机体拥有了引以为骄傲的自传式自我。达马西奥从生物进化维度对自我进化历程的这个描述，总体上是正确的。但是，如上所述，笔者认为，他关于自传式自我的属性和条件的观点，还需要进一步深入研究。

至于三类自我在个体层面的关系，达马西奥给出的回答是：拥有原始自我的生命有机体，并不一定拥有核心自我和自传式自我，但拥有核心自我的生物则必定拥有原始自我，而拥有自传式自我的生物，则必定也拥有原始自我和核心自我。因为时刻不停地表征有机体身体系统的即时状态（原始自我的工作），是这种生命有机体得以其维持生命形式的首要前提，而对客体与有机体之间的关系即时地进行二级表征（核心自我的工作），则是其进一步形成自传式自我的必要前提。不言而喻，人类的自我则是由原始自我、核心自我和自传式自我三种自我形式的有机统一构成的，用达马西奥的话说，就是："具有原始感觉的原始自我，与核心自我，构成'物质的我'（material me）。自传式自我包含某个社会的人的所有方面，构成'社会的

---

① Damasio A. The Feeling of What Happens: Body and Emotion in the Making of Consciousness[M]. New York: Harcourt, 1999: 179.

我'（social me）和'精神的我'（spiritual me）……位于我们心中的核心自我和自传式自我还要建构一个知道者（knower）；它们使我们的心天然地具有各种各样的主观性。为了实际需要，正常的人类意识都对应于一个心灵过程，在这个心灵过程中所有这些自我层次都在其中进行运作，并提供有限数量的心灵内容与核心自我之脉动的一种瞬时联结。"[①]

其次，关于人类个体拥有这三类自我的历时性关系，达马西奥也基于相关研究资料提出了他的观点：人类婴儿在大约 18 个月大时，就开始拥有自传式自我了[②]，此后人类个体的自我的变化就只是表现为自传式自我的展开和积累，这种发展则表现为这三类自我在三个不同平台上的协同运行。也就是说，"自我是在几个不同的舞台上被建造的。最简单的舞台就是脑的代表这个有机体的那个部分（原始自我），由描述身体相对稳定的那些方面的表象的聚集所构成，并生成关于活着的身体的无意识的（spontaneous）感受（原始感受）（primordial feelings）。第二个舞台则是在（被原始自我表征的）有机体与把一个客体表征为所知的脑的任一部分之间设立一种关系。其结果就是形成核心自我。第三个舞台则允许先前被记录为生活经验或可预见未来的多个客体与原始自我相互作用并产生大量核心自我脉冲。其结果就是形成自传式自我。这三个舞台被建构在分离但却协同运行的脑工作空间中"[③]。笔者认为，达马西奥关于 18 月大的人类婴儿就已经拥有自传式自我的观点，是需要进一步研究的。据相关研究，儿童大约 3 岁以后才有关于其生命历程的记忆，3 岁之前的生命历程其本人是没有记忆的。18 月大的婴儿尚没有对其生命历程的记忆，它们的自传式自我是如何形成的？作为外部观察者，我们可能会观察到 18 月大的婴儿的行为符合达马西奥给出的拥有自传式自我的四个条件，但是，如果作为"本生命体"的那个婴儿此后并没有关于其在这个阶段的生命经历的记忆，就不能认为它此时已经拥有了自传式自我。这与达马西奥认为自传式自我建基于自传式记

① Damasio A. Self Comes to Mind[M]. New York：Pantheon Books，2010：23.

② Damasio A. The Feeling of What Happens：Body and Emotion in the Making of Consciousness[M]. New York：Harcourt，1999：204.

③ Damasio A. Self Comes to Mind[M]. New York：Pantheon Books，2010：180.

忆的观点也是不一致的。所以，18 月大的婴儿或许已经拥有了核心自我，但不可能拥有自传式自我。这也从另一个方面说明达马西奥所给出的自传式自我的标准并不恰当。

再次，关于这三种自我在神经生物学层面的关系。按照达马西奥的研究，人类心灵是由主要集中于大脑的神经元细胞的活动创造的，人脑中数以十亿计的神经元和数以万亿计的神经键连接方式，是出现如此复杂的心灵和自我感的神经生物学基础。身体是意识性心灵的基础，身体功能的最稳定的那些方面以映射的形式被表征于脑中，并把影像投射到心中，生成于身体映射的特定类型的精神性表象构成原始自我，原始自我是自我的前兆。一定范围的神经元活动将形成小规模神经回路，这种特定规模的表征有机体身体状态的神经回路，就是原始自我。当一定数量的神经回路发生"谐振"而形成某种网络模式时，"具有各种感受的心灵"（mind with feelings）就出现了。大规模的网络活动所形成的那些瞬间模式表征位于脑外而在身体中的事件，或位于外部世界的事件，其中某些模式还表征脑自身对其他模式的处理过程，这些模式就是核心自我。尽管心灵是在全脑规模上形成的，但自我则仅涉及某些脑区，即自我是由那些对脑自身处理其他模式的过程进行表征的区域形成的。自传式自我当然就是那些更大范围的、更复杂的神经表征模式所构造的[①]。三类自我之间的特征可以通过表 5-1 简要表示。

表 5-1　三类自我之间的特征

自我层级	生物层级	存在形式	是否觉扣
原始自我	有脑生物	表征自身状态的神经模式	非觉扣
意识	具备表征能力的生物	以自身为原点的表征	
核心自我	具备再表征能力的生物	对表征的再表征	觉扣
自传式自我	人类及灵长类生物	以内隐记忆记录生命史	觉扣

最后，达马西奥也从管理生命的层次论述了这三类自我之间的关系。按照他的看法，在"原始自我""核心自我""自传式自我"这三种形式的

① DamasioA. Self Comes to Mind[M]. New York：Pantheon Books，2010：17-20.

自我中，核心自我居于根本性地位，原始自我是核心自我的前兆，而自传式自我则是核心自我的扩展。更有效地管理生命的需求，促使生命有机体形成了映射其自身整体生命状态的各种特定神经模式，即原始自我，但原始自我是无意识的，因而其管理生命的效率和方式仍然是较低的。核心自我则是生命有机体在意识基础上对其自身整体生命状态的即时表征，是基于意识对自身生命进行管理，也正是这种基于意识的生命管理才使得建构自传式自我成为可能。核心自我的本质是对表征的表征，也就是说，"核心自我的影像，一方面是关于某个对象的影像，另一方面则是关于被这个对象改变的原始自我的影像"①。当生命有机体与外部对象发生某种关联时，原始自我便会发生变化，以特定的神经模式表征该对象引发的身体变化，这种表征是无意识的自动性过程。进化出意识的生物则还要进一步对原始自我进行这种表征后的变化进行即时表征，正是这种二级表征使该生物有机体产生了意识和自我感，也正是这种自觉知的表征使自传式自我成为可能。而有了生成自传式自我的能力，生命有机体便可基于过去的经验和未来计划更好地对生命进行管理。

达马西奥以情绪和感受为基点，以神经生物学和认知神经科学的理论和方法研究自我问题，开辟了探索自我问题的新视野，为研究自我问题注入了新的活力和元素。其基于当代哲学-科学成就对自我实在性的生命进化论——认知神经科学论证是令人信服的，也是迄今为止对自我问题的最为系统、最为严整的实在论解答。具体而言，笔者认为，二级表征论的自我理论主要从以下五个方面推进了自我问题的研究：一是以情绪为基础把自我、心灵与身体内在地统一起来，对自我的实在基础作出了更全面、更深刻的说明；二是把认知神经科学和神经生物学的精神表征理论应用于自我问题研究，以对刺激进行"二级表征"来解释自我的本质和运行机制，对自我的存在形式给出了更具体、更合理的解释；三是基于生物进化论从生命和神经进化的维度，区分了原始自我、核心自我和自传式自我，对自我

---

① Damasio A. Self Comes to Mind[M]. New York：Pantheon Books，2010：24.

的起源、生物学功能、进化过程和运行机制等，进行了深入研究和阐释；四是更加深入地论述了自我与意识的本质关联性，提出了自我与意识本质地相关的机制和模型，并以（核心）意识与（核心）自我、扩展的意识与自传式自我两对范畴对其关联机制进行了具体论述；五是基于更加全面深入的实证研究，进一步确立了自我在神经生物学层次的实在基础，对发挥自我功能的神经系统及其运行机制进行了更加具体、更加全面的论述。当然，达马西奥的理论也面临一些问题，有些观点还需要进一步研究和完善。诸如自传式自我的界定问题、人类自我的社会性问题、自我实在性的第一人称属性及其意义问题等，达马西奥均尚未给予充分研究。

第六章
自我的本质及其在世界中的地位

自我的本质及其本体论地位问题，既是当代心灵科学哲学正在致力探索的重要论题，也是至今仍然众说纷纭、激烈论战的焦点领域。以上各章中，我们对自我问题的历史演变、其在当代心灵科学哲学中的复兴过程，以及当代心灵科学哲学领域的五种代表性自我理论，进行了系统研究和简要评述。本章中，我们将在上述研究的基础上，基于当代哲学-科学背景，对自我的本质及其在世界中的地位等问题，从唯物主义一元论世界观作一纲要性的论述和回答。

第一节　自我的概念界定：主体自我与客体自我

什么是自我？这是研究"自我"问题时首先要面对和回答的问题。因为只有确定了研究对象，才可能对其本质、属性等进行确定性的研究和解答。"自我"是一个被广泛使用而又极其复杂、多义的概念。以"我"为基点展开其哲学体系的笛卡儿，是西方近现代哲学史上第一个试图从哲学层面对自我进行明确定义和研究的哲学家。按照笛卡儿的看法，"我是一个真实的事物而且真实地存在……是一个进行思的事物"，而"我是一个思的事物，就是说，是心灵（mind）或灵魂（soul）"①。简言之，笛卡儿认为，"自我"就是"心灵"，其本质属性就是"进行思"，"自我"与"心灵"是同一性关系。笛卡儿所说的"思"（thought）是这个语词的最广义的用法，我们今天看作心灵现象的一切东西——感觉、情感、意识、信念、意向、愿望、思维等，按照笛卡儿的观点，都被看作是思的一种样式。用笛卡儿的话说就是："思是这样一个词：它涵盖了以我们立即意识到的那种方式存在于我们内部的所有的东西。所以，关于意志、智力（intellect）、意象（imagination）以及感觉的所有运作都是思。"②按照笛卡儿的这个观点，研

---

① DescartesR. Meditations on First Philosophy and Reply to Objections I-IV[A]//Beakley B，Ludlow P. The Philosophy of Mind[C]. Cambridge：The MIT Press，2006：25.

② Descartes R. Meditations on First Philosophy and Reply to Objections I-IV[A]//Beakley B，Ludlow P. The Philosophy of Mind[C]. Cambridge：The MIT Press，2006：488.

究"自我"就是研究"心灵"、就是一般地研究各种"思"所共有的普遍本质和属性。

虽然笛卡儿的这个定义与人们关于"自我"的常识性理解相一致，虽然他把"我"与"思"内在地关联起来在当时也的确是个卓越的洞见，但这个定义显然也是存在严重问题的。第一，"思"的各种形式之间存在着许多根本性区别，有着不同的运行机制，因而"我"与各种不同形式的"思"之间的关系不可能是完全一样的。第二，就心灵与自我的关系而言，如果自我就是心灵、心灵就是自我，还何以存在作为当代心灵科学哲学二级问题的"自我问题"？第三，把"我""心灵"与颇具神秘性"灵魂"相等同，也大大降低了其合理性。显然，如果要对"自我"问题进行严格的科学-哲学研究，这个定义是不能满足要求的。

作为科学心理学主要创立者之一的詹姆斯，是基于真正科学精神深入研究自我问题的第一个哲学家。在其1890年出版的《心理学原理》中，詹姆斯用了足足111页的最长一章来研究自我问题。对包括"自我的构成""自我的层级""物质自我""精神自我""社会自我"等内容广泛的自我论题进行了深入探讨，研究了自我问题的几乎所有方面，为当代心灵科学哲学的自我本质研究奠定了深厚基础。詹姆斯在自我论题上最重要的贡献，则是第一次明确区分了"主我"和"宾我"、"主体自我"和"客体自我"这两个有着实质性不同的自我概念。这个区分对深入研究自我问题至关重要。詹姆斯认为，在日常用法中以及在以笛卡儿为代表的传统哲学的用法中，笼统地使用的那个"自我"概念，实际上包含了外延和内涵均不相同的两个自我概念，即"经验的自我"和"宾我"，尽管"在一个人称什么为宾我与他直接称什么为主我所有的东西（mine）之间划出界线是困难的"，尽管"我们对那些附属于我们的东西（ours）的感觉和行为，就像我们对我们自己（ourselves）的感觉和行为一样"①。按照詹姆斯的研究，"这个宾我（me）是客观地知道的那些事物的一个经验聚合体。而知道这些事物的这个主我

---

① James W. The Principles of Psychology[M]. 影印本. 北京: 中国社会科学出版社, 1999: 291.

（I）本身则不可能是一个聚合体……它是一种大写的思（Thought），它在每一瞬间都与上一瞬间不同，但又是上一瞬间的充任者（appropriative），并与此前的所有的思结合在一起"①。要言之，詹姆斯认为，"自我"实际上分为"主我"和"宾我"两个层次，"宾我"是通过各种物质的方面和社会的方面来描述的那个"自我"，而"主我"则是进行感觉、经验和知道的那个"自我"。"主我"是第一位的，"宾我"是"主我"衍生出来的。科学心理学所研究的那个"自我"应是"主我"，其目标就是通过研究"主我"的属性和机制，揭示"自我"的本质。詹姆斯是现当代意义上系统研究自我问题，并通过明确区分"主体自我"和"客体自我"来研究自我本质的鼻祖。詹姆斯这种通过区分"主体自我"和"客体自我"来研究自我本质的思想纲领，为一些当代心灵科学哲学家所继承和发展，成为研究自我问题的基本纲领之一。

在研究自我问题的当代心灵科学哲学家中，大多数学者都接受了詹姆斯对"主体自我"和"客体自我"的区分，以及把"主体自我"作为自我问题之核心的观点。比如，以塞尔为代表的"生物自然主义"学派，在研究自我问题时，进一步把"自我"区分为"作为同一性个人的自我"和"作为精神活动主体的自我"，并把研究揭示主体自我的属性和本质作为核心任务；以巴尔斯为代表的"意识语境论"学派也把"自我"区分为"作为概念的自我"（概念自我）和"作为精神系统的自我"（自我系统），并试图以深层统治性语境与意识的关系解释自我（系统）的本质；以达马西奥为代表的"二级表征论者"则把"自我"区分为"核心自我"和"自传式自我"、"作为对象的自我（the self-as-object）"和"作为知道者的自我（the self-as-knower）"②，并把核心自我、作为知道者的自我确立为解决自我问题的枢纽，以核心自我解释自传式自我的本质和机制。当然，由于他们探索自我问题的思想背景、研究进路和理论框架不同，他们给出的具体表述有所不同；但所有这些区分本质上都是把传统哲学中笼统不分的"自我"概念，

---

① James W. The Principles of Psychology[M]. 影印本. 北京：中国社会科学出版社，1999：400-401.
② Damasio A. Self Comes to Mind[M]. New York：Pantheon Books，2010：8.

科学地解析为"作为意识经验主体的自我"（主体自我）和"作为对象性客体的自我"（客体自我），并以"主体自我"为对象来研究解决自我问题。

如前文所述，在当代心灵科学哲学领域，也有一些学者没有接受詹姆斯的上述观点，在研究自我问题时并未进行"主体自我"与"客体自我"的区分。以丹尼特为代表的"编造虚构论"自我理论、以魏格纳为代表的"魔法幻觉论"自我理论，均是在未进行这种区分的情况下研究自我问题。然而，正如前面的论述所表明的，这两种自我理论最终都陷入了跋前疐后的困境。之所以导致这样的结果，当然有诸多原因，但我们认为，其最根本的原因就是没有作出这种区分。当丹尼特批驳笛卡儿式的"小矮人"自我概念时、当他在这种批驳的基础上不分就里地把"自我"的本质确定为"语言编造"和"虚构的叙述中心"时，显然是混同了"主体自我"和"客体自我"，把"作为意识经验主体的自我"与"作为对象性客体的自我"混为一"体"了。同样，当魏格纳力证行为的自我操控感是由于意识行为意志而形成的魔法幻觉时，他实际上意指的那个"自我"是"作为对象性客体的自我"，而不是"作为意识经验主体的自我"。

可以说，以塞尔、巴尔斯、达马西奥等为代表的这些实在论的自我理论，之所以能够对自我问题作出整体上可接受的合理解答（当然，所有这些理论还面临各自的一些问题，有待进一步研究、发展和整合），其根本原因之一就是他们都作出了"主体自我"与"客体自我"的区分，并把自我问题的核心确定为主体自我问题。与此对应，以丹尼特和魏格纳为代表的自我理论之所以"理所当然"地得出了"自我"是一种"编造虚构"或"魔法幻觉"这种轮囷离奇而又矛盾丛生的结论，其根本原因之一也正在于他们没有作出这种区分。

基于对当代心灵科学哲学领域各种自我理论的考察和研究，我们认为，由詹姆斯开启先河，而在当代心灵科学哲学中深入发展的这种自我概念和研究纲领是正确的。其核心思想可概括为以下三点：①就心理学、心灵科学哲学的研究目标而言，日常用法和传统哲学中那个与心灵相同一的笼统的"自我"，必须区分为"主体自我"和"客体自我"，因为这两种"自我"在属性、功能、运行机制等方面均有着根本性不同。如果不加区分，就必然在许多问题上陷入进退维谷的困境。②科学心理学、心灵科学哲学应该在区分"主体自我"和"客体自我"的基础上，以"主体自我"为核心开展自我问题研究，所以，心灵科学哲学研究的自我问题，如自我的实在性问题、自我与意识的关系问题、自我的功能和运行机制问题等，实质上就是研究"主体自我"的相关问题。③"主体自我"是"客体自我"乃至一切形式的自我的根源，研究揭示"主体自我"的本质，是研究解决"客体自我"问题乃至一切自我问题的基础。

不言而喻，这里称为"主体自我"的概念，也就是塞尔的"作为精神活动主体的自我"、巴尔斯的"作为精神系统的自我"（自我系统）、达马西奥的"核心自我"。为了行文方便起见，下文中我们一般以"自我"指代"主体自我"，即"作为经验主体的自我""作为意识经验体验者的自我"。

需要指出的是，由于"自我"概念之于人类的生存、生活具有根本的重要性，与人类生存、生活的一切方面都内在地关联，所以，在当代思想领域，除心灵科学哲学外，其他许多学科领域也都开展着本领域的"自我"问题研究，也都有着自己的"自我"概念和自我问题，如生态学的自我概念、社会学的自我概念、伦理学的自我概念、政治学的自我概念等。据斯特劳森（G. Strawson）1997 年发表在《意识研究杂志》上的一篇论文，在当代各学科领域开展研究的各种自我概念至少有 21 种[①]。不言而喻，所有这些学科领域的自我研究也都很重要。但是，无论就其研究目的、研究方法而言，还是就其思想框架、理论范式而言，这些研究均与心灵科学哲学的自我问题研究有着实质性不同。例如，泰勒（C. Taylor）以《自我的根源》（*Sources of The Self*）为名称的那本大部头著作，实际上是研究道德哲学领域的"认同问题"，是试图通过研究"关于自我的现代理解如何从人类认同的较早情景中发展而来……试图通过描述其起源，来界定现代认

---

① Strawson G. The self [J]. Journal of Consciousness Studies，1997，（4）：405-428.

同"①。还需指出的是，这些学科领域所研究的所有这些不同形式、不同含义的"自我"，本质上都属于"客体自我"的范畴，尽管他们也可能涉及"主体性"问题。就此而言，当代心灵科学哲学的自我研究和自我理论，无疑是所有这些学科领域得以正确地研究和解决本学科领域"自我"问题的思想基础。

第二节 自我的实在性问题：自证属性与神经基础

从以上关于当代心灵科学哲学领域五种代表性自我理论的考察可以看出，当代心灵科学哲学在自我问题上的首要论争是自我的实在性问题。以丹尼特和魏格纳为代表的反实在论者，完全否定自我的实在性地位，丹尼特的"编造虚构论"认为自我完全是人类使用语言编造虚构出来的。魏格纳的"魔法幻觉论"则把自我处理为魔法幻觉造成的幻想。而以塞尔、巴尔斯、达马西奥为代表的自我实在论者，则以不同的理论形式论证了自我的实在性。塞尔的生物自然主义理论试图基于元认识论和生物自然属性分析，力图从哲学层面论证自我的实在性；而巴尔斯则以"意识"为切入点，从意识获得其意义的语境及其神经基础论证自我的实在性；达马西奥的情绪论心灵理论则不仅认为自我是一种实在，甚至要像确定视感觉的脑位置那样，确定发挥自我功能的特定脑神经系统。那么，自我究竟是一种实在还是一种幻觉虚构？究竟是何种意义上的实在？又如何确立其实在性？基于以上对五种代表性自我理论的考察研究，结合当代科学、哲学在相关领域的研究进展，我们认为，自我是实在的，自我感是特定神经活动模式生成的一种实在的精神现象，而绝不是语言虚构或魔法幻觉；但自我的实在性又不同于其他现象的实在性，其实在性不在于第三人称的客观性，而在于第一人称的自证性。

---

① Taylor C. Sources of the Self: the Making of Modern Identity[M]. Cambridge: Harvard University Press, 1989: x.

乍看起来，"编造虚构论"和"魔法幻觉论"对自我之实在性的批驳、对自我之虚构、幻觉属性的论证，似乎理据明晰，顺理成章。然而，这两种理论却恰恰是根本上错误的理论，因为它们至少在四个根本性问题上陷入了错误：一是在自我概念上陷入错误，以一个未区分"主体自我"和"客体自我"的笼统自我概念研究自我问题，把两种有着实质性不同的"自我"混为一谈；二是无视精神现象的特殊性，试图仅仅以第三人称研究方法来研究揭示自我的本质；三是把"经验性"等同于"公共可观察性"，完全否认基于第一人称的经验报告研究自我问题的合法性；四是在"实在"概念上陷入错误，把"实在性"等同于"客观性"。其中前两个方面的问题前面已经进行较多论述，下面我们着重从"实在性"的本义及其与"经验性""客观性""公共可观察性"的关系层面，对自我的实在性加以论述。

我们认为，"编造虚构论"和"魔法幻觉论"否认自我之实在性的深层根源，在于它们因循了把"实在性"等同于"客观性"的错误观念。虽然"实在性"和"客观性"（objectivity）是密切相关的两个概念，但无论是在常识含义上还是在哲学意义上，二者又是有着许多根本区别的两个概念。就其在日常语言中的常识含义而言，按照《韦氏大学词典》给出的基本解释，"客观性"是指"可感觉经验领域中那些独立于个人思想并能够被所有的观察者知觉的对象、现象或条件"；而"实在性"则是指事物"实际的性质或状态"，是那种"既非衍生的也非依赖的，而是必须存在的某种东西"。显而易见，在日常语言用法中，"实在性"和"客观性"是两个有着重大实质性区别的概念，是不可相互混同、更不可相互等同使用的两个概念。

就其在哲学层面的意义而言，二者原本也是两个不同的概念。"实在性"和"客观性"的关系无疑是哲学着力探讨的重要范畴，但是，在哲学上"实在性是否就是客观的实在性，是时常被争论的问题。首先，即便人们对实在的属性意见一致，也存在着实在与人们对它的一致性知觉不同的可能性。其次，实在也能够以无关于所呈现的外观具象（appearance）和我们的探究能力而存在"①。而"客观性是知觉上的恒久不变性，存在于在知觉上恒久不变的事物"②。也就是说，被大家一致同意的那种关于某事物的"客观性"与该事物的"实在性"是两种不同的属性：事物的实在性是一种自在性，与人们对事物之外观具象的共同知觉并不是同一性关系，二者并不必然一致。在哲学史上，柏拉图最早探讨实在性问题，他认为，与外观具象对应的形式才是实在；具体的事物不是形式，因此具体的事物没有实在性。稍后的亚里士多德则认为，只有具体的事物或基本的实体（substances）才是真正实在的，而抽象实体或共性不能离开具体的事物而存在，必须存在于具体的实体之中。虽然亚里士多德的观点作为一种实在版本产生了深远影响，但是，作为近代哲学开创者的笛卡儿，则又使用"客观的实在性"（objective reality）指称与形式的或实际的实在性相对的任何给定的观念。康德则联系"知觉"来解释"客观性"，按照他的观点，"客观性"只是人们对某种事物的一致性知觉，实际上是一种主体间性；而"实在性"则应该作为与"物自体"相关的一个概念。不难发现，虽然他们关于实在性的观点各不相同，但他们都不仅没有把"实在性"等同于"客观性"，而且实际上均以不同的表达方式对二者进行了区分。

把事物的"实在性"等同于事物的"客观性""公共可观察性"（publicly observable），是随着近代自然科学的兴起和强盛，而潜移默化地形成的一种哲学思维方式。弗兰西斯·培根（1561—1626）倡导的"观察—归纳—真理"方法论，实际上已经内蕴着把"实在性"等同于"客观性""公共可观察性"的精神气质和思想倾向。从洛克到休谟的经验论哲学均把"经验实证"作为知识的来源和标准，使这样的思想倾向进一步被强化。及至孔德，则明确地提出："科学唯一的目的是发现自然规律或存在于事实之间的恒常的关系，这只有靠观察和经验才能得到。这样取得的知识是实证的知识，只有为实证科学所证实的知识才能成功地运用到人类实践的各个领域。

---

① Iannone A. Dictionary of World Philosophy[Z]. New York：Routledge，2001：342.
② Burge T. Origins of Objectivity[M].Oxford：Oxford University Press，2010：67.

凡是没有把握这种知识的地方，我们的任务就是要靠模仿高等自然科学所用的方法，来取得这种知识。"①到 20 世纪前半期，逻辑经验主义甚至把"证实原则"、把公共的可证实性，作为判断命题是否有意义的标准。可以说，近现代西方哲学基于自然科学思维范式塑造的这种把"实在性"等同于"客观性"，进而等同于"可证实性""公共可观察性"的思维方式，至今仍然是哲学-科学领域乃至日常思维中根深蒂固的主导性思维方式。按照近代以来西方科学-哲学所塑造的这种主导性思想范式，所谓事物的"实在性"就是"客观性"，因而就是"公共可证实性""公共可观察性"。

应该说，在主要以"外部世界"为研究对象的近现代"自然科学"思想领域中，把"实在性"等同于"客观性"，进而等同于"公共可证实性""公共可观察性"，这种思想范式的确有其极大的优越性和方便性，如可以简化研究对象、可以把某种东西确定为知识基础和标准、可以使研究对象具有可操作性等。这种等同在对"自然"现象的研究中，一般也不会带来额外的难题。但是，在关于心灵和精神意识现象的研究中，尤其在"感受性"、"主观性"和"自我感"问题的研究中，如果仍然把"实在性"等同于"客观性"、等同于"可实证性"或"公共可观察性"，那么，就正如我们以上在论述"编造虚构论"和"魔法幻觉论"时多次表明的，必然使我们在许多根本性问题上陷入进退维谷的困境。"编造虚构论"和"魔法幻觉论"自我理论否定自我之实在性的深层根源，就在于它们沿袭了基于近现代"自然科学精神和方法"形成的这种把"实在性"等同于"客观性"、等同于"公共可证实性"和"公共可观察性"的思维范式。

毋庸讳言，如果把"实在性"等同于"客观性"，进而等同于"可证实性""公共可观察性"，那么，自我的确不具有实在性：因为我们的确不可能通过"可实证性"和"公共可观察性"来公共地确证"自我"的实在性。然而，正如我们上面的辨析所表明的，把"实在性"等同于"客观性"和"公共可观察性"恰恰是近代以来才逐步形成的一种错误观念。而更重要的

---

① 梯利. 西方哲学史[M]. 葛力，译. 北京：商务印书馆，1995：553.

还在于，如果否定自我的实在性，我们将要付出的是我们事实上付不起的"自我"毁灭这样的代价。而如果我们破除这个错误的"实在性"观念，按照"实在性"的本义来审视"自我"的属性问题，就会发现，"自我"其实就是事物（高等生命有机体）具有的那种"实际的性质或状态"，就是那种"既非衍生的也非依赖的，而是必须存在的某种东西"。因为精神活动和意志性行为的自我感是每个人都实实在在地拥有的感觉。简言之，对每个正常的人而言，自我的实在性都是自然而又必然的。

那么，自我的实在性究竟是何种意义的实在性？又如何体现？不可否认，在一定条件下，"客观性"、"可证实性"和"公共可观察性"的确是事物之"实在性"的一种反映方式，也的确可以在一定条件下作为衡量事物是否具有实在性的一种标准。显然，自我的实在性并不是显示为"独立于主观思维"的那种"客观性"。但是，必须注意的是，"客观性"只是"实在性"在特定条件下的意义反映形式，并不是"实在性"的全部意义，更不是其本义。"客观性"既不是判定事物之"实在性"的唯一标准，更不是终极标准。根本上讲，确定事物之"实在性"的终极根据，恰恰是作为实际认知者的人类自身。自我之实在性的确证就在于进行各种实际的精神活动的那个人类主体自身，是由进行这种活动的那个生命有机体唯一地经验的。也就是说，自我之实在性的确证根本上并不来自外部，而是来自生命有机体自身的"感受性"和"经验性"，正是生命有机体实际拥有的对其精神活动和意志性行为的"自我感"、"控制感"和"拥有感"，确证了自我的实在性。简言之，生命有机体本然地具有的意志性行为的自我控制感、意识经验的自我体验感、对各种情绪的感受性就是自我实在性的确证；自我的实在性是一种本生命有机体自证的实在性，是一种不具有"客观性"的实在性。

但是，正如疼痛感、视听感有其神经系统的实在基础一样，意志行为的自我控制感、意识经验的自我拥有感也必然有其脑神经系统的实在基础，只是在神经层次上更加复杂、在心灵现象的层级上处于比疼痛感和视听感更高的层级。简言之，自我感的物质基础就是脑中的特定神经系统。在当代心灵科学哲学的代表性自我理论中，生物自然主义自我理论以神经活动产生的"统一的意识场"来解释自我的神经基础，语境论的自我理论则把作为自我的深层统治性语境解释为特定神经系统的联合活动，二级表征论自我理论甚至运用磁共振成像技术等研究手段，把自我系统定位于脑的皮层额顶区、皮层下核团等区域。不难发现，尽管这些自我理论对自我之神经基础的描述框架、描述方式有所不同，但都从一定方面揭示了自我之神经基础的某些特征。尽管自我的神经基础及其运行机制究竟如何，还有待进一步研究，但自我必有其神经层次的基础则是无疑的。

综上所述，我们认为，理解自我之实在性的关键，在于认识到如下四点：①虽然"客观性"、"可证实性"和"公共可观察性"也在一定方面反映事物的"实在性"，虽然在传统物理科学的思维范式中"实在性"在一定条件下可归约为"客观性"、"可证实性"和"公共可观察性"，但必须牢记，"实在性"概念与这些概念之间不仅不是同一性关系，而且有着许多根本性区别。②如果我们按照"实在性"的本义来考察自我的实在性问题，按照我们实际具有的感受和经验来考察自我的属性，那么，毫无疑问，自我是一种自然实在，而绝不可能是虚构或幻觉。③自我的实在性根本上是第一人称的实在性，其实在性不在于传统物理科学所主张的那种第三人称的"客观性""公共可观察性"，而在于生命有机体自身的"感受性"，是一种本生命有机体自证的实在性。④自我有其在脑系统中的神经生物学层次的基础，自我感是特定神经系统的协同运行而产生的一种自然现象，尽管自我的神经基础及其运行机制还有待进一步研究。

关于自我的实在性问题，正如诺拉因（S. O. Nuallain）所指出的："我们不可能通过内省发现一个作为对象的自我，但这并不表明它的存在性问题；相反，它表明的却是，在这个研究领域中传统的经验论观点的可应用性问题。"在传统的客观主义研究框架中，"自我的属性在本质上将是悖论性的。但它显示为悖论性的，那恰恰是因为我们的传统的客观主义研究框架是不正确的。"①

第三节　自我的神经生物学起源和进化

　　如果以上关于自我之实在性的论析是正确的，那么，从神经生物学层次来看，自我感就是某些特定的神经系统协同运行而产生的一种生物性状态，而那些协同运行以产生自我感的神经系统就是自我的物质对应物。换言之，正如"视感"有其神经基础一样，"自我感"也有其神经基础。只是自我感处于更高的精神层次，其神经层次的结构和运行机制更加复杂，需要更多、更复杂的神经系统协同运行。比如，视觉的形成，当代神经科学关于意识性脑事件和无意识脑事件的大量研究表明：尽管未被意识的视觉刺激仍然在脑的视感觉皮层引起局部的特征性活动，如未被意识的凝视语词的视觉刺激也激活视觉皮层的语词处理区，但是，未被意识的视觉刺激仅仅激活相应的视感觉皮层区，却并不激活其他脑区。而同样的视觉刺激（如阅读同一词语时的视觉刺激），当被意识时，则不仅激活相应感觉皮层，还必定在脑的额顶区等激发广泛分布的附加性活动。②这些研究充分证明，当一个物体呈现于我们的眼前时，物体的光信息进入我们的视网膜并进而激活我们的视感皮层，这是一个完全自动的过程，只要我们不是闭着眼睛，这一现象都必定发生。但是，要形成"我"的"视觉经验"、形成"我"对这个物体的"意识性视觉"，则必须有额顶区皮层、皮层下核团等神经系统的协同参与。也就是说，对物体之视觉的自我意识感，实际上是由额顶区皮层、皮层下核团等神经系统的协同活动产生的。就迄今为止的相关研究成果而言，虽然意识和行为的自我操控感究竟由哪些神经系统以怎样的活动模式产生，还需要进一步研究，但自我感由某些特定的神经系统协同运行而产生则是确定无疑的，而这些与初级神经系统协同活动产生自我感的

---

　　①　Nuallain S O. The Search for Mind[M]. New York：Cromwell Press，2002：240-241.
　　②　Dehaene S. Cerebral mechanisms of word masking and unconscious repetition priming[J]. Nature, Neuroscience, 2001, 9（4）：9.

神经系统就是自我的神经基础。换言之，生命有机体的自我感是由于这套复杂的高层级神经系统以一定模式活动而产生的。

不言而喻，使生命有机体得以形成自我感的神经系统是一套极其复杂的神经系统。一个生命有机体如果具备这样的神经系统，它就能够产生对刺激和行为的自我感；如果不具备这样的系统，则不能产生自我感。作为高级生命有机体才具有的高级神经系统，自我系统并不是一切生命有机体必备的装备，而是进化到高级阶段的生命有机体的脑中才具有的复杂装备，是生命有机体神经系统经过长期进化才逐渐形成的精良装备。

就人类科学-哲学迄今达到的认识而言，我们可以对意识性心灵和自我系统的神经生物学起源和进化过程，给出如下梗概性解答：任何生命有机体要想维持生存，就必须具备"感知"其生存环境并作出反应的能力，这是作为生命体存在必然固有的能力；没有这种能力，便不能称其为生命体。即便是细菌这种最简单的生命体，也必须具备"感知"其环境中的变化并作出反应的能力，才能生存：如辨别并吸收有用物质、避开有毒物质等。正如科学实验所表明的，当"毒液"滴入细菌培养液时，细菌将会收缩并进行躲避性移动。这很好理解。因为，无论是简单的细菌还是复杂如人类，根本上讲，维持生命持续存在，实质上就是维持机体内部各种物质的在一定范围内的动态平衡，不使任何物质超出有机体维持生存所必需的范围，不使有害物质进入机体内部。所以，"一个由单细胞构成的简单生物体，比如说，一只变形虫，也不只是活着，而是一心要保持生命。作为一种没有脑、没有心灵的生物，变形虫并不是在我们知道我们的意向这个意义上，知道它自己的这个意向（intention）。但是，某种形式的意向是存在的，只不过这种意向是通过这种小生物设法保持其内部环境的化学平衡这种方式来表达的"[①]。要言之，即便单细胞生物也必须具有保持其生命继续存在的某种形式的"意向"，因而必须拥有这样一种回应环境的策略：它据以"作出决策和移动"的极其简单的某种自动规则。从本源上讲，意识性心灵和

---

① Damasio A. The Feeling of What Happens: Body and Emotion in the Making of Consciousness[M]. New York: Harcourt, 1999: 136.

自我系统就起源于生命有机体本然地具有的这种维持其生命的意向机制和回应机制。

从单细胞生命体维持生存的简单回应机制到人类的意识性心灵和自我系统的这个漫长的进化过程，可从生物进化的层次作出如下概略描述。地球上现存的包括人类在内的所有多细胞生物，都是由远古时期的单细胞生物进化而来的。在这个进化过程中，最为核心的几个进化节点是单细胞生物进化为多细胞生物，多细胞生物又进化出专司"感知"的神经细胞，以及再进化出由一定量的神经元细胞结合在一起而构成其简单脑的有脑生物（如蠕虫）。随着管理和维持生命之效率和方式的进一步发展，进化出了能够在其脑中形成简单心灵机制的那些生物（如昆虫和鱼类）。随着生物进化过程的继续，某些生物进化出了能够在其脑中产生原始感觉的功能，随着原始感觉的出现，复杂的意识性心灵和一个被组织的自我过程便呈现出来，爬行类动物、鸟类，尤其是哺乳类动物，均具有这种复杂的意识性心灵和自我系统[1]。

从神经生物学的层次来看，意识性心灵和自我系统从有脑生物的神经系统中进化出来的过程，可从如下四个方面进行刻画。其一，虽然有脑生物仍然是通过躯体感觉（somatosensory）（既包括对外部世界的感觉，也包括对身体内部状况的感觉）来管理生命，但其管理方式却发生了三个重大改变：一是它通过若干子神经系统来感知身体不同方面的情形，如身体中的水分情况、激素情况等；二是各个子系统要把它们感知的身体不同方面的情况传递到脑并由脑进行综合处理；三是脑能够以整体上暂时统一的神经映射模式对整个有机体的当前状态进行表征，从而由脑统一管控整个生命有机体的状态和行为。脑无意识地形成的、这种整体上暂时统一的神经映射模式，也就是达马西奥所说的"原始自我"，是进化出（主体）自我的神经基础。其二，作为由大量神经细胞构成的神经系统，脑通过组织一定规模的神经回路，从而形成某个瞬间的特定神经模式，来对本有机体内外

---

① Damasio A. Self Comes to Mind[M]. New York：Pantheon Books，2010：25-26.

所发生的事件（即刺激）进行表征。也就是说，有脑生物的脑将以特定的脑神经活动模式映射（map）它周围的世界，并以不同的映射模式表征身体所处的不同状态。其三，当有脑生命有机体的某个感觉系统（如视觉）与外部环境中的某个客体（如发现猎物）发生作用时，该生物有机体的内部状态便会发生变化，脑将会以特定的神经映射模式来表征变化后的身体状态，并采取相应策略。其四，对于拥有足够复杂脑结构的生物而言，它还进化出了另一套用来进一步表征内部状态何以发生变化的二级神经映射模式。它不仅要表征与客体作用后的身体状态，它还将在另一个层次上发生二级神经映射，进一步表征客体与有机体之间的因果关系：本有机体内部状态的这种变化是由于和那个客体相互作用而引起的。正是在这种二级映射、二级表征中，脑产生了对客体的感觉、意识，以及这种感觉和意识为本有机体所具有的自我感。

　　总结上述论析，我们认为，理解自我之神经生物学起源和进化的关键，就在于以下四点。第一，进化到一定阶段的生物以其脑神经系统的不同活动模式映射（表征）其身体的当前状态，并基于当前状态自动采取维持其生命的行动，这是生物的初级映射-表征能力，这种初级映射-表征系统是继续进化出意识性心灵和自我的基础。第二，当某些生物的脑在结构上进化得更加复杂，从而能够以某些特定脑区的联合活动模式对初级映射（表征）再进行二级映射（表征）的时候，当进化出了这种新的神经映射模式时，生物将会产生对客体的"意识"，并同时产生对其初级映射和行为的"拥有者感""自我感"，对某个对象的"意识"本质上就是对该对象的觉知和解释，自我感是随同意识一起产生的。第三，那些参与二级映射、二级表征的脑神经系统就是"自我"的物质基础，而所谓自我感、主体感，就是这些脑神经系统以一定模式协同活动时在"本有机体"中引发的一种效果。第四，至于神经层次的活动何以使该有机体产生了精神层次的行为的"自我感"，其最后的解释只能是这是大自然根据其规则进化出的这种特定系统固有的本质属性，就如同下降到零摄氏度就要变成冰是水的属性一样。

第四节　人类自我的结构和层次

如果上述关于自我的神经生物学起源和进化过程的论证是正确的，那么，那个进行二级映射和二级表征的神经系统、那个对当前的意识性表征进行解释的语境系统，就不是人类所独有的，而至少是哺乳类动物典型地共有的。也就是说，包括人类在内的所有哺乳类动物都有意识性心灵、都有一个自我系统，都能够对其自愿行为产生拥有者感，都有与身体结构对应的感受性。乍听起来，似乎有些吃惊。但事实的确如此。关于动物的行为和意识问题的大量相关研究的确表明，"狗和黑猩猩均拥有在许多方面都与我们类似的意识状态。至于蜗牛和白蚁是否具有足够丰富的神经生物学能力使之拥有意识性生活，则还需要该领域专家们的研究来确定"[1]。其实，只要我们对哺乳动物稍作考察就会发现：对自己身体的变化（如眼睛和脑皮层的视感神经受到某外部客体的刺激而被激活。这是生命有机体对环境变化的初级映射或初级表征）进行二级映射和二级表征，从而意识到自己看到了那个客体（如猎物或天敌），并预先采取相应的行为，这是哺乳动物普遍具有的基本能力。如果我们把自我现象作为一种自然现象来研究，而不是把自我看作人类所特有的某种类似于灵魂的东西，那么，进化到一定阶段的生物（比如哺乳类动物）都拥有基本的二级表征系统，从而拥有一个初级的自我系统，就是自然而然的。

然而，同样必须指出的是，虽然人类的自我系统与其他动物的自我系统都是二级映射系统，但人类的自我系统在结构、功能、组织方式和运行机制等方面，都处于比其他哺乳类动物更高的发展层次上。直立行走和手的解放使人类的行为方式、身体结构、脑结构、脑容量和复杂程度都大大改变，尤其是语言系统的形成和语言的使用，更使人类脑神经系统的精神能力达到一个新的层级，使人类的意识性心灵和自我系统发生了许多实质

---

[1]　Searle J. Mind[M]. Oxford：Oxford University Press，2004：26.

性的飞跃。当然，其具体情形还需要相应学科领域的发展和进一步研究。

作为最基本的二级映射系统的自我，是在生命有机体产生意识时使生命有机体对初级表征产生自我感、主体感的一套脑神经系统。这种我们称为"主体自我"的自我系统，是一种随着意识一同出现的即时性的神经活动所产生的精神现象（对初级表征的拥有者感、自我感），在精神层面也可理解为巴尔斯所说的即时的意识性表征的"深层统治性语境"。简言之，"主体自我"是一种伴随着意识性表征的即时性的精神现象。这种最初级的"主体自我"系统的运行不需要语言，"主体自我"系统能够对神经系统的初级表征进行迅速而无言的"解释"。如前所述，这样的"主体自我"系统是人类与其他哺乳动物都具有的。但是，人类在直立行走和手的解放等方面的进化，则使人类的主体自我系统进一步发展。从神经映射和表征的层面来看，这种发展主要表现在两个方面：一是人类的脑容量大大增加，使人类得以形成更加复杂的神经网络系统和活动模式，从而使进行更加复杂的映射和表征成为可能；二是脑神经系统的扩大和进一步复杂化，使"主体自我"的结构、功能和运行模式等进一步复杂化、多样化，从而使人类拥有了更加复杂多样的精神活动。此外，本质地讲，包括人类在内的任何高等动物都是根据自身所拥有的身体条件、行为方式和心灵条件来"解释"其意识性表征。由于人类所拥有的身体条件、行为方式和心灵条件，与其他哺乳类动物有诸多实质性区别，所以人类的主体自我是在一个更高的层次上解释其意识性表征的。要言之，从神经映射和表征层面看，人类自我与其他动物的自我的根本区别就在于，我们把精神属性归属于其上的那个"主体"，是一个在结构、功能和运行方式等方面都高度发展的新型自我。

就人类自我的实质性发展而言，其中最重要的是，脑的进化使人类发展出了语言能力。正是语言的使用，以及基于语言的精神活动和社会生活的发展，使人类得以形成新的自我形式——"客体自我"：基于对"主体自我"之意识经验的连续性历史记忆，把"主体自我"表征并构建为一个反思性的对象自我、客体自我。如果说"主体自我"是人类与某些动物共有的自我形式，只是人类的"主体自我"更加复杂，那么，这种反思性的"客体自我"则是人类典型地具有的自我形式。因为，形成"客体自我"不仅需要更复杂、更高级的脑结构和神经活动模式，尤其是必须具备语言模块以及基于语言模块的特定神经活动模式。我们这里所说的与反思能力紧密相关的"客体自我"，是一个与塞尔的"作为同一性个人的自我"、巴尔斯的"概念自我"以及达马西奥的"自传式自我"相类似，但又有许多实质性不同的概念。其中最根本的不同就在于，我们这里所说的"客体自我"与语言的使用内在地相关，是以语言能力为基础建构起来的反思性自我形式，因而是人类典型地拥有的自我形式。

就"客体自我"与"主体自我"的关系而言，"主体自我"是第一位的，"客体自我"是第二位的，"客体自我"是以"主体自我"的经历和经验为基础形成的。"主体自我"的功能实际上就是基于生命有机体迄"今"为止拥有的身体条件和心灵条件，对"此时此刻"的意识性表征进行"解释"，"主体自我"使我们能够产生关于刺激的意识经验，使我们能够把此刻的意识经验为"我"的，并使我们能够在此基础上塑造和操控下一步的意识和身体行为。每当意识性事件发生时，"主体自我"都将出场，并使我们产生一次相应的意识经验，而每一次意识经验都将在我们的心灵中形成相应的痕迹并保持在记忆中。这样形成的痕迹记忆，有些只是保持较短的时间，而那些对我们的生存、生活具有重要意义的痕迹记忆，则会以特定的方式与"主体自我""黏合"在一起，成为"主体自我"的构成部分。每当"主体自我"作为对象被反思时，这些曾经的意识经验便会以特定的方式呈现出来，成为"客体自我"的构成部分。所以，所谓"客体自我"，实际上就是我们基于语言和自传式记忆反思性地构建的自我形象，是对"主体自我"的反思性重构。当然，客体自我也会对主体自我发生相应的影响和作用：主体自我在"此刻"的某种意识经验既可以成为此后的"主体自我"的构成部分，也可以成为此后的客体自我的构成部分。而"此刻"所构建的客体自我形象也将会对下一时刻的主体自我的经验发生相应影响。就此而言，

"主体自我"和"客体自我"都是开放的，都是随着生命历程而展开的、与生命相始终的一个持续的建构过程。但是需要再次强调的是，"反思性的"客体自我与"经验性的"主体自我，其本体论地位是完全不同的，正如德拉蒙德（J. Drummond）指出的："我们不应该把对一个生命的反思的、叙述的理解与对前反思的经验的说明相混淆，前反思的经验先于被组织到一个叙述中的经验，正是前反思的经验构造了那个生命。"①

自我问题的许多方面都与这种"客体自我"密切相关。塞尔曾把自我问题区分为三个层次的问题：人格同一性的标准是什么？我们把心理属性归于其上的那个主体究竟是什么？究竟是什么使我们成为我们所是的那个人？②不难发现，其中第一个问题和第二个问题都与这种"客体自我"密切相关。所谓人格同一性问题就是：究竟是什么使人们在经历了各种各样的变化之后还是同一个人？究竟是什么使人们把所有那些事件和变化看作是同一个生命中的事件和变化？这里的关键不在于他人判断某人经历了许多变化后是否还是同一个人，而是自己何以认为自己在经历了许多变化后还是同一个人。显然，"主体自我"并不具有这样的功能，因为主体自我仅仅是一种即时性的二级表征，其功能是通过比较有机体与客体发生作用前后的身体状态，把"此刻"的意识性表征归属于本生命有机体，是一种"此时此地"的经验。使人们把所有那些事件和变化归属于一个生命、使人们认识到他自己在经历了许多变化后仍是同一个人的东西，正是人们基于对主体自我之经验的记忆和反思而构造的"客体自我"，正是在不断地反思和重构"客体自我"的过程中，所有那些事件和变化被归于了同一个人。至于是什么把我们塑造成了我们所是的这个人的问题，则显然也是与"客体自我"密切关联的。一个人最终成为什么样的人，从宏观层次看，固然是社会因素、文化因素、心理因素和生物性因素等共同塑造的结果，但是，具体到个体而言，则与人们通过反思构建"客体自我"的活动密切相关，

① Drummond J. 'Cognitive impenetrability' and the complex intentionality of the emotions[J]. Journal of Consciousness Studies, 2004: 11: 119.

② Searle J. Mind[M]. Oxford: Oxford University Press, 2004: 192.

反思性地建构"客体自我"也是进行自我塑造和自我预期，对我们成为什么样的人起着至关重要的直接作用。

第五节　人类自我的社会建构性问题

在当代的自我问题研究中，与自我的实在性问题几乎同样重要的另一个问题，是人类自我的社会性问题。毕竟，人类本质上是一种社会性的存在，人类的自我的确是在其社会性生活中形成的，是在一定社会文化环境中塑造和建构的，也是在人的社会性存在中得以具体实现的。一些从社会属性研究自我问题的哲学家甚至认为："自我的建立是一个社会的过程……我们是通过采纳他人朝向我们自己的视角而获得自我意识。"[①]所以，"自我最好被看作一种持续的社会性投射，被看作通过某人朝向他人的投射而被认识到的东西"[②]。显然，这是从第三人称的"外部"视角研究自我问题，他们所说的这个"自我"应是我们前面所界定的"客体自我"，而且是自我问题中处于第二位次的问题。虽然从外部的社会视角并不能从根本上解决自我本质问题，但人类自我的确与其社会性生活密切关联，则是毫无疑问的。那么，人类自我（即主体自我）的生物实在性与其社会建构性能够有机地统一起来吗？心灵科学哲学层次的自我研究与社会属性层次的自我研究能够有效融通吗？能够对人类自我的生物实在性与社会建构性作出统一的解释吗？我们认为，自我的社会建构属性与其实在性不仅并不矛盾，而且完全能够基于上述的自我实在论框架给出统一解释。

自我实在论的核心就在于，承认作为意识经验者、作为感受者的自我（即主体自我）有其神经生物学层次的实在基础：这个实在基础就是包括额顶区皮层、皮层下核团和下丘脑等脑区构成的联合脑区，正是这个联合脑区的协同活动使我们对初级映射和初级表征产生了意识感和自我感。也就

---

① Flanagan O. Self Expression：Mind，Moral，and the Meaning of Life[M]. Oxford：Oxford University Press，1996：26.

② Jopling D. Self-Knowledge and the Self [M]. New York：Routledge，2000：83.

是说，按照我们所主张的自我实在论的观点，人们对意识的感受性、意识经验感和行为控制感是由一套复杂的脑神经系统以特定模式活动形成的，这套脑神经系统就是"自我"在神经生物学层次的基础。这里必须注意的是，自我实在论只是断定，这套神经系统及其以一定模式活动是"自我"在神经生物学层次的基础，而不是把"自我"等同于这套神经系统。如果把自我等同于这套神经系统，自我就成为某种固定的东西。而把自我看作某种固定不变的东西则显然是错误的，因为我们每个人都知道我们的"自我"是发展变化的。

对于正确理解自我实在论而言，非常关键的一点就是，必须把自我在神经生物学层次的实在基础与"自我"区分开。自我的实在性，实际上有着两种不同层次的存在形式和意义：一是神经生物学层次的存在形式，表现为那套复杂的神经系统被激活并以特定的模式活动；二是精神层次的存在形式，即在那套复杂的神经系统以某种特定模式活动的同时，"本有机体"所拥有的具体而独特的意识经验感、自我控制感。这两种存在形式是内在同一的。也就是说，无论何时，只要我们产生意识经验感、自我控制感，那套多脑区协同组成的复杂的神经系统都必定同时在以某种特定模式进行着活动；反之亦然，只要那套复杂的神经系统协同活动，"本有机体"就必定产生意识经验感和自我感。

有了这个区分，自我的"开放性"和社会建构属性就很容易得到解释。迄今为止的研究表明，自我的确有其确定的神经基础，正如许多实验和包括典型病例在内的实证性研究所表明的，意识的经验感、行为和意识的自我拥有感、控制感，的确是由若干脑区的正常协同活动形成的。如果这些脑区受到伤害，病人便不能形成正常的自我意识。然而，作为神经系统，自我系统的核心任务之一却仍然是形成痕迹记忆，并删除错误的和无用的记忆。这样，虽然自我的神经基础是固定的，但随着以"经验"为基础的痕迹记忆的增加或剔除，自我系统的神经活动模式也必然发生变化，对意识的经验感、自我感也将随之发生变化。也就是说，自我本质上是一个对意识经验"开放"的系统，那些对生命有机体的生存、生活具有重大意义的意识经验，将随时被添加到自我系统中（在神经层面将以形成新的神经元联系和活动方式等形式存在，在精神层面则以形成新的深刻记忆的形式存在）。而那些错误和无用的记忆也将随时从自我系统中被剔除。人类是一种社会性的存在，许多经验是依托于社会生活而存在的，如价值认同的经验、参加各种社会活动的经验等。但是，一切社会经验归根到底仍然是"经验"，所以，就任何人类个体而言，所谓人类自我的"社会建构属性"，质言之，就是人们基于其社会性的生活，把各种重要的社会性生活的经验添加到他的自我系统中，把错误的、无用的社会性生活经验记忆从自我系统中剔除出去。

当然，由于语言的使用、社会文化对人类社会生活的本质重要性，人类的那套与"自我"对应的神经系统，必然要涉及与语言和社会性生活相关联的某些专属于人类自我系统的脑区。如果把人类个体看作一种过程性存在，那么，自我就是一种从早期的孩童时代开始一直持续到生命终结的过程，而这个过程则是在社会性的相互作用中完成的，也是社会性地开放的和不断修改的，本质上是一种历时性变化的社会化建构。所以，一定意义上讲，人类的自我是由其社会生活塑造的。神经生物学层次的实在性与人生存于其中的社会文化环境，都是人类自我得以形成的必要条件，二者结合在一起才构成现实的自我得以形成的充分必要条件。按照诺拉因的研究，对于人类的自我而言，"一个意识状态的维持要求恒定地引证一种社会性的自我系统，这个自我系统可能就位于前额皮层。这种自我系统在主体和客体的无区别混沌中有一个遗传的开始。然而，这个系统的细化却是一种社会现象，是公民资格的必要条件"①。

应该注意的是，人类自我虽然是在其社会化的过程建构起来的，虽然有其社会属性，但是，认为人类自我仅仅是一种社会建构，甚而以其社会建构属性否定其神经生物学层次的实在基础，否定其作为"经验者""知道

---

① Nuallain S O. The Search for Mind[M]. New York：Cromwell Press，2002：251-252.

者"的实在性，则是完全错误的。情况恰恰相反，人类自我在认知神经科学层次的实在性存在形式和运行机制才是第一位次的，自我的社会属性则是第二位次的。包括利科（P. Ricoeur）在内的一些从社会性维度研究自我问题的哲学家，试图以研究人们如何回答"我是谁"的问题，来解决自我本质问题，认为：当面对"什么是自我""我是谁"这样的问题时，人们的回答必然是讲述一个其生命历程的故事，而任何个体生命的故事都不仅与他人（父母、兄弟、朋友等）的故事交织在一起，而且被镶嵌于一个更大的由社会历史和共同体授予其意义的结构之中。因此，自我是通过对"我是谁"这个问题的叙述而得以具象化，也正是这种连续的叙述性构造，使生命本身成为一块由讲述的故事编织而成的东西。①毫无疑问，从社会历史维度研究人类自我的某些独特属性，的确很重要，但是，这些哲学家显然并不是与心灵科学哲学家在同一个层面研究自我问题，二者的思想平台和研究范式等均有着实质性不同。这些哲学家研究的"自我"实际上属于我们所界定的"客体自我"的范围。此外，把"生命本身"等同于讲述的故事编织出来的东西，也是很有问题的，因为"叙述是一个生命的反思性选择和组织。在这个意义上，叙述捕获到的东西比一个个体的生命要少，因为并非一个作为前反思地体验的生命的全部东西都能够被填充到一个叙述中，叙述最适合的是目的指向性行为。从相反的视角来看，叙述，借助于其选择性，强加了比生活本身所表明的更多的统一性……所以，我们不应该把对一个生命的反思的、叙述的理解与对前反思的经验的说明相混淆，前反思的经验先于被组织到一个叙述中的经验，正是前反思的经验构造了那个生命"②。

在此还需指出的是，自我，无论是作为二级神经映射系统，还是作为体验意识经验的精神形式，并不是铁板一块，而是一个层级性的结构。在这个层级构造中，位于最高层的统治性层级是"维持生命存在"的层级。

---

① Ricoeur P. Time and Narrative III [M]. Chicago：Chicago University Press，1988：246.

② Drummond J. 'Cognitive impenetrability' and the complex intentionality of the emotions[J]. Journal of Consciousness Studies，2004，11：119.

在生命处于安全环境时，这个层级并不运行，而是由较低层级根据其目标"指挥"一级映射系统操控身体行为。但是，一旦生命受到威胁（如附近突然发出巨响、突然发生剧烈震动等），自我系统的这个最高统治性层级便会立即启动，并将立即终止其他活动，而把意识性活动集中于这个突然的威胁性"干扰"。当然，也有许多使"自我"或"更深层的自我系统"立即启动的"干扰"来自身体内部。自我系统具有重要性不同的层级构造这一点，对具有社会属性的人类自我同样适用。这个层级性构造既有遗传的成分，但更多是依据后天经验建构起来的。

第六节　自我、心灵与世界

如上所述，我们在这里提出和论述的是一种"自我实在论"的观点。这种自我实在论的核心论点可概括为如下四点：其一，人们所感知的那个对意识、意志和行为进行操控的"自我"并不是幻想虚构，更不是魔法幻觉，而是有其神经生物学层次的实在基础，这个实在基础就是若干特定脑区协同运行对刺激进行二级映射-表征的神经系统。其二，"自我"所感受的那种意识经验（如疼痛、欣快等）是一种不可进行物质-物理还原的实在，是一种粘合于第一人称的实在现象。其三，发挥自我功能的那套神经系统是长期进化的结果，是进化到高级阶段的生命有机体才拥有的神经系统，人类的自我系统是人类所独有的最高阶段的自我系统。其四，作为二级映射系统的"自我"能够通过一级映射系统实现对意识内容和身体行为的操控，"自我"操控意识、意志和行为的感觉是特定神经系统以某种方式协同活动所生成的一种只有本有机体才可经验的精神现象。

不难发现，如果要坚持上述四个观点，还必须回答以下三个问题：一是心灵与身体的关系问题，即传统的心-身问题：心灵是如何操控身体的？自我是如何通过意识、感觉等精神现象操控身体行为的？二是"自我"与"心灵"的关系问题："心灵"与"自我意识"是何种关系？二者在进化阶梯上是同步的吗？三是"自我"与"世界"的关系问题：意识经验正是依托于"自我"而成为不同于物理实在的另一种实在，那么，两种实在之间究竟是何种关系？应如何理解和融通自我的"精神"实在性与世界的"物理"实在性？

一、"心灵"与"身体"

心灵与身体的关系问题通常被称为心-身问题，是历史悠久的哲学难题。笛卡儿是第一个从近现代意义上深入探讨该问题的哲学家，但他给出的答案却显然不能令人信服。一定意义上可以说，心-身问题成为笛卡儿之后困扰近现代哲学的第一难题。休谟、康德等众多哲学家都曾基于不同思想范式研究该问题，但也始终未能给出令人满意的解答。时至今日，心-身问题仍然是当代哲学的主要难题之一，是当代心灵哲学的枢纽性问题。当代心灵哲学虽然在许多方面取得长足发展，但在心-身问题上却一直处于众说纷纭、莫衷一是的纷争状态，始终未能取得实质性进展。鉴于心-身问题的研究历史和现状，一些哲学家甚至认为，心-身问题超出人类的能力之外，是人类原则上无法解决的问题，并进而提出"我们不可能解答这个秘密。但也正是这种不可解性去除了这个哲学难题"。其解决办法就是认识到其不可解性而抛弃它[①]。我们认为，心-身问题之所以长期难以解决，其根本原因就在于未能正确地解决"自我"问题。只要我们确立了正确的自我理论，解决了自我的实在性问题，心-身问题就不再是"难于上青天"的问题，而完全可以迎刃而解。

这里需要指出的是，当代心灵科学哲学视阈的心灵与身体的关系问题，与笛卡儿哲学框架下的心-身问题有着许多根本性区别。在笛卡儿看来，"心灵"是独立于身体、独立于物质世界的另一种实体，物质的身体只是"心灵"或"灵魂"的住所，身体本身完全按照物质世界的规律运行，而心灵则根据另一套不同的规则运行。所以，在笛卡儿的哲学框架中，心-身问题

---

① McGinn C. Can we solve the mind-body problem? [A]//Beakley B，Ludlow P. The Philosophy of Mind [C]. Cambridge：The MIT Press，2006：321.

的核心是解释非物质的心灵实体怎样与按照物质规律运行的身体、并通过身体与外部世界相互作用，至于心灵和精神现象的起源、类型等问题则并不在讨论之列。而当代心灵科学哲学所关注的重点则是各种心灵现象（即各种精神状态、精神活动、精神事件）与脑神经系统之活动的关系，及其得以从身体（即脑神经系统）中产生的过程和机制。当代心灵哲学并不是把"心灵"看作独立于身体（即脑神经系统）之活动的另一种实体，而是认为一切精神现象都与身体（脑）神经系统以某种模式活动本质地相关。从一定意义上讲，按照当代心灵科学哲学的理论框架，并不是"心灵"或"灵魂"如何操控物质的身体并通过身体操控物质世界，而是与身体具有内在统一性的心灵活动或精神活动的过程和机制问题。下面，我们就基于笔者所主张的自我实在论理论对心灵和身体的关系问题进行简要分析和回答。

解决心-身问题实际上就是解决以下几个问题：什么是身体？什么是心灵？身体和心灵是什么关系？心灵和身体之间如何相互作用？

虽然"生命"的本质究竟是什么，基于不同的视角可能会有不完全相同的回答，但是，毫无疑问的是，任何生命都必须拥有两个基本特征：一是必须形成把本有机体与外部环境区分开的"身体"，即便是简单如阿米巴虫的单细胞生物，也必须有把"内部"与外部环境区分开的胞膜，有胞膜包围的身体；二是其"身体"必须具备对外部环境的变化作出反应的能力，有某种趋利避害、竭尽全力维持其具有特定结构的系统继续存在的机制，这是细菌等最简单的生命也必须具有的属性。在生命的漫长进化中，生物的身体变得越来越复杂，与外界进行物质和能量交换的分工也越来越细致。而对外部环境变化进行反应的机制则进化为专门的神经系统的活动，当这样的神经系统进化到足够复杂时，生命有机体便显示出我们称为"心灵"的这种精神现象，如以感觉疼痛的方式觉知身体受到侵害、以感到愉悦的方式觉知身体的偏好、形成对猎物和天敌的记忆等。所以，所谓"心灵"本质上就是基于该复杂神经系统的活动而产生的一切精神活动和精神现象构成的整体。也就是说，对任何生物而言，"身体"都是第一位次的，"心灵"（即高等级生物一切精神活动所构成的那个整体）只是在身体尤其是神经系统进化到足够复杂以后，才得以出现的现象。今天，除了一些极端的宗教信仰者外，应该没有人会对关于心-身关系的这个基本认识提出疑义。

如果承认这个基本认识，我们就可以基于当代哲学-科学框架，从神经系统进化的层面对身体和心灵的关系作出如下说明。任何生命有机体，包括最原始的单细胞生命有机体，要想得以维持，其基本条件就是，必须保持其身体内的水分、盐度、各种元素等处于某种范围内的平衡状态。为了保持这种平衡状态，在自然演化中形成的原始生命有机体必须本然地具有对环境作出反应的机制：吸收营养物质、排出废物、趋利避害等。经过漫长时期的历史进化，原始的单细胞生物进化为由多种类型细胞构成的多细胞生物，其中最重要的节点，就是进化出专司身体状态"侦察"并"指挥"身体其他部分作出必要行为的神经细胞和由神经细胞构成的神经系统。对拥有复杂神经系统的生物而言，当身体的内部状态偏离其所需要的平衡状态（如水分不足或盐度过高）时，特定的神经系统便会以特定的活动模式映射（表征）身体的这一状况，并同时"激发"身体其他系统采取相应行动（如采取补充水分行为）。这种神经系统的任务就是一刻不停地对身体状态进行映射，并随时"激发"其他神经系统，进而驱动身体采取适当行为进行"纠偏"。这是具有脑神经系统的低等生物就具有的神经映射机制，这种映射和运行机制仍然是一种自动机制。

随着生命的继续进化，某些生物进化出了更加复杂的脑神经系统，这些高等级生物的神经系统，不仅能以部分神经系统的自动机制一刻不停映射身体状态，而且能以另外的神经系统对初级映射本身进行二级映射。其过程可概略描述为：在时间 T_1 时，初级映射系统会把身体状态映射为 C_1；当下一时刻 T_2 生物有机体与某外部客体发生相互作用而引起身体状态变化时，初级映射系统将会随即把身体状态映射为 C_2。此时，低等级生物的初级映射系统将会根据 C_2 是否偏离平衡状态而自动启动相应机制进行纠偏。

但是，具有更"先进"神经系统的高等级生物，除此之外，还将对身体状态从 C_1 变化到 C_2 的这个过程进行映射，这种二级映射就是意识的开端：正是这种二级映射使该生命有机体"意识"到，这个变化发生在"我"的身体中，并且是那个客体引发"我"的身体状态发生了某种改变，从而"感觉"到与身体发生某种作用的那个客体。也正是在这种二级映射中，该生命有机体生产了"自我感"、"主体感"和"意识经验感"。当然，人类的神经系统和自我意识系统又获得了更高级的发展，但都建基于这种"主体自我"所形成的意识和感觉。包括人类在内的一切意识、感觉和整个心灵都是这样从身体中产生出来的。因为，所谓"心灵"，质言之，不过就是高等级生物基于"主体自我"的这种基本"意识"（即二级映射或二级表征）而发展出的包括感知、表征、记忆、推理、意向、意志、愿望、计划等在内的所有精神现象的总和。既然精神现象是某些神经系统对初级映射进行二级映射形成的，那么，它再通过进行初级映射的神经系统作用于身体，就是自然而然的。

对身体和心灵关系的这种说明应该是融通而合理的。但对那些执着于心-身二元思维的人而言，可能还会提出以下两个问题：第一，二级神经映射是神经系统的物理性活动，物理性活动怎么能够产生精神性的意识？第二，意识等精神性的现象是如何对身体的物理过程发生影响的？精神的东西与物理的东西之间怎么可能存在因果作用？对此，我们以如下四点作为回答。

（1）尽管许多生命系统没有二级映射系统，但大自然选择某些生物进化出了进行二级映射的神经系统。而当这些二级映射神经系统以某种活动模式介入有机体的初级映射活动时，该生命有机体便会"感觉到""意识到"其身体正在与一个对象发生作用，这是这个世界中生命进化和自然选择的结果。正如单细胞生物能够通过收缩胞膜、临时关闭膜孔、向低盐度区移动等行为来应对环境中的高盐度区一样，高度进化的人类生命则能够通过"感觉咸"而采取相应的行为。这里没有什么东西是超自然的。

（2）"感觉""意识"等所有精神现象均是相对于"自我"、相对于进行二级表征的生命有机体本身而言的，而"作为神经活动的二级映射"则是相对于外部观察者而言的。外部观察者观察到的作为物理过程的那种特定的（二级）神经映射活动，在该生命有机体，则呈现为"感觉""意识"等精神活动。外部观察者虽然能够通过 fMRI 等技术看到受试者某些脑区被激活并进而激烈活动的整个过程，但他永远不可能经验受试者所经验的快感或疼痛。例如，虽然一些认知神经科学家已经运用 fMRI 技术观察并确定了某种刺激引发的特定快感所涉及的脑区及其活动模式，但是，这些研究者不可能体验受试者所经验的快感。

（3）正如外部观察者根本不可能观察到本生命有机体正在体验的"疼痛""快感"等精神事件一样，本生命有机体也不可能像外部观察者那样，共时地观察它自身那个正在进行活动的作为"自我"的神经系统。换言之，"本有机体"不可能观察它的"自我"的神经活动，外部观察者则不可能经验"本有机体"的主观感受。要求主体自我共时地观察主体自我的活动，就像企图让人们自己提着自己的头发离开地面一样，是原则上不可能的。

（4）在对人类行为进行解释时，必须首先选择一个"立场"，要么选择外部观察者这种第三人称的"客体立场"，去观察并因果解释别人的行为过程；要么选择体验者这种第一人称的"主体立场"，通过自己的经验解释特定行为发生的过程。但不可能同时选择两种立场。如果选择了客体立场，那么，从外部观察者立场来看，根本就不存在受试者所说的"感觉口渴"等感觉和意识，所存在的仅仅是研究对象某些脑区的神经系统发生了活动，进而激活了另一些脑区的神经活动，然后又引发手臂神经的活动，最后导致了该研究对象端起水杯饮水的行为。这里不存在精神和物理相互作用的问题。如果选择了体验者立场，那么情况就是：（例如）剧烈活动后身体出了很多汗，自己感觉到因大量出汗引起的某种身体不适，如"我"口渴、"我"喝水的意向很强烈等，然后，"我"根据"我"的想要喝水的意向采取某种喝水行为。这里也不存在精神和物理相互作用的问题。精神和物理如何相互作用的问题，本质上就是因为研究者同时选择了"客体立场"
和"主体立场"而造成的无法解决的悖谬。

　　要求从第三人称的"科学"维度解释意识经验，这本身就是悖谬。意
识的经验性、感受性、主观性是不可能从第三人称的科学维度给予解决的。
如对嗅觉问题的"科学"解答。包括人类在内的哺乳类动物是怎样觉知环
境中各种气味的？这是众多科学家一直试图解决的问题。2004 年，美国神
经生物学家阿克塞尔（R. Axel）和巴克（Linda B. Buck）正是因其阐明了
哺乳动物的嗅觉机制而获得诺贝尔生理学奖的。这就是说，从"科学"的
维度看，阿克塞尔和巴克已经解决了人类和哺乳动物的嗅觉问题。然而，
该研究成果对嗅觉给出的解释却仅仅是：当环境中的气味分子与位于鼻腔
黏膜的嗅觉神经元的某种受体（即某种蛋白质分子）相结合时，将改变神
经元内受体的结构，从而使之被激活。受体蛋白分子的活化则进一步激活
腺苷酸环化酶，从而启动细胞膜上的钠离子和钙离子通道，导致两种离子
内流，而使细胞去极化。细胞去极化产生的动作电位通过神经系统上传，
最终到达大脑的前叶等几个部位，并激发这些部位的协同活动。这些部位
的协同活动把来自气味受体的信息合成为一种气味编码，进而被该生命有
机体解释成对一种特定气味的感觉①。显然，这是从第三人称维度能够对嗅
觉给出的最后解释，这当然也是从"科学"维度对嗅觉所能给出的全部解
释。如果再从第三人称立场进一步追问"大脑的前叶等几个部位的'物理
性'活动是怎么成为'精神性'的嗅觉的"，就是无意义的。因为对精神性
的关于某种气味的"感觉"，仅仅是"本有机体"才具有的一种经验，仅仅
是第一人称立场才出现的问题。即便从第三人称的立场断定"被试验者某
些脑区的活动意味着它体验到某种气味"，也只是研究者对其多次实验进行
归纳，作出的推论，而不是说研究者本人也拥有被实验者的经验。要研究
作为精神现象的嗅觉问题，就必须从第三人称立场转向第一人称立场，因
为只有处于第一人称立场，才存在嗅觉的经验性、感受性问题。

---

① 王鸿杰，张志文. 嗅觉之谜[J]. 生理科学进展，2005，（1）：93-94.

也就是说，在关于嗅觉的问题上，第三人称立场的研究者所能确定的仅仅是：某种气味分子引起了生命有机体神经系统的一系列活动，并最终导致这个生命有机体采取了某种行为。对于研究者而言，不存在关于气味的经验和感受这种精神层次的问题。而对于那个被研究的生命有机体而言，所存在的仅仅是关于某种气味的经验感受，并基于这个经验感受采取某种行为，根本就不存在什么神经活动问题。值得指出的是，诺贝尔奖评奖委员会授予阿克塞尔和巴克该奖项的确切理由是，"为了他们关于气味受体和嗅觉系统组织方式的发现"①，而不是宣称"因为他们解决了嗅觉问题"。笔者认为，这一方面说明了诺贝尔奖评奖委员会科学家们的严谨，另一方面也表明了科学上对该问题的共识：从第三人称立场对嗅觉问题的"科学"研究和解答，并不是对嗅觉问题给出了完全的解决。

基于上述分析，我们认为，心-身问题在传统哲学思维框架中之所以如此之难，根本原因就在于，基于传统哲学框架的那种思维方式，既预设了物理和精神是两种根本不同的事物，又在研究人类行为问题时同时选择了两种立场。它在预设"精神"与"物理"水火不容之后，一方面选择第三人称的"科学"立场，认为精神和物理是完全相互排斥的范畴，物理世界是因果上闭合的，非物理的精神因素不可能对物理世界的运行发生因果作用；另一方面又企图基于这种立场对选择主体立场才会具有的"感觉""意识"等精神活动作出解释，企图把主体自我才能拥有的"咸的感觉"与外部观察者才能看到的"特定神经活动模式"融为一体，这本身就是自相矛盾。

传统哲学在心-身问题上所面临的这种困境，是与"阿基里斯追不上乌龟""一尺之棰，日取其半，万世不竭"之类的悖谬思维相类似的困境。在"阿基里斯追不上乌龟"的思维中，如果我们接受其悖谬思维方式，从而被吸附于"一半一半走"的悖谬思维黑洞，阿基里斯追不上乌龟似乎就是一个必须接受的"真理"，尽管我们知道这不是真的。然而，如果我们对该问

---

① 2004 年诺贝尔生理学或医学奖颁奖词. http：//www. nobelprize. org/nobel_prizes/medicine/laureates/2004 [2017-10-05].

题采取自然主义的科学的、实践的立场，这个问题根本就没有难度：假定阿基里斯在乌龟距离他 40 米远的时候开始追赶，再假定阿基里斯的平均速度是每秒 4 米，而乌龟的平均速度是每秒 0.4 米，那么，10 秒后阿基里斯与乌龟的距离就只有 4 米了，11 秒时二者之间的距离就只有 0.4 米了，到 12 秒时，阿基里斯就已经追上并超过乌龟了。只要我们跳出那个悖谬思维陷阱，阿基里斯追乌龟问题就是一个很简单的问题。同样，仅从绝对抽象思维看，"一尺之棰，日取其半，万世不竭"似乎也是牢不可破的"真理"。然而，从实践上讲，哪里能到"万世"，"一世"之内，一尺之棰就已经成为无法再取其半的原子了。传统哲学范式中的心-身问题困境就与这类问题相类似。其实，只要我们跳出传统哲学范式所预设的那种思维陷阱，对心-身问题采取自然主义的、科学的、实践的立场，心-身问题就不再是一个难于上青天的问题。当然，其中的许多细节还有待进一步研究。

二、"自我"与"心灵"

"自我"（the self）与"心灵"（the mind）的关系是探讨自我问题的当代心灵科学哲学家需要给出解答的另一个重要问题。如前所述，被看作现当代心灵哲学研究鼻祖的笛卡儿，曾把自我和心灵界定为同一性关系。但是，在当代心灵科学哲学的研究范式中，把自我与心灵直接相同一显然是不能成立的。因为，当代心灵科学哲学是对"自我"给出了明晰定义的，按照这个定义"自我"显然并不等同于"心灵"。而且"自我问题"也并不是当代心灵科学哲学的全部问题，而仅仅其所研究的众多问题之一，尽管自我问题可能是最重要的枢纽性问题。按照塞尔的看法，当代心灵哲学研究的问题包括心-身问题、他心问题、关于外部世界的怀疑论问题、知觉的分析问题、自由意志问题、自我与个人同一性问题、动物是否有心灵的问题、意向性问题、精神因果问题、心理说明与社会说明问题、无意识问题等 12 个方面①。"自我问题"只是 12 个问题中的一个。当然，进行所有这些研究的最终目的还在于，"在科学告诉我们完全由无心灵的、无意义的、

---

① Searle J. Mind[M]. Oxford：Oxford University Press，2004：11-22.

物理的粒子构成的这个世界中，对作为明显地有意识的、有心灵的、自由的、合理性的、说话的、社会的和政治的代理者（agents）的我们自己，给出一种说明"①。要言之，在当代心灵科学哲学所达到的研究深度，虽然自我问题在所有关于心灵的问题中都处于核心地位，但"自我"与"心灵"并不是直接相同一的关系。那么，"自我"与"心灵"究竟是什么关系？对此，我们试从以下几点进行概要论析。

其一，无论是作为日常概念还是作为哲学概念，"心灵"与"自我"所涵盖的内容、所具有的意义和用法都是不同的。所谓"心灵"，通常是指一个高级生命有机体所具有的所有精神能力的总和，就是"使人们有能力觉知世界和他们的经验的那种要素、使人们有能力思考和感觉的那种要素；也就是意识和思想的技能"②。换言之，心灵是由一个人的所有感觉、知觉、记忆、思想、意志、理智所构成的；是包括意识、知觉、思想、判断和记忆在内的所有精神能力，是使一个存在具有主观觉知能力、具有朝向其环境的意向性能力，从而使之能够以某种代理中介知觉和回应刺激，并具有意识、思维和感觉。显然，这与当代心灵科学哲学所研究和定义的那个（主体）自我，并不是同一性关系，因为"自我"作为二级映射-表征系统，其功能是对身体状态从状态 1 到状态 2 的变化进行映射-表征，从而使本生命有机体产生出自我感、拥有感和行为操控感。"心灵"所涵盖的范围和意义要远远大于"自我"所涵盖的范围和意义。

其二，可归为心灵范畴的许多精神活动和精神事件，可以在（主体）自我未参与的情况下完成，人类的许多精神活动并不需要自我过程的参与。"自我过程"并不是在人类的所有的精神活动过程中都出现，而只是在部分精神活动中出现。例如，当我们"全身心地"投入一项工作时、"忘我地"欣赏一幅名画或一曲音乐时，我们显然是在进行某种属于心灵范畴的精神活动，但毫无疑问，这时候并没有（主体）自我出场，（主体）自我至少没

---

① Searle J. Mind[M]. Oxford：Oxford University Press，2004：7.

② Pearsall J，Hanks P. The New Oxford Dictionary of English [Z]. 上海：上海外语教育出版社，2001：1176.

有直接参与相关活动。进而言之，只要我们醒着，被称为"意识流"的精神活动或心灵活动就是持续不断的，但绝大部分的"意识流"活动都是没有（主体）自我参与的。只是在"必要"时，自我才会参与进来发挥其特定作用。简言之，就心灵科学哲学今天所达到的认识而言，自我只是心灵的一部分，自我过程只是心灵过程的一部分。

其三，从神经生物学的实在性层次看，自我系统只是脑神经系统的一部分，因而也只能是基于整个脑神经系统的心灵的一部分，而不是整个心灵系统。正如大量案例和实验所表明的，当负责自我功能的神经系统受到损伤而使自我系统不能正常发挥功能时，病人会出现自我感错乱的精神症状，但是，病人许多其他方面的精神活动，如对环境中事物的感知能力、处理个人日常生活的能力等，却并不受影响。这些案例和实验也从相反方向证明了（主体）自我与心灵之间的非同一性关系。所以，尽管"自我对于意识性心灵的建构至关重要，但它只是意识性心灵的一部分"①。

以上所论述的是自我与心灵的非同一性关系。然而，对于理解心灵和自我来说，同样重要的是，也要认识到心灵与自我的内在关联性。这种内在关联性主要表现在如下三个方面。

其一，心灵本质上是由（主体）自我建构起来的，是在（主体）自我的各种映射-表征基础上建立起来的。自我与心灵之间的这种建构关系，是由自我系统的进化和运行机制所决定的。如前所述，在生物神经系统的进化过程中，最为重要的台阶之一，就是进化出二级映射-表征系统。所有的有脑生命有机体都必须拥有维持生命的初级映射系统，通过这种初级映射系统，生命体对环境和身体的状态作出反应，以维持其身体处于某种平衡状态而继续生存。然而，在低级生命层次就已经出现的这种初级映射系统只是一种自动运行的机制，这种层次的生物并不能"觉知"环境及其身体内部状态的变化。也就是说，这种层次的生物并没有感觉和意识。随着进化的继续，某些生物终于在其脑中发展出了对其身体状态的变化进行二级映

① Damasio A. Self Comes to Mind[M]. New York: Pantheon Books, 2010: 12.

射的神经系统。伴随着这种二级映射同时产生的就是感觉和意识：二级映射使这样的生命系统能够感觉和意识到环境因素或内部因素引发的身体变化，使生命有机体觉知到，是"这个"身体、是"我"的身体在发生变化，从而产生一种自我感、主体感。正是二级映射使新形式的生命从"混沌"中突显出来，从而把"精神现象"添加到世界中。对于具有二级映射能力的生命有机体而言，每次二级映射所形成的经验都将成为该生命体的痕迹记忆，而由二级映射过程（即自我过程）所形成的这些痕迹记忆，也将丰富和提升该生物的精神活动和能力。不言而喻，这些痕迹记忆及其可能引起的各种精神活动能力，就是该生命的"心灵"的构成部分。所以，我们说，心灵是由（主体）自我建构的。但是，这些由此前的自我过程建立并构成心灵的这些痕迹记忆，却并不一定参与下次的二级映射活动（即自我活动），所以，我们又说，虽然"心灵"由（主体）自我建构，但自我与心灵并不是同一性关系。

其二，虽然许多精神活动或心灵活动"自我"并不直接参与、并不出场，但是，任何这样的精神活动或心灵活动都不可能一直"无我"地进行下去，自我终将在这种心灵活动的某个节点出场，这种精神活动也终究要被自我的直接参与所改变或终止。任何有着正常精神活动的人，都不可能不顾一切地、"超越正常时间"盯着一幅美景欣赏，也不可能一直废寝忘食的工作下去。这种"无我"的精神活动必将在某种"正常时间"内被环境中或身体中的某个事件所终止。相反，如果出现不能在正常时间内终止的精神活动，或者"自我"在应该出场的事件内并未出场，那反倒是不正常的，必定是自我系统的运行机制发生了问题。

其三，虽然许多精神活动或心灵活动可以在"无我"状态下进行，但从根本上讲，所有这些一定时间内"无我"的精神活动，其最初动因、其启动和实施，以及最终目的，则都必定是以"自我"为指归的。"我"之所以在（例如）全神贯注看电影的一个半小时中完全"陷入"一种"无我"的精神活动中，乃是因为"我"事先决定去看这场电影，并实施了去看电影的行为。而"我"之所以在某个工作过程中出现了"忘我"的状态，最终也是为了达到"我"的某种目的。进而言之，即便是那些"非计划"的"无我"性精神活动，归根到底也是在"自我"的基底上进行的。任何正常人的整个一生的精神活动，本质上都处于他的"自我"的整体性操控之下，只是有时候自我退居到了"幕后"，并未直接出场。

要言之，"自我"与"心灵"的关系可概括为两点：心灵与自我并不是同一性关系，但心灵与自我又本质地相关联；心灵是"自我"建构的结果，而自我既是心灵的一部分，也是心灵的建构者和拥有者。

三、自我、心灵与世界

自我、心灵与世界的关系问题，是心-身问题在世界观层面的反映，是任何自我实在论都面临的另一个重要问题。自我实在论的核心就在于，以自我的实在性支持意识经验、意向状态、自我感等精神现象的实在性，把精神现象断定为不可还原为物质-物理现象的实在。然而，要坚持这样一种自我实在论，就必须对自我、心灵与世界的关系作出合理的说明：在完全由无心灵、无意识的粒子构成的世界上，怎么会有不遵从物理因果律的自我及其精神现象？心灵、自我与物质世界究竟是什么关系？也就是说，自我实在论必须解决"二元论"问题和"唯我论"问题：这种自我实在论既不能导致一种"二元论"的世界观，也不能陷入"唯我论"的泥沼。任何一种自我实在论，如果最终导致了二元论世界观或陷入了唯我论，那么这种理论就是不可接受的。我们这里论述的这种自我实在论会不会导致某种形式的二元论世界观？会不会陷入"唯我论"？回答是否定的：我们这里所主张的自我实在论既不是主张某种二元论世界观，也不会陷入唯我论。

心-物二元论（dualism）是与唯物主义一元论和唯心主义一元论并列而又势同冰炭的三大世界观理论之一。笛卡儿是二元论世界观的典型代表。在《第一哲学沉思录》中，笛卡儿系统地论述了他的二元论的世界观。按照笛卡儿的这种理论：世界被划分为两种不同类型而又独立存在的实质（substances）或实体（entities），即精神实体和物理实体，每一实体都必须具有一种使它成为它所是的这种实体的本质或本质属性，而每一本质都有它能够在其中发生的不同模式。心灵（即精神实体）的本质是"思"（即一切精神现象），而身体的本质则是它在物理空间中的三维广延性。说心灵的本质是"思"，就是说，人类是我们所是的这种存在，乃是因为我们是"思"的、是意识的，而且我们必须总是处于某种"思"的状态或意识状态，如果我们停止意识、停止"思"，将不再存在。说身体的本质是广延，就是说，身体具有空间维度，身体与书桌等其他物体一样，必须占据一定的空间。身体是可分的、可朽的，而以"思"为本质的心灵则是不可像身体那样切分的，每个心灵都是一个不朽的灵魂（soul）；作为物理实体，身体是被物理规律所决定的，而心灵则有自由意志。作为一个自我，我们每个人都与其心灵相同一。作为活的人类存在，我们是包含一个心灵和一个身体的混合实体，但对于我们每个人而言，自我就是以某种方式附着于我们的身体的一个心灵。"思"是我们可以直接知道的，身体却不能直接被知道，而只能间接地被知道①。

　　简言之，二元论世界观的核心就是认为：世界由精神实体（即心灵）和物理实体两种相互独立的实体构成。心灵的本质是"思"，不占据空间，包括身体在内的物理实体的本质是广延性，必须占据空间。心灵的属性是可直接知道的、自由的、不可分的和永恒的，而物体的属性则只能间接被知道，其行为是被物理定律所决定、是可分割、可朽灭的；心灵与自我相同一。笛卡儿的这种二元论世界观显然面临诸多难题。例如，既然心灵和身体是相互独立的、按照不同模式运行的两种实体，心灵和身体如何相互作用？自由而不朽的心灵来自何处？又位于身体的何处？寓居于身体中的心灵又如何与身体相统一？如此等等。笛卡儿本人最终不得不通过引入上帝来解决问题。

　　虽然笛卡儿的这种二元论世界观及其解决方案明显不可接受，但他的确为后世哲学家提出了一个大问题：如果世界不是二元的，那么如何解决

① Descartes R. Meditations on first philosophy II and VI and reply to objections II [A]//Beakley B, Ludlow P. The Philosophy of Mind[C]. Cambridge: The MIT Press, 2006: 25-26.

心灵和身体及世界的关系？当代心灵哲学的早期阶段，其主流倾向是以物质主义或物理主义的理路来解决此问题。然而，无论是竭力把心灵解释为身体功能的功能主义理论，还是试图把精神状态、过程或事件还原为物理状态、过程或事件的还原论，抑或是力图把精神状态、过程或事件同一于物理状态、过程或事件的同一论，最后都以失败告终。在这样的背景下，一些心灵科学哲学家开始另辟蹊径解决问题：把意识经验、自我感等精神状态、过程或事件接受为不可还原的实在，提出了我们这里所论述的自我实在论的某些初步观点。现在的问题是，把意识经验、自我感等精神现象确定为不可还原的实在现象，就必定是主张某种形式的二元论世界观吗？我们这里所论述的自我实在论是否会陷入笛卡儿式的二元论世界观？回答是否定的。因为我们这里所主张和论述的自我实在论是与唯物主义一元论世界观相统一的。前面基于生命进化论对意识经验、自我感等精神现象之起源和机制的论述，已经足以支持这个观点。为了更加清晰地理解这一点，我们再进一步从如下三个方面给出论述。

首先，与二元论世界观把心灵（即各种精神现象）看作"完全独立于"身体/脑并与身体/脑无关的另一种实体不同，我们这里所主张的自我实在论，不仅不是把"意识经验""自我感"等精神现象看作独立于身体/脑的另一种实体，而且认为一切精神现象都有其脑神经系统的基础，任何精神现象都与特定脑神经系统以某种模式活动内在地关联。具体而言，我们所主张的这种自我实在论认为，对于外部研究者来说，受试者所经验的任何精神现象都是不存在的，他所观察到的现象都是特定脑神经系统以某种模式进行物理属性的活动，而这与世界上的其他物理现象并无本质区别。这显然不是主张把心灵、精神现象作为物质粒子之外构成世界的另"一元"，而恰恰是主张唯物主义一元论世界观。换言之，我们认为，如果把这种不可还原为物理过程的意识经验等精神现象确立为独立于任何物理过程和物质实体的实在现象，那就的确是与唯物主义一元论世界观对立的二元论世界观；但是，如果认为"意识经验"等精神现象是第一人称属性的，是不可还原的，但同时又认为这种独特的基础属性并不能独立于物理过程和物理实体而存在，就不是真正意义上的二元论、就不构成对唯物主义世界观的挑战。

其次，如前所述，我们说意识经验、自我感等精神活动是一种不可还原为神经系统活动的实在，是相对于正在感受这些精神活动的"我"而言的，它们的实在性是第一人称的实在性，而不是第三人称的实在性。也就是说，这种自我实在论并不认为精神状态具有世界上其他物质实体所具有的那种第三人称的实在性。这种实在性是相对于某个高级生命有机体的"我"而存在的，因而并不是与其他物理实在并列的实在性。精神状态的实在性与物质实体的实在性是处于不同的层面、不同的思想框架中的实在性。比如，一个人要研究世界的实在性问题，他这时候是作为一个与他之外的世界相对的"主体"来进行研究的。在他看来，他之外的这个世界上根本就没有什么精神状态之类的东西，包括其他人的神经系统复杂活动在内的一切，都是按照物理机制在运行；当他不再研究外部世界的问题，而是向内"反思"他自己的时候，将发现他自己的意识经验、感受等精神状态和过程，他也因而将自证其精神状态、精神活动的实在性。然而，他基于第一人称自证其有的这些精神活动，对他之外的任何其他人则又是根本不存在的。所以，精神现象的实在性与物理现象的实在性并不是同一条件下共存的实在性。

最后，按照我们这里所论述的自我实在论，意识经验等精神现象是特定物质结构（即通过长期进化形成的高度复杂的神经系统）使本生命有机体具有的一种属性，是对本生命有机体显示出来的一种现象，而不是对"他者"显示出来的现象。这就是说，这种自我实在论认为，意识经验等精神现象虽然具有第一人称的实在性，但这种实在性是建基于特定物质系统的，是这种物质系统所具有的属性。按照这种理论，任何具有同样复杂构造的物质系统，也都将拥有一个只有它自己确证其有的"自我"，都能够拥有依托于其自我的意识经验等精神现象。显然，这与唯物主义一元论世界观的基本观点是完全一致的。

上述三点论析从另一个维度进一步表明，建基于当代哲学—科学框架的这种自我实在论，对意识经验、自我感等精神现象之实在性的肯定，并不是主张一种二元论世界观，与唯物主义一元论世界观不仅并无矛盾，而且是完全一致的。顺便指出，尽管在当代心灵科学哲学领域，也有查尔默斯（D. Chalmers）等把他们坚持意识经验实在性的理论自称为"自然主义二元论"（naturalistic dualism），但他们所主张的理论实际上也不是笛卡儿式的二元论世界观，而是与我们这里的自我实在论相类似的理论，并不构成对唯物主义一元论世界观的挑战①。

综上，我们这里所主张的这种自我实在论并不是二元论，与唯物主义一元论世界观也并无矛盾。那么，这种自我实在论是一种唯我论吗？回答也是否定的。

唯我论（solipsism）是哲学史上另一种具有世界观意义的哲学理论。最早可追溯至古希腊哲学家高尔吉亚（Gorgias，公元前483—前375）。近代西方哲学的著名代表人物是贝克莱（G. Berkeley，1685—1753）。在现当代哲学中则以维特根斯坦基于语言哲学框架所进行的相关论述为代表。作为一种哲学学说，唯我论认为，"个体的人是与或许存在的其他人相互隔离的各种形式存在的……个人是或应该是自我中心的，是把自我作为所有事物之中心的，尤其作为他所知道的那个世界的中心……人们只能断定他自己的存在和他自己的状态……对于所有个体人而言，他和他自己的状态就是全部的存在"②。贝克莱把这个观点简洁地表述为"存在就是被我感知"，维特根斯坦则从其语言哲学维度进一步指出："唯我论谓的东西是完全正确的，只不过它不能说，而只能自己显示出来。"③要言之，唯我论的核心思想可概括为以下三点：只有"我"的心灵是唯一确实的存在；关

---

① 刘高岑. 意识经验问题昭示的新科学理念及其哲学理解[J]. 哲学动态，2015，（4）：93-98.

② IannoneA. Dictionary of World Philosophy[Z]. New York：Routledge，2001：.499-500.

③ 路德维希·维特根斯坦. 逻辑哲学论[M]. 贺绍甲，译. 北京：商务印书馆，1995. 5. 62.（顺便指出，维特根斯坦后期主张的"不存在私人语言"的观点，与其早期的唯我论观点似乎有抵牾之处。但这是另外的问题，这里不予讨论）

于"我"的心灵之外的任何东西都是存疑的；外部世界和其他心灵不可能被知道，因而世界和其他心灵是否存在是不可知的。

不难发现，我们这里所主张的自我实在论是与唯我论有着本质区别的、两种完全不同的自我理论。其一，自我实在论只是断定"自我"以及其他心灵现象具有第一人称的实在性，它不仅不否认外部世界的"客观"实在性，而且认为精神现象是世界上某些物质系统长期演化后才得以出现的现象；这与断言"只有'我'的心灵是唯一确实的存在"的唯我论，不仅并无共同之处，甚至是大相径庭的。其二，关于"我"的心灵之外的世界是否可知的问题，按照自我实在论的观点，"自我"及其各种精神能力是在生命系统的长期进化中形成的，这些高级生命系统之所以进化出意识、感觉等精神能力，正是为了更好地"感知"周围的世界；这与唯我论认为心灵之外的外部世界无法知道、甚至不存在，不仅大异其趣，甚至也是针锋相对的。其三，这种自我实在论只是认为"我"是一切精神现象得以存在的根据，但它并不认为"我"是世界得以存在的根据。在"自我"与世界的关系上，这种自我实在论恰恰认为"自我"及一切精神现象都是基于特定物质系统的，而这种特定物质系统则是经过物质世界长期演化才得以形成的。它不仅不认为心灵之外的世界不存在，而且认为物质世界先于"自我"和心灵而存在，自我是依赖于特定的物质系统而存在的。

以上是对我们这里所主张的这种自我实在论可能面临的"二元论"和"唯我论"挑战，进行的扼要回答。这些分析和论证应该可以表明，我们这里所主张和论述的这种自我实在论既不是某种形式的二元论，也不会陷入唯我论；而是与唯物主义一元论世界观完全一致的自我实在论。

最后，我们基于迄今的人类认识和这里所论述的自我实在论，以如下三点对自我、心灵和世界的关系问题进行总结论述，并以此作为结束。

（1）世界是物质的、一元的，生命系统是物质世界自然演化的结果。我们生存于其中的这个宇宙大约起始于150亿年前的一次大爆炸，我们居住于其上的这个固体星球大约是在46亿年前随着太阳系的演化形成的。在这个星球形成后的很长一段时期，地球上没有任何生命现象，更没有"自我"和"心灵"。在经过大约 10 亿年的剧烈演变后，大约在 36 亿年前地球上才出现了最早的原始生命——原核生物。在大约 16 亿年前地球上进化出了单细胞真核生物，随后单细胞生物又进化为多细胞生物。随着进化的继续，一些生物进化出了由一定量神经细胞构成的简单神经系统（即原始脑系统），有脑生物开始以这样的方式对其生命进行管理：以不同的神经活动模式来映射本生命有机体的即时状态，并通过自动机制采取相应措施，以维持生存。这个事件大约发生在 4.5 亿年前的奥陶纪中期。此时，世界上仍然没有自我、没有心灵、没有精神现象。

（2）意识、自我感等精神活动是高度进化的生命系统自然地进化出的管理其生命的活动。生命的继续进化使一些生物进化出了更加复杂的脑系统，这种功能强大的脑系统，不仅能够一刻不停地映射本生命有机体的身体状态，而且能够通过对初级映射的再映射，来表征本生命有机体身体状态的变化。正是在这种二级映射中，生命有机体产生了其身体状态正在发生某种变化的"意识"和"感觉"，产生了"拥有"这个身体的感觉，并对这种变化作出一种无言的解释：就是正在与身体发生作用的这个客体引发了身体状态的这种变化。正是通过这些进化到较高阶段的动物，感觉、意识等精神现象才出现在世界上。使生命有机体产生意识、感觉的这种（主体）自我机制，在大约 3 亿年前出现的爬行类动物的脑中开始萌芽，在随后进化出的哺乳类动物和灵长类动物中得到进一步发展，在人类这里达到它的极致，并进一步发展出产生新型自传式自我的机制。

（3）意识经验、自我感等心灵现象是不可还原为物质过程的实在。意识经验等精神状态、活动或事件是以高度进化的脑系统为基础的，没有这样的脑系统，就绝不可能有精神现象，而且正是这样的脑系统以特定模式活动才能出现某种特定的精神现象。但是，意识经验、自我感等精神现象与特定脑系统的物理活动又不是同一的，也不可还原为脑的物质过程，而是另一个层次的实在。这是因为，"神经活动"和"意识经验"是处于不同地位的两个"经验主体"不可通约地经验的东西:"神经活动"是作为外部观察者所经验到的东西,外部观察者所经验的唯一实在就是,某人的某些脑神经系统以某种方式活动,进而引发另一些神经系统的活动,并最终导致那个人(比如)举起他的手臂,外部观察者永远不可能经验到受试者的精神感受。"意识经验"等精神活动则是对"当事"的那个生命有机体、对"我"而言的,作为当事者的"我"所经验的唯一实在就是相应的"意识经验"等精神活动,而且正像外部观察者不可能经验精神活动一样,"我"则根本不可能共时地经验"我"的神经活动,"我"的全部经验就是:(例如)我想发言,所以我举起了手臂。简言之,"想喝水"的精神活动是"我"的,而且永远不可能成为"他"的;而与那个生命有机体的"喝水"行为相关联的"某种神经系统活动模式"则是观察者可见的,而且永远不可能成为"我"的。所以,追问"'想喝水'的精神状态是如何从'某种神经系统活动模式'中出现的",是无意义的。所谓"心-身难题",其根本症结就正在这里。

这就是我们所主张的这种自我实在论对自我、心灵和世界关系问题的回答。这个回答既是唯物主义一元论的,也是自我实在论的。

结 语

自我的实在性与科学的世界观

　　至此，本书导论所设定的研究任务已经完成：对当代心灵科学哲学领域的五种主要自我理论进行了系统的研究和评价，并在此基础上初步论述了作者关于自我的本质，自我、心灵与身体的关系，以及自我在世界中之地位的基本观点。作为系统研究当代西方心灵科学哲学领域各种主要自我理论的著作，在研究框架和内容结构方面，均需要在大量阅读外文资料的基础上加以建构。本书建构的是"三位一体"的内容体系：其一，在整体把握其基本发展状况的基础上，对当代西方心灵科学哲学领域纷繁复杂的各种自我理论进行归纳分类。首先以其对自我之实在性的基本观点为标准，把当代西方心灵科学哲学领域的各种自我理论整合归纳为自我实在论和自我虚构论两大类型，然后，再根据其各自的独特理论观点把它们具体划分为"编造虚构论的自我理论""魔法幻觉论的自我理论""生物自然主义的自我理论""意识语境论的自我理论""二级表征论的自我理论"五大类型。其二，以各种理论之代表人物的相关原著为依据，对这些理论的核心观点、基本内容、成败得失、主要问题进行了深入的系统性的研究和评价。其三，在对当代西方心灵科学哲学领域各种自我理论深入研究的基础上，基于当代科学-哲学在相关研究领域取得的最新进展，对自我的本质及其在世界中的地位问题进行了初步研究，给出了唯物主义一元论的初步回答。

　　本书的突出特色和主要工作包括以下六个方面：一是基于当代西方心灵科学哲学家的英文原著，以第一手资料为基础，对当代西方心灵科学哲学领域的各种自我理论进行了系统性研究和归纳分类。二是把当代西方心灵哲学的发展及其对自我问题的研究纳入到整个西方哲学历史发展的宏阔框架中进行研究，基于西方哲学历史发展的大框架对五种自我理论的哲学渊源、当代背景、理论观点、主要论证、成败得失进行了研究和评价。三是在整体把握当代西方心灵哲学形成和发展的总体脉络的基础上，对当代西方心灵科学哲学探索自我问题的整体情况进行了全面系统的研究，对当代心灵科学哲学的自我理论进行了深入系统研究。四是以哲学和科学相融通的理念与方法对自我问题进行研究。五是基于唯物主义的基本理论对自我的本质及其在世界中的地位等问题进行了初步研究和回答。六是基于唯物主义一元论的自我实在论，对心身关系问题、二元论问题、唯我论问题等进行了初步研究和解答。

本书最重要的内容就是对自我的本质及其在世界中的地位问题、心-身问题，给出了一种新的解决，其核心观点可概括为如下六点：①世界是物质的、一元的，生命系统以及依托于生命系统的精神现象是后发的、是物质世界经过长期演化后才出现的现象；②"自我"是高度复杂的生命系统进化出的一套生存"装备"，"自我"有其脑神经系统的物质基础；③对感觉、意识的"自我感""拥有者感"，就是若干脑区的神经系统以特定模式协同活动时该生命有机体的"自我"所体验的一种经验；④感觉、意识等精神现象是相对于一个"自我"而言的，是依托于该生命有机体的"自我"而存在的，是只有"我"才能够体验的特定经验；⑤正因为精神现象是相对于"自我"而言的、是"我"才拥有的一种经验，所以，精神现象原则上不可能还原为第三人称的物理现象，特定的"疼痛""愉悦"永远都只能是"我"的，外部观察者、他人所能观察的永远都只能是那个生命有机体的神经系统发生了特定模式的活动；⑥心-身问题的症结就在于，企图从第三人称的立场解决第一人称立场才可能出现的感觉、意识问题，企图把主体自我才可拥有的"咸的感觉"与外部观察者才可看到的"特定神经活动模式"融为一体，这种解决路径本身就是一种悖谬。

既然自我是实在的，那么，意识、意向性、自由意志、精神因果、知觉等精神现象当然就是实在的。这里的关键在于，必须对自我的实在性、精神现象的实在性作出正确的理解，尤其要正确理解精神现象的实在性与科学的世界观的关系。我们说自我感、意识等精神现象是实在的，是说精神现象是世界中的自然实在现象，是像消化和光合作用一样的自然实在现象，是说精神现象是生物学层次上的自然实在现象，而不是说精神现象在粒子物理学的层次上也是实在的。虽然精神现象都有其神经层次上乃至更低的物理-化学层次上的物质基础，但精神现象并不是相对于神经层次或物理-

化学层次而存在的，而是相对于整个生物层次才存在的。断定精神现象的实在性与保持科学的世界观并无矛盾。所谓科学的世界观，就是基于科学的理论和方法对世界上的事物、现象作出解释。而不是说，除了科学的世界观之外，还有其他的各种世界观，而科学的世界观只是其中之一种。任何时候，正确的世界观都只有一种，这就是当时的科学理论和方法所给出的世界观。认为科学所建立的是一种特殊类型的本体论，世界上既存在着科学所断定的科学实在，也存在着（诸如）常识所断定的实在，完全是错误的解释。科学并没有建构什么特殊的本体论领域，科学只是建构了一套通过系统地研究去发现任何东西的方法。例如，电子是通过某种"科学方法"发现的，但是，一旦被发现，它就不仅仅是科学领域的一种实体，而成为关于世界之基本构成粒子的一个公共事实，就像其他事实一样的事实。并不存在特殊的"科学事实"，所存在的仅仅是我们所知道的事实。

所以，并不存在一个特殊的"科学的世界"及与之相对应的"科学的世界观"，所存在的就是我们以不同方式觉知的这个世界，我们的工作就是研究它怎样运行，以及我们在其中的地位。我们可以而且必须从不同的方面、不同的层面来研究和描述它的运行原理以及我们在其中所处的状况。就我们迄今所知而言，基于粒子物理学和（广义的）进化论生物学所得出的正确世界观就是：粒子物理学在亚原子层次上给出了这个世界基本构成实体及其运行的绝大多数基本原理，（广义的）进化论生物学则在自然生命系统的层次上给出生命现象以及复杂生命系统所拥有的自我感、意识等精神现象得以形成和运行的基本原理。如果我们承认这样的世界观是正确的，那么本书关于自我的本质及其在世界中地位问题的回答、关于精神现象、心-身关系等问题的回答就是合理的。

自我的本质及其与心灵、身体、世界的关系问题涉及人类生存、生活的所有方面，博大精深，本书只是对当代心灵科学-哲学领域的主要自我理论进行了研究，只是基于这种研究对自我的本质及某些方面的问题初步提出了自己的观点，许多问题还有待进一步研究，诚望读者批评指正。

参考文献

安东尼奥·R. 达马西奥. 2007. 笛卡儿的错误：情绪、推理和人脑[M]. 毛彩凤，译. 北京：教育科学出版社

安东尼奥·R. 达马西奥. 2007. 感受发生的一切[M]. 杨韶刚，译. 北京：教育科学出版社

丹尼尔·丹尼特. 2008. 意识的解释[M]. 苏德超，等译. 北京：北京理工大学出版社

丹尼尔·丹尼特. 2012. 心灵种种[M]. 罗军，译. 上海：上海科学技术出版社

丹尼尔·丹尼特. 2014. 自由的进化[M]. 辉格，译. 太原：山西人民出版社

高峰强，秦金亮. 2000. 行为的奥秘——华生的行为主义[M].武汉：湖北教育出版社

洪谦. 1982. 逻辑经验主义[C]. 北京：商务印书馆

吉尔伯特·赖尔. 1988. 心的概念[M]. 刘建荣，译. 上海：上海译文出版社

卡尔·波普尔. 1986. 猜想与反驳[M]. 傅季重，等译. 上海：上海译文出版社

刘高岑. 2003. 从语言分析到语境重建[M]. 太原：山西科学技术出版社

刘高岑. 2014. 达马西奥的自我实在论评析[J]. 科学技术哲学研究，（5）

刘高岑. 2015. 丹尼特的幻想虚构论自我观批判[J]. 科学技术哲学研究，（6）

刘高岑. 2015. 意识经验问题昭示的新科学理念及其哲学理解[J]. 哲学动态，（4）

刘高岑. 2016. 巴尔斯的语境自我论评析[J]. 自然辩证法研究，（11）

鲁道夫·卡尔纳普. 1999. 世界的逻辑构造[M]. 陈启伟，译. 上海：上海译文出版社

梯利. 1995. 西方哲学史[M]. 葛力，译. 北京：商务印书馆

田平. 2000. 自然化的心灵[M]. 长沙：湖南教育出版社

汪云九. 2015. 意识的科学研究：历史简单回顾、现状和某些进展[J]. 自然杂志，37（1）

王鸿杰，张志文. 2005. 嗅觉之谜[J]. 生理科学进展，（1）

维特根斯坦. 1995. 逻辑哲学论[M]. 贺绍甲，译. 北京：商务印书馆

维特根斯坦. 1996. 哲学研究[M]. 李步楼，译. 北京：商务印书馆

维之. 2009. 人类的自我意识[M]. 北京：现代出版社

休谟. 1980. 人性论[M]. 关文运，译. 北京：商务印书馆

亚里士多德. 1999. 灵魂论及其他[M]. 吴寿彭，译. 北京：商务印书馆

赵敦华. 1996. 西方哲学通史（第一卷）[M]. 北京：北京大学出版社

H. L. 德雷福斯. 1989. 胡塞尔、意向性与认知科学[J]. 哲学译丛，（5）

J. 塞尔. 1991. 心、脑与科学[M]. 杨音莱，译. 上海：上海译文出版社

K. 波普尔. 1987. 客观知识[M]. 舒伟光，等译. 上海：上海译文出版社

M. K. 穆尼茨. 1986. 当代分析哲学[M]. 吴牟人，等译. 上海：复旦大学出版社

Austin J L. 1963. Sense and Semsibilia [M]. Oxford：Oxford University Press

Baars B，Franklin S. 2009. Consciousness is computational：the LIDA model of global workspace theory [J]. International Journal of Machine Consciousness，1（1）

Baars B，Gage M. 2007. Cognition，Brain，and Consciousness：Introduction to Cognitive Neuroscience [M]. Oxford：Elsevier Ltd

Baars B，Ramsoy T，Laureys S. 2003. Brain，conscious experience and the observing self [J]. Trends in Neurosciences，26（12）

Baars B. 1995. A Cognitive Theory of Consciousness [M]. Cambridge：Cambridge University Press

Baars B. 1996. Understanding subjectivity：global workspace theory and the resurrection of the observing self [J]. Journal of Consciousness Study，3（3）

Baars B. 1997. In the Theater of Consciousness：the Workspace of the Mind [M]. Oxford：Oxford University Press

Baars B. 2011. A Cognitive Theory of Consciousness [M]. kindle ed. Cambridge：Cambridge University Press

Baumeister R F. 2000. Ego depletion and the self's executive function [A]//TesserA，FersonR B，Suls J M. Psychological Perspectives on Self and Identity [C]. New York：American Psychological Association

Beakley B，Ludlow P. 2006. The Philosophy of Mind [C]. Cambridge：The MIT Press

Brentano F. 1995. psychology from an empirical standpoint [M]. New York：Routledge

Burge T. 2010. Origins of Objectivity. Oxford [M]. Oxford University Press

Carrer M，Machamer P. 1997. Mindscapes：Philosophy，Science，and the Mind [M]. Pittsburgh：Univ. of Pittsburgh Press

Carruthers P. 2005. Consciousness：Essays from a Higher-order Perspective [M]. Oxford：Oxford University Press

Chalmers D. 1995. Facing up to the problem of consciousness [J]. Journal of Consciousness Studies，2（3）

Chalmers D. 1996. The Conscious Mind [M]. Oxford：Oxford University Press

Craig A. 2003. Interoception：the sense of the physiological condition of the body [J]. Current Opinion in Neurobiology，13

Crane T. 2003. The Mechanical Mind [M]. New York：Routledge

Crick F，Koch C. 2003. A framework for consciousness [J]. Nature Neuroscience，（6）

Damasio A. 1994. Descartes' Error: Emotions, Reason and the Human Brain [M]. New York: Avon Books, Putnam

Damasio A. 1999. How the brain creates the mind [J]. Scientific American, 281（6）

Damasio A. 1999. The Feeling of What Happens: Body and Emotion in the Making of Consciousness [M]. New York: Harcourt

Damasio A. 2010. Self Comes to Mind [M]. New York: Pantheon Books

Damasio A. 2011. Neural basis of emotions [Z]. Scholarpedia, 6（3）

Dannett D. 2010. The self as a responding—and responsible—artifact [J]. Annals New York Academy of Sciences, 1001（1）: 39-50

Dehaene S. 2001. Cerebral mechanisms of word masking and unconscious repetition priming [J]. Nature Neuroscience, 9（4）

Dennett D. 1971. Intentional systems [J]. The Journal of Philosophy, lxviii（4）

Dennett D. 1987. The Intentional Stance [M]. Cambridge: The MIT Press

Dennett D. 1991. Consciousness Explained [M]. London: Penguin

Dennett D. 1993. The message is: there is no medium [J]. Philosophy & Phenomenological Research, 53（4）

Dennett D. 1994. Self-Portrait [A]//GuttenplanS. A Company to Philosophy of Mind [C]. Oxford: Blackwell Press

Dennett D. 1998. The myth of double transduction [A]//HameroffS. The Second Tucson Discussions and Debates [M]. Cambridge: The MIT Press

Dennett D. 2004. What I want be when I grow up [A]//BrockmanJ. Curios Minds: How a Child Become a Scientist [C]. New York: Vintage Books

Dennett D. 2009. Intentional systems theory [A]//McLaughlinB, Beckermann A, Walter S. Oxford Handbook of the Philosophy of Mind [C]. Oxford: Oxford University Press

Dijksterhuis A, Preston J, Wegner D, et al. 2008. Effects of subliminal priming of self and God on self-attribution of authorship for events [J]. Journal of Experimental Social Psychology, 44

Drummond J. 2004. 'Cognitive impenetrability' and the complex intentionality of the emotions [J]. Journal of Consciousness Studies, 11

Ebert J, Wegner D. 2010. Time warp: authorship shapes the perceived timing of actions and events [J]. Consciousness and Cognition, 19

Edelman G, Gally J, Baars B. 2011. Biology of consciousness [J]. Frontiers in Psychology, 2（1）

EdmondsD, Warburton N. 2014. Philosophy Bites Again [M]. Oxford: Oxford University Press

Feser E. 2005. Philosophy of Mind [M]. Oxford：Oneworld Publications

Fitch W T，De B B，Mathur N，et al. 2016. Monkey vocal tracts are speech-ready [J]. Science Advances，2（12）：e1600723-e1600723

Flanagan O. 1996. Self Expression：Mind，Moral，and the Meaning of Life [M]. Oxford：Oxford University Press

Franklin S，D'Mello S，Baars B，et al. 2009. Evolutionary Pressure for perceptual stability and self as guides to machine consciousness [J]. International Journal of Machine Consciousness，1（1）

Franklin S，Graesser A. 1997. Is it an agent，or just a program?[C]. Intelligent Agents iii. Berlin：Springer Verlag

Franklin S. 2000，Deliberation and voluntary action in 'conscious' software agents [J]. Neural Network World，（10）

Harre R. 2002. Cognitive Science [M]. New York：Sage Publication

Huebner B，Dennett D. 2009. Banishing "I" and "we" from accounts of metacognition [J]. Behavioral and Brain Sciences，（2）

Iannone A. 2001. Dictionary of world philosophy [Z]. New York：Routledge

James W. 1999. The Principles of Psychology [M]. 影印本. 北京：中国社会科学出版社

Jopling D. 2000. Self-Knowledge and the Self [M]. New York：Routledge

Magee B. 1978. Men of ideas [Z]. London：British Broadcasting Corporation

Martinich A P，Sosa D. 2001. A Companion to Analytic Philosophy [C]. Malden：Blackwell Publishers Ltd

Mather J. 2008. Cephalopod consciousness：behavioral evidence [J]. Consciousness and Cognition，17（1）

Mclaughlin B P，Cohen J. 2007. Contemporary Debates in Philosophy of Mind [C]. Malden：Blackwell Publishing Ltd

Newell A，Simon H. 1995. GPS，a program that simulates human thought [A]//FeigebaumEA，Feldman J. Computation and Cognition [C]. Cambridge：The MIT Press

Nuallain S O. 2002. The Search for Mind [M]. Portland：Cromwell Press

Penfield W. 1975. The Mystery of the Mind [M]. Princeton：Princeton University Press

Pereira A，Rieke H. 2009. What is consciousness [J]. Journal of Consciousness Studies，16（5）

Preston J，Wegner D. 2005. Ideal agency：the perception of self as an origin of action [A]//TesserA，Wood J，Stapel D. On Building，Defending，and Regulating the Self [C]. Hove：Psychology Press

Price G. 2001. Function in Mind [M]. Oxford：Oxford University Press

Ramamurthy U，Baars B，D'Mello S，et al. 2006. LIDA：A Working Model of Cognition [A]//FumD，Missier F，Stocco A. Proceedings of the 7th International Conference on Cognitive Modeling [C]. Trieste：Ediioni Goliardiche

Ramamurthy U，Franklin S，Agrawal P. 2012. Self system in a model of cognition [J]. International Journal of Machine Consciousness，4（2）

Ricoeur P. 1988. Time and Narrative III [M]. Chicago：Chicago University Press

Searle J. 1983. Intentionality：An Essay in the Philosophy of Mind [M]. Cambridge：Cambridge University Press

Searle J. 1984. Mind，Brain and Science [M]. London：British Broadcasting Corporation

Searle J. 1992. The Rediscovery of the Mind [M]. Cambridge：The MIT Press

Searle J. 1995. Replies[J]. The New York Review of Books

Searle J. 1997. The Mystery of Consciousness [M]. New York：New York Review Books

Searle J. 2004. Mind：A Brief Introduction [M]. Oxford：Oxford University Press

Searle J. 2007. Biological naturalism [A]//VelmansM，SchneiderS. The Blackwell Companion with Consciousness [C]. Oxford：Blackwell

Searle J. 2007. Freedom and Neurobiology [M]. New York：Columbia University Press

Searle J. 2008. The self as a problem in philosophy and neurobiology [A]//Searle J. Philosophy in a New Century：selected essays [C]. New York：Cambridge University Press

Segal G. 2000. A Slim Book on Narrow Content [M]. Cambridge：The MIT Press

Stich S P，Warfield T A. 2003. The Blackwell Guide to Philosophy of Mind [C]. Oxford：Blackwell Publishing Ltd

Strawson G. 1997. The self [J]. Journal of Consciousness Studies，（4）

Strawson P. 1959. Individuals：An Essay in Descriptive Metaphysics [M]. London：Methuen

Taylor C. 1989. Sources of the self：the making of modern identity [M]. Cambridge：Harvard University Press

Thagard P. 1996. Mind：Introduction to Cognitive Science [M]. Cambridge：The MIT Press

Wegner D. 2002. The Illusion of Conscious Will [M]. Cambridge：The MIT Press

Wegner D. 2004. Precis of the illusion of conscious will [J]. Behavioral and Brain Science，27（5）

Wegner D. 2005. Who is the controller of controlled processes?[A]//HassinR，Uleman J，Bargh J. The New Unconscious [C]. Oxford：Oxford University Press

Wegner D. 2008. Self is magic [A]//KaufmanJ J C，Baumeister R F. Are We Free [C]. Oxford：Oxford University Press

Zahavi D. 2005. Subjectivity and Selfhood [M]. Cambridge：The MIT Press

后　记

　　本书是笔者主持完成的国家社会科学基金项目"当代西方心灵哲学的自我理论研究"（项目编号：14BZX065）的最终成果，也是笔者博士毕业后继续在当代心灵科学-哲学领域开展研究的一个阶段性成果。自我问题是心灵科学-哲学中最艰深、最根本的枢纽性问题，有关心灵的任何其他问题最终都必然牵扯出自我问题，而且，所有这些问题的彻底解决最终也依赖于对自我的本质给出一种回答。自我问题之所以在最近 20 年成为当代心灵科学-哲学各学科领域致力探索的首要问题，其根本原因正在这里。本书在全面考察当代心灵科学-哲学领域各主要自我理论的基础上，试图对自我的本质、心身问题，以及自我、心灵与世界的关系等问题作出一种新的解答。"主体盲点"在所难免，不足之处，恳请指正。

　　本书能够呈现于此，得益于国家社会科学基金对本项研究课题的支持，得益于洛阳师范学院在该课题研究过程中给予的各种支持，也得益于山西大学科学技术哲学研究中心给予的支持，在此，表示衷心感谢！同时，对科学出版社邹聪编辑在本书编校过程中付出的辛劳也深表谢意！

作　者

2018 年 10 月 20 日